機器分析ハンドブック 2

●高分子・分離分析編

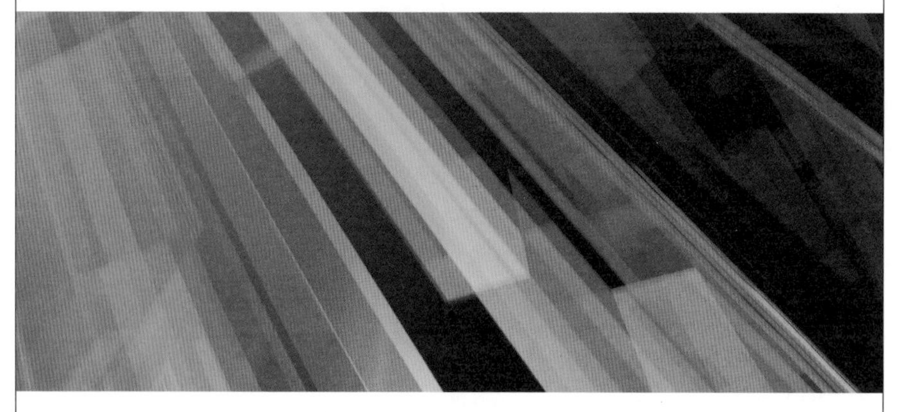

床波志保・前田耕治・安川智之 編

Handbook of
Instrumental
Analysis

化学同人

執筆者一覧

1章　酒井達子(名城大学分析センター)
専門は有機微量分析

1章　板東敬子(元住友ファーマ(株))
専門は有機微量分析

2章　芝本繁明((株)島津製作所基盤技術研究所)
専門は分析化学(GC，GC/MS)，マイクロ・ナノシステム

3章　鈴木茂生(近畿大学名誉教授)
専門は分離分析化学，糖鎖解析

4章　楠川隆博(京都工芸繊維大学大学院工芸科学研究科)
専門は分子認識化学，超分子化学

5章　末吉健志(大阪公立大学大学院工学研究科)
専門は分析化学(主に電気泳動)，マイクロ・ナノ分析化学

5章　大塚浩二(京都大学大学院工学研究科)
専門は分析化学，分離分析

6章　石田由加(アトー(株)顧客部)
専門は電気泳動

6章　藤生弘子(アトー(株)技術開発部)
専門は生化学，細胞生物学

6章　久保田英博(アトー(株)技術開発部)
専門は高分子分析化学，微弱光計測

7章　稲山良介(大塚電子(株)開発本部)
専門はコロイド化学，粉体工学

8章　渡部悦幸((株)島津総合サービスリサーチセンター)
専門は分析化学(主に高速液体クロマトグラフィー)

9章　中木戸誠(東京大学大学院工学系研究科)
専門はタンパク質科学，分子生物学

9章　長門石曉(東京大学医科学研究所)
専門は生化学，生体関連化学

9章　津本浩平(東京大学大学院工学系研究科)
専門は生命物理化学，分子医工学

10章　門出健次(北海道大学大学院先端生命科学研究院)
専門はキラル化学，化学生物学

11章　安川智之(兵庫県立大学大学院物質理学研究科)
専門は電気分析化学，粒子操作

11章　床波志保(大阪公立大学大学院工学研究科)
専門はバイオ分析化学

11章　飯田琢也(大阪公立大学大学院理学研究科)
専門は生体光物理

11章　前田耕治(京都工芸繊維大学大学院工芸科学研究科)
専門は分析化学，電気化学

「機器分析ハンドブック」シリーズ刊行にあたって

『機器分析ハンドブック』シリーズでは，化学研究に欠かせない分析機器を，はじめて扱う初心者にもわかるように，3分冊で解説しました．日本分析化学会近畿支部の有志の先生方の編集により，それぞれの機器の専門の方々に執筆していただくことができ，初学者から現場の研究者まで，幅広いニーズに応えられる内容になっております．

【有機・分光分析編】
赤外分光法
NMR分光法
質量分析法
可視・紫外分光法，蛍光
近赤外分光法
ラマン分光法
ESR分光法
スペクトルによる化合物の構造決定法

【高分子・分離分析編】
有機元素分析
ガスクロマトグラフ法
高速液体クロマトグラフ法
薄層，カラムクロマトグラフィー
電気泳動
動的光散乱法（DLS），ゲル浸透クロマトグラフィー（GPC）
表面プラズモン共鳴（SPR）
旋光度と円偏光二色性法（CD）
電気化学

【固体・表面分析編】
熱分析法
試料準備
原子吸光分析法
ICP発光・質量分析法
蛍光X線分析法
X線回折法
X線光電子分光法
光学顕微鏡
電子顕微鏡
プローブ顕微鏡

本シリーズの前作ともいえる『第2版　機器分析のてびき』シリーズ（1996年）の刊行から約四半世紀が経ち，その後継として新たに本シリーズが書き下ろされました．令和の時代も，分析機器の発展は続いていきます．本シリーズがその一助となることを願っております．

2020年3月

化学同人編集部

まえがき

分析機器は，環境モニタリング，食品の品質管理，個々人の健康診断や健康状態の追跡など，日常生活に欠かせない道具となっている．今，機器を使用しない科学はあるだろうか．今後，自然科学や工学の分野に携わっていくのであれば，機器分析は必要不可欠である．機器のマニュアルも読まず，見よう見まねで装置を立ち上げ，サンプルを注入し，測定開始ボタンを押すだけで，それなりの結果が得られるかもしれない．しかし，その結果を貼り付けてレポートを書こうとしても，うまく説明できず，教科書や実験書を丸写しするしかないのではないだろうか．機器の中の「科学」や「作動機構」を知らないと，実験手法や操作技術は身についても，科学の創造性を育むことも機器の発展に寄与することもできないだろう．

現在，機器分析にかかわる教科書や専門書が数多く出版されており，これらはそれぞれ，分析機器の実際と分析化学の原理を伝えるうえで，目的に応じた深さと幅が設定されている．本書は，初めてその分析機器を使用する学部学生や産業界の研究者のための指南書と位置づけられるように工夫した．それぞれの機器の原理（サンプルを注入するとどのように処理され，分離され，シグナルに変換されるのか），操作方法，特徴，代表的な使用例，サンプルの前処理，得られたデータの見方などについて平易に解説した．よって，分離や検出の詳細な基礎原理については他の分析化学の教科書を併用してほしい．本書は，「座ってじっくり読む」よりも，実際に分析機器の横に置いて，読んで，装置に触れ，また読んで，を繰り返してほしい．しばらくすると，「あっ，これはあの図のあたりに書いてあった現象だ」などと実感できるだろう．これがスペシャリストへの第一歩である．

本書は，3 分冊で発刊された『機器分析ハンドブック』の第 2 巻『高分子・分離分析編』である．高分子の分離分析法である各種クロマトグラフィー，タンパク質の分離のための電気泳動をはじめ，有機元素分析，動的光散乱法，表面プラズモン共鳴，円偏光二色性法，電気化学分析法を取りあげた．本書を装置の横に置いた皆さんが，それぞれの分析機器を前に次々と遭遇する疑問や難点を解決し，分析機器の神髄を味わうことができれば望外の喜びである．

最後に，本書の趣旨にご賛同いただき，快くご執筆いただきました先生方に心から深く感謝を申し上げます．また，本書の出版にあたり企画当初からお世話になりました化学同人編集部の大林史彦様に深甚の謝意を表します．

2020 年 8 月

高分子・分離分析編　編者
床波 志保
前田 耕治
安川 智之

目 次

1 有機元素分析

酒井達子(名城大学分析センター)・板東敬子(元大日本住友製薬㈱)

1.1 はじめに

有機物の構造を決定するためには，まず有機物に含まれる元素の組成式を決定し，その後，さまざまな機器で分析する必要がある．構造を決定するために行う重要な分析手法の一つに有機元素分析がある．有機元素分析とは，有機物を燃焼などにより分解し，炭素(C)，水素(H)，窒素(N)，酸素(O)，硫黄(S)，ハロゲン(フッ素(F)，塩素(Cl)，臭素(Br)，ヨウ素(I)など．総称X)，リン(P)および金属などの元素を何らかの方法で定量し，組成式を決定する手法である．近年は製品の品質管理や環境分析などにも応用されている．以下に有機元素分析の原理，試料の前処理，操作方法，試料の分析を依頼するときの注意および分析結果の解析法などについて述べる．

1.2 有機元素分析で何がわかるのか

1.2.1 組成式が決定できる

有機元素分析で得られた試料中の各成分元素の含有率(分析値)と原子量から，各原子の成分比(分析値／原子量)を求め，この比を最も簡単な整数比に換算すると組成式を求められる．

1.2.2 純度分析ができる

試料の分子式から計算して得られる各元素の含有率(理論値)と分析値を比較すると試料の純度がわかる．さらに，異なる製造ロットの試料の分析値を比較することで，製造方法の検討や製品の品質管理ができる．

1.2.3 不純物分析ができる

原料に用いられた無機物質など，試料中の元素を分析することにより不純物の分析ができる．

1.3 分析の原理

1.3.1 炭水素同時分析法(重量法)

炭水素 (CH) 同時分析法 (重量法) は，有機元素分析の基礎を築いた測定方法である．酸化銅 (CuO) を充填した燃焼管内にキャリアガスとして空気または酸素 (O_2) を流し，燃焼管を 900 ℃以上に加熱し，精密に量った試料を燃焼管内に導入し燃焼分解すると，試料中の炭素は一酸化炭素(CO)および二酸化炭素(CO_2)などの炭素酸化物(CO_x)，水素(H)は水(H_2O)，窒素(N)は一酸化窒素(NO)および二酸化窒素(NO_2)などの窒素酸化物(NO_x)に酸化される．さらに試料にハロゲンおよび硫黄が含まれている場合，ハロゲンはハロゲンガス(X_2)などのハロゲン化物に，硫黄は硫黄酸化物(SO_x)に酸化される．

これらの酸化物が加熱した酸化銅および銀 (Ag) の充填層を通過すると，ハロゲン化

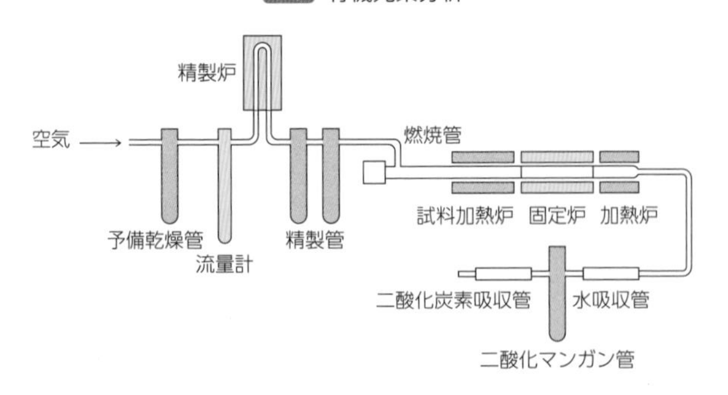

図 1.1　炭水素同時分析装置(役に立つ有機微量元素分析より)

物および硫黄酸化物が除去されて二酸化炭素，水，窒素酸化物となる．これらの燃焼生成ガスを，過塩素酸マグネシウムを充填した水吸収管，二酸化マンガンを充填した二酸化マンガン管，および水酸化ナトリウムを充填した二酸化炭素吸収管中を通過させると，それぞれの吸収管でガスが吸収されるので，測定前後に水吸収管および二酸化炭素吸収管の重量を計測すると，増加した重量から水素および炭素の分析値が求められる．

1.3.2　窒素分析法

窒素分析法には，ミクロデュマ法とケルダール法がある．

(1)ミクロデュマ法

ミクロデュマ法は，有機元素分析の基礎を築いた測定方法である．炭水素同時分析法と同様に試料を燃焼分解すると，試料中の窒素が窒素酸化物に酸化され，窒素酸化物は還元銅(Cu)により窒素(N_2)に還元される．アゾトメーター（窒素を量るための体積計）に入れた水酸化カリウム溶液中で窒素以外の燃焼生成ガスを除去した後，窒素の体積を量り，窒素の分析値を求める．なお，最近では，1.3.3 項に示した炭水窒素同時分析装置の充填剤や吸収管などを変更することで窒素分析が可能である．

(2)ケルダール法

ケルダール法は，日本薬局方や JIS に規定されている測定方法である．精密に量った試料に分解促進剤と硫酸を加えて加熱し，硫酸アンモニウムに変換した後，アルカリ性溶液を加え，遊離するアンモニアを塩酸で滴定し，窒素の分析値を求める．

1.3.3　炭水窒素(硫黄)同時分析法

1960 年頃から，熱伝導度検出器を用いたガスクロマトグラフ法や吸収除去カラムを用いる差動熱伝導度法による炭水窒素（CHN）同時分析法が急速に発展した．さらに，1980 年代にはコンピューター技術の導入による自動化が達成され，1990 年には赤外分光検出器と熱伝導度検出器を組み合わせた選択的検出方式の自動分析計も開発された．最近では，1 台の装置で炭水窒素同時分析法，炭水窒素硫黄（CHNS）の 4 成分同時分析法，および酸素分析法などが行える装置も普及している．炭水窒素同時分析法および炭水窒素硫黄同時分析法とも試料を燃焼分解し，燃焼生成したガスをさまざまな方法で分離し，熱伝導度検出法または赤外分光法などにより検出する方法である．

(1)試料の分解法

炭水窒素同時分析法は，現在市販されているほとんどの装置が以下に示す方法を採用している．試料を高温下の燃焼管内で完全に燃焼分解し，炭素は二酸化炭素，水素は水，窒素は窒素ガスに変換する．燃焼管内に酸化剤として，酸化銅，酸化クロム（Cr_2O_3），酸化ニッケル(NiO)，酸化クロムの混合物などを充填し，硫黄やハロゲンの除去剤として，酸化銅と酸化マグネシウム（MgO），銀，酸化コバルト（Co_3O_4）と銀の混合物，酸化セリウム(CeO_2)などを充填する．還元管内に還元剤として還元銅などを充填する．

キャリアガスにヘリウムガスを用い，900 ℃以上に加熱した燃焼管内に，白金ボートまたはスズ製試料容器に精密に量った試料を導入する．助燃ガスに酸素ガスを用いて燃焼分解する．なお，スズ製試料容器を用いた場合，純酸素雰囲気中，燃焼温度は 1800 ℃になる．試料中の炭素は一酸化炭素および二酸化炭素などの炭素酸化物，水素は水，窒素は一酸化窒素および二酸化窒素などの窒素酸化物に酸化され，さらに試料にハロゲンおよび硫黄が含まれている場合，ハロゲンはハロゲン化物，硫黄は硫黄酸化物に酸化される．これらの酸化物は，加熱した酸化銅，銀および還元銅中を通過すると，炭素酸化物は酸化銅で酸化されて二酸化炭素になり，ハロゲン化物および硫黄酸化物は銀に捕捉され，窒素酸化物は還元銅で還元されて窒素となり，表 1.1 に示したように，燃焼生成ガス成分は二酸化炭素，水，窒素となる．

表 1.1　炭水窒素同時元素分析法の燃焼分解の原理

反応試薬		O_2, CuO, WO_3		Cu, Ag, Mg, Ca				
試料中の元素	→	燃焼分解 / 酸化	→	除去	→	分離	→	検出
C		$CO_x \rightarrow CO_2$						CO_2
H		H_2O						H_2O
N		NO_X		N_2				N_2
O		O_2		Cu_2O, CuO				
S		SO_X		Ag_2SO_4				
X(F, Cl, Br, I)		HX, X_2		AgX, MgF_2, CaF_2				
金属		金属酸化物など						

炭水窒素硫黄同時分析法で分析可能な装置のほとんどが，以下に示す方法を採用している．燃焼管内に三酸化タングステン（WO_3）および還元銅などを充填し，キャリアガスにヘリウムガスを用い，燃焼管を 900 ℃以上に加熱する．銀製あるいはスズ製試料容器に試料を精密に量りとり，これを燃焼管内に導入し，炭水窒素同時分析法と同様に燃焼分解する．燃焼管内で試料中の炭素は二酸化炭素に，水素は水に，窒素は窒素ガスになり，硫黄は硫黄酸化物(SO_x)を生成した後，二酸化硫黄(SO_2)になり，燃焼生成ガス成分は，二酸化炭素，水，窒素，二酸化硫黄となる．

なお，燃焼管や還元管に充填剤を充填する場合，充填剤が効果的に作用する温度の位置に充填する必要があるので，各装置の取扱説明書に従って充填する．充填位置が異なると正確な分析値が得られないことがあるため注意する．

1

(2)分離検出法

●差動熱伝導度法による検出

差動熱伝導度法では，燃焼生成ガス成分の二酸化炭素，水，窒素ガスを一定容量の容器に回収し，容器内で濃度のばらつきがない均一な燃焼生成ガスにする．このガスを，水・二酸化炭素の順に吸収管に通した際の熱伝導度差を測定する方法である．

ジェイサイエンス・ラボ製の炭水窒素同時分析装置(図 1.2)では，燃焼生成ガスはキャリアガスのヘリウムガスとともに定量ポンプに吸引される．吸引されたガスはポンプ内で拡散により均一に混合された後，水，二酸化炭素，窒素のそれぞれの熱伝導度検出器へ送り込まれ，各種信号を検出される．検出成分は，水，二酸化炭素，窒素の順に検出され，検出器は直列に繋がる 3 対の差動熱伝導度計である．以下に示したように第 1 対の水素用熱伝導度検出器では，水を除去する過塩素酸マグネシウムを充填した水吸収管を通過する前と通過後の熱伝導度の差を検出する．第 2 対の炭素用熱伝導度検出器も同様に，二酸化炭素を除去する水酸化ナトリウムと過塩素酸マグネシウムを充填した二酸化炭素吸収管を通過する前と通過後の熱伝導度の差を検出する．第 3 対の窒素用熱伝導度検出器では，水と二酸化炭素が除かれた窒素とヘリウムの混合ガスとリファレンス流量設定調圧弁で一定流量に制御されたヘリウムガスとの熱伝導度の差を検出する．

・第 1 対水素用熱伝導度検出器
　サンプル側(入口側)　$He + N_2 + CO_2 + H_2O$
　リファレンス側(出口側)　$He + N_2 + CO_2$
・第 2 対炭素用熱伝導度検出器
　サンプル側(入口側)　$He + N_2 + CO_2$
　リファレンス側(出口側)　$He + N_2$
・第 3 対窒素用熱伝導度検出器
　サンプル側(入口側)　$He + N_2$
　リファレンス側(出口側)　He

検出された熱伝導度より，あらかじめ標準試料によって求められた検出感度を用いて，試料中の水素，炭素，窒素の分析値を求める．なお，この装置は酸素分析法も可能である．

EXETER ANALYTICAL 製の炭水窒素元素分析装置では，燃焼生成ガス成分の二酸化炭素，水，窒素ガスがキャリアガスのヘリウムガスとともに，定圧容器の圧力が 2 気圧になるまで定圧容器内に捕集される．定圧容器内で燃焼生成ガスが均一になるように撹拌された後，ジェイ・サイエンス・ラボの装置と同様に 水，二酸化炭素，窒素のそれぞれの熱伝導度検出器へ送り込まれ，各種信号が検出される．さらに，この装置は，炭素，窒素および硫黄を同時に分析することができる．燃焼管内の充填剤を三酸化タングステンに変更し，還元管の出口に水吸収管を取りつけ，水用熱伝導度検出器に用いられる水吸収管を二酸化硫黄吸収管に交換し水用熱伝導度検出器を二酸化硫黄用にすることで，炭窒素硫黄(CNS)同時分析用に変更可能である．さらに，酸素分析法も可能である．

なお，差動熱伝導度法で用いられる吸収管に吸収剤を充填する方法は，各装置に適した方法があり，異なると正確な分析値が得られないことがあるため注意する．

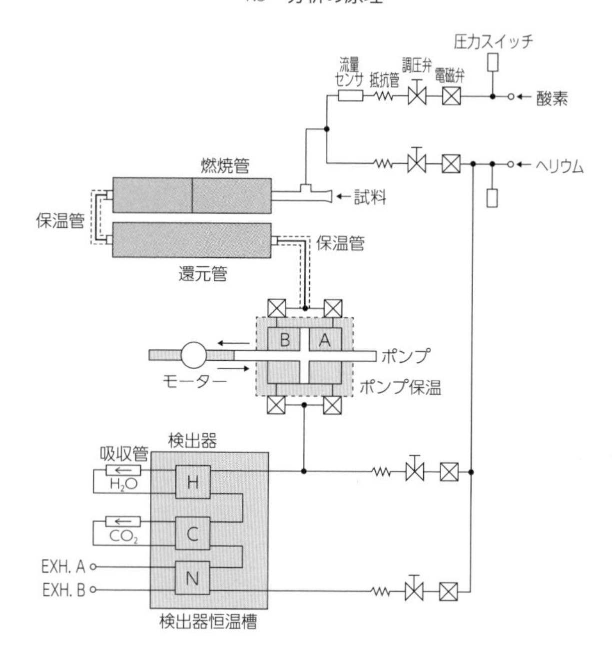

図 1.2　差動熱伝導度法による炭水窒素同時分析装置

●吸脱着カラムによる分離と熱伝導度法による検出

Elementar 製の炭水窒素同時分析装置(図 1.3)では，燃焼生成ガス成分の二酸化炭素，水，窒素ガスはキャリアガスのヘリウムガスとともに，水用および二酸化炭素用の 2 本の吸脱着カラムに導入される．吸着されず通過した窒素ガスは，ヘリウムガスを対照にして熱伝導度が検出される．窒素の検出ピークがベースラインまで下がると，二酸化炭素用の吸脱着カラムが加熱され，二酸化炭素がカラムから脱離し，熱伝導度が検出される．二酸化炭素の検出ピークがベースラインまで下がると，水用の吸脱着カラムが加熱され，水がカラムから脱離し，熱伝導度が検出される．あらかじめ標準試料を用いて作成した窒素，炭素，および水素の検量線より，試料中の窒素，炭素，水素の分析値を求める．

また，この装置に水用の吸脱着カラムの前に二酸化硫黄用の吸脱着カラムを追加し，燃焼管の充填剤を三酸化タングステンに変更すると，3 本の吸脱着カラムが装着された炭水窒素硫黄同時分析法が可能となる．さらに，この装置は炭窒素硫黄分析用，炭素窒素(CN)同時分析用，および酸素分析用に変更できる．

なお，1 本の吸脱着カラムで窒素，炭素，水素，および硫黄の分析が可能な装置もある．1 本の吸脱着カラムを用いる炭水窒素硫黄同時分析法も，3 本の吸脱着カラムの方法と同様に，燃焼管の充填剤に三酸化タングステンを充填し，燃焼生成ガスを 1 本の吸脱着カラムに導入する．吸着されず通過した窒素ガスは，ヘリウムガスを対照にして熱伝導度が検出され，3 種類(二酸化炭素，水，二酸化硫黄)の燃焼生成ガスは，成分ごとに吸脱着カラムの温度を変えて分離検出される．この装置も，炭水窒素分析用，炭窒素硫黄分析用，炭素窒素分析用，および酸素分析用に変更できる．

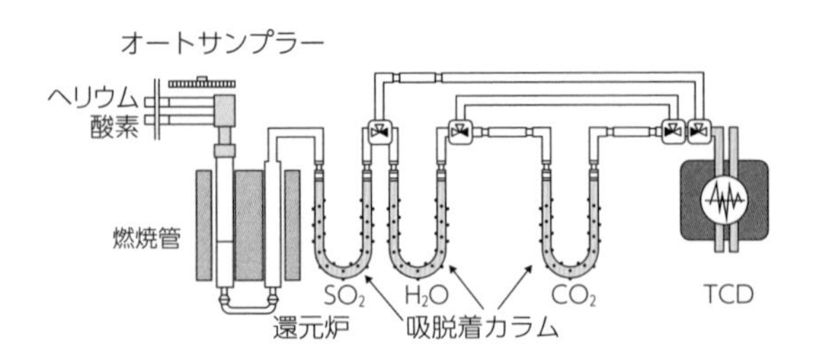

図 1.3　吸脱着カラムによる炭水窒素硫黄同時分析装置

●ガスクロマトグラフ法による分離と熱伝導度法による検出

Thermo Fisher Scientific 製の炭水窒素同時分析装置(図 1.4)では，燃焼生成ガス成分の二酸化炭素，水，窒素ガスは，キャリアガスのヘリウムガスともに分離カラムに導入される．窒素，二酸化炭素，および水の順番に完全に分離され，ヘリウムガスを対照にして熱伝導度が検出される．あらかじめ標準試料を用いて作成した窒素，炭素，水素の検量線より，試料中の窒素，炭素，水素の分析値を求める．またこの装置では，炭素窒素同時分析装置の燃焼管の充填剤を三酸化タングステンに変更し，分離カラムを炭水窒素硫黄分析用に変えることで炭水窒素硫黄元素分析装置に変更できる．さらにこの装置は，炭窒素硫黄分析用，炭素窒素同時分析用，窒素分析用，および酸素分析用に変更可能である．

図 1.4 には 2 本の燃焼管が記載されているが，片方の燃焼管で CHN 元素分析を行い，もう 1 本の燃焼管で酸素分析を行うことができる．なお，検出器は一つなので，CHN 元素分析と酸素分析は，日を変えて行うことができる．

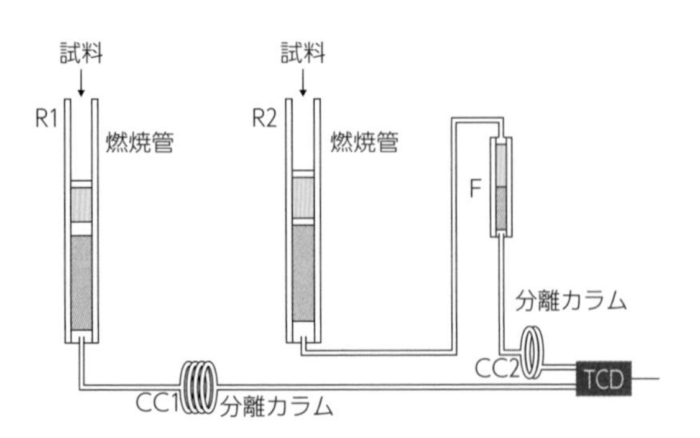

図 1.4　ガスクロマトグラフ法による炭水窒素硫黄元素分析装置

●フロンタルクロマトグラフ法による分離と熱伝導度法による検出

Perkin Elmer 製の炭水窒素同時分析装置 (図 1.5) では，燃焼生成ガス成分の二酸化炭素，水，窒素ガスが，キャリアガスのヘリウムガスとともに定圧容器の圧力が 2 気圧になるまで定圧容器内に捕集される．定圧容器内で燃焼生成ガスが均一になるように撹拌された後，均一な燃焼生成ガスが分離カラムに導入される．

定圧容器から 2 気圧の均一なガスが連続でカラムに導入されるため，分離開始部分

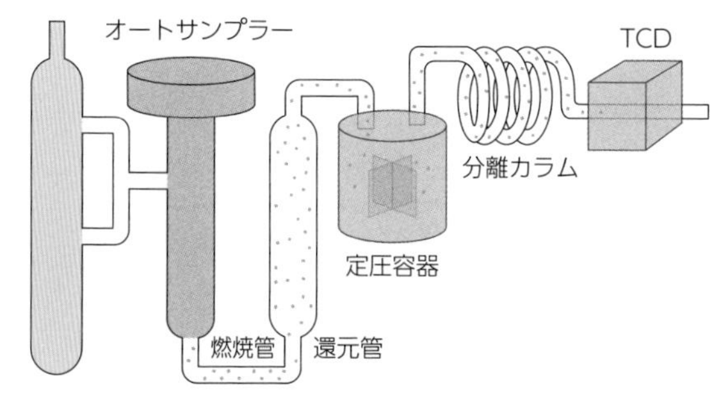

図 1.5 フロンタルクロマトグラフ法による炭水窒素硫黄元素分析装置

が階段状になったフロンタルクロマトグラムが得られる．このとき熱伝導度検出器でヘリウムガスを対照にした熱伝導度が検出される．あらかじめ標準試料を用いて作成した窒素，炭素，および水素の検量線より，試料中の窒素，炭素，水素の分析値を求める．また，この装置では，燃焼管の充填剤に三酸化タングステンと酸化ジルコニウム(ZrO_2)の混合物および還元銅などを充填し，還元管を中空に変更し，分離カラムを炭水窒素硫黄分析用に変えることで炭水窒素硫黄元素分析が可能になる．さらにこの装置は，炭窒素硫黄分析用，炭窒素同時分析用，窒素分析用，および酸素分析用に変更できる．

1.3.4 酸素分析法

酸素の分析値は，炭素，水，窒素，硫黄，およびハロゲンなどの元素分析を行った後，それらの分析値の合計を 100% から差し引いて求める場合が多いが，正確な酸素の分析値が必要な場合は酸素分析を行う．

酸素を分析するには，分解生成した一酸化炭素を定量する方法と，一酸化炭素を二酸化炭素に変換した後，二酸化炭素を定量する方法がある．試料を 900 ℃以上の窒素気流中あるいは不活性ガス気流中の熱分解管内で分解させると，燃焼管に充填された炭素粒または白金炭素粒により一酸化炭素が生成する．生成した一酸化炭素をガスクロマトグラフィーまたは非分散型赤外分光光度法などにより分析する方法と，生成した一酸化炭素を酸化管に充填した酸化銅により二酸化炭素として差動熱伝導度法または電量滴定法などにより分析する方法がある．なお酸素分析は，1.3.3 項に示した炭水窒素同時分析装置の充填剤や吸収管などを変更することで分析が可能である．

1.3.5 硫黄ハロゲン分析法

硫黄，ハロゲン(フッ素，塩素，臭素，ヨウ素など)の分析方法には，試料を加熱などにより分解生成した気体を分析する方法と，分解生成した気体を酸化剤などが添加された水溶液に溶解しその水溶液を分析する方法がある．硫黄，ハロゲンを含む有機物を 900 ℃以上の酸素気流中で燃焼分解すると，炭素酸化物，水，窒素酸化物，硫黄酸化物，ハロゲン化水素(HX)，ハロゲンガス(X_2)，およびハロゲンの酸化物などが生成する．

分解生成した気体を分析する方法については，1.3.5 項の (2) に詳述した．水溶液を分析する方法では，分解生成した気体を過酸化水素やヒドラジン水和物などの酸化剤や還元剤を添加した水溶液(吸収液)に吸収させる．水溶液に溶解したハロゲン化水素やハロゲンガスは，表 1.2 に示したようにハロゲン化物イオン（X^-），および硫黄酸化物は硫酸イオン（SO_4^{2-}）となり，滴定法，吸光光度法，イオンクロマトグラフィーなどで検出する．精度よく分析するためには試料を完全に分解し，検出に適したガス化または溶液化を行うことが必要である．

表 1.2 硫黄ハロゲン元素分析法の燃焼分解の原理

反応試薬		O_2，H_2O_2，NH_2NH_2						
試料中の元素	→	燃焼分解 / 酸化	→	除去	→	分離	→	検出
S		SO_x						SO_4^{2-}
X(F, Cl, Br, I)		HX, X_2						X^-
C		$CO_x \rightarrow CO_2$						
H		H_2O						
N		NO_x，N_2O						
金属				WO_3 を添加				

有機元素分析において多く利用されている試料の分解法には酸素フラスコ燃焼法，燃焼管分解法，酸水素炎法，溶解法などがあり，分離検出法には，滴定法，吸光光度法，イオンクロマトグラフィー，重量法などがある．また，試料を分解せずに分析できる蛍光 X 線分析法もある．以下に分解法および分離検出法について述べる．

(1) 試料の分解法

●酸素フラスコ燃焼法

酸素フラスコ燃焼法（図 1.6）は日本薬局方や JIS に規定されている測定方法である．燃焼フラスコに過酸化水素を加えた吸収液を入れ，フラスコ内を酸素ガスで充満させ，試料をろ紙に包み，これを燃焼フラスコ栓に取りつけた白金製かごに入れ，ろ紙の先端部に点火し，燃焼フラスコに入れ燃焼させる．分解生成した燃焼ガスを吸収液に吸収させた水溶液を試料溶液とする．ヨウ素を分析する場合は過酸化水素の代わりにヒドラジンなどの還元剤を加える．試料中の硫黄は硫酸イオンに，ハロゲンはハロゲン化物イオンに変換される．

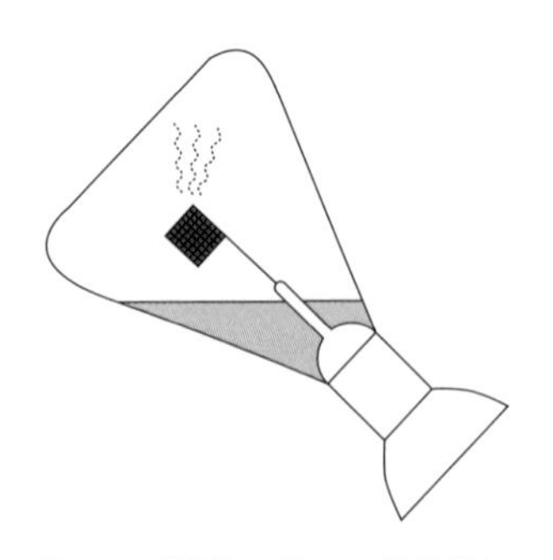

図 1.6 酸素フラスコ燃焼法による試料の燃焼

●燃焼管分解法

燃焼管分解法を用いると，有機物を酸素雰囲気中で分解し，分解生成ガスを直接分離検出でき，さらに分解生成ガスを吸収液に溶解させ溶液化できる．分解生成ガスを直接分離検出できる分析法としては加熱銀吸収法があり，1.3.5 項の (2) に詳述した．一方，分解生成ガスを溶液化する方法では，中空の燃焼管を用いて加熱分解し，分解生成したガスを分離検出に適した吸収液に吸収させて試料溶液とする．試料中の硫黄化合物は硫酸イオンに，ハロゲン化合物はハロゲン化物イオンに変換される．

図 1.7 に燃焼管分解法とイオンクロマトグラフ法を組み合わせた日東精工エアナリ

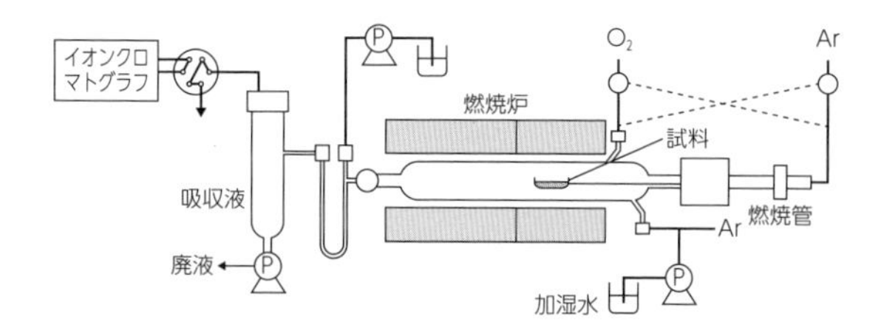

図 1.7　燃焼管分解法による硫黄ハロゲン分析装置

テック製の自動硫黄ハロゲン元素分析装置を示した．装置としては，他にヤナコ機器開発研究所製またはナックテクノサイエンス製の装置がある．

●酸水素炎法

酸水素炎法（図 1.8）では，試料を酸水素炎で燃焼させ，生じた分解生成ガスを分離検出に適した吸収液に吸収させて試料溶液とする．試料中の硫黄は硫酸イオンに，ハロゲン化物はハロゲン化物イオンに変換される．この分解法では水素を使用するため，取扱いには注意が必要である．

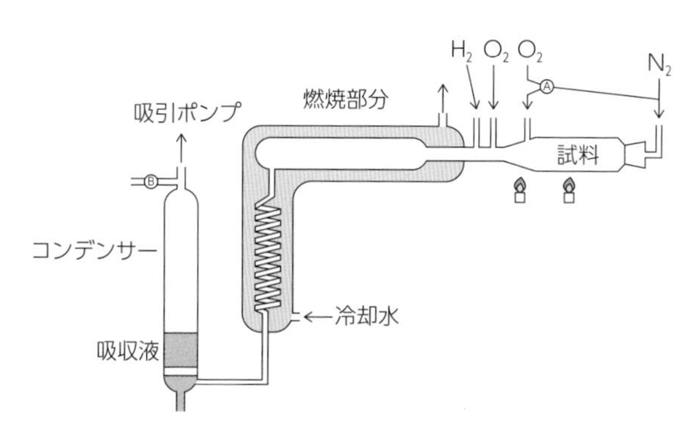

図 1.8　酸水素炎法

●溶解法

溶解法を用いた場合，試料を水溶液または有機溶媒に完全に溶解させることが可能であれば，塩酸塩や硫酸塩などのように，遊離した塩化物イオン（Cl^-）や硫酸イオン（SO_4^{2-}）を分離検出することができる．

(2)分離検出法

●滴定法

滴定法は，硫酸イオンおよびハロゲン化物イオンを含む試料溶液に化学反応を起こす溶液を滴下し，反応が終了するまでに要した滴下液量から硫酸イオンおよびハロゲン化物イオンの分析値を求める方法である．有機元素分析で使用されている滴定法には，中和滴定，沈殿滴定，光度滴定，電位差滴定および電量滴定がある．

例：塩化物イオンの硝酸銀($AgNO_3$)による沈殿滴定法

$$AgNO_3 + Cl^- + H^+ \longrightarrow AgCl \downarrow + HNO_3$$

●吸光光度法

吸光光度法は，硫酸イオンおよびハロゲン化物イオンを含む試料溶液に発色試薬を加え，吸光度を測定し，あらかじめ標準試料により作成した検量線を用いて試料中のハロゲンおよび硫黄の分析値を求める方法である．JIS に採用されているアルフッソン試薬を用いたフッ化物イオン(F^-)の定量などがある．

●キャピラリー電気泳動法

キャピラリー電気泳動法（図 1.9）は，溶融シリカ製キャピラリー内に電解質を含む溶液(緩衝液)を充填し，電気泳動を行う分析法である．キャピラリー内壁のシラノール基は緩衝液と接すると水素イオンが解離し，内壁は負電荷をもつので陽極から陰極へ向けての電気浸透流が発生する．硫酸イオンおよびハロゲン化物イオンを含む試料溶液を導入すると，試料溶液中の硫酸イオンおよびハロゲン化物イオンはその電荷・イオン半径により，異なる移動度で陰極から陽極へ移動する．

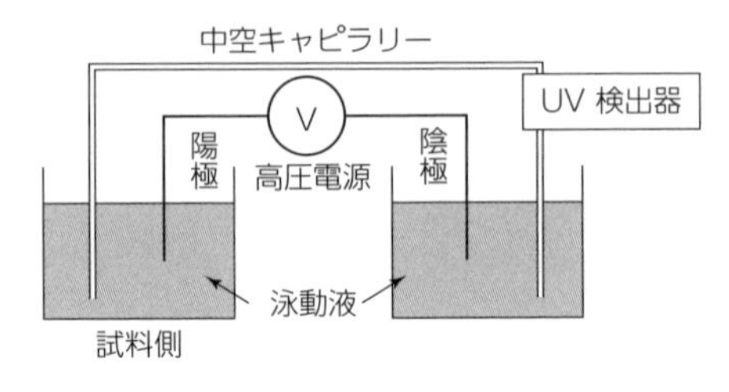

図 1.9　キャピラリー電気泳動法

キャピラリーの中途にある検出部分で，各イオンは移動に要した時間ごとに検出される．検出には紫外吸光検出器（UV 検出器）を用いて，臭化物（Br^-），およびヨウ化物イオン（I^-）は直接吸光度を測定する．一方，フッ化物イオン，塩化物イオン，硫酸イオンは紫外吸収がないため，あらかじめ緩衝液に紫外吸収物質を添加し，フッ化物イオンなどが検出部を通過したときに紫外吸収が減衰することを利用(間接吸光度法)し，その減衰量を測定する．あらかじめ標準試料により作成した検量線を用いて試料中のハロゲンおよび硫黄の分析値を求める．酸素フラスコ燃焼法や燃焼管分解法と組み合わせて，硫黄およびハロゲンの複数の元素の分析が可能である．

●イオンクロマトグラフ法

イオンクロマトグラフ法（図 1.10）では，系内に溶離液として電解水溶液を流し，硫酸イオンおよびハロゲン化物イオンを含む試料溶液を注入する．硫酸イオンおよびハロゲン化物イオンは，イオン交換体を充填した分離カラム内でイオンの価数などにより分離される．分離された各イオンは，サプレッサーを通過した後，検出器で電気伝導度が検出される．あらかじめ標準試料により作成した検量線を用いて試料中のハロゲンおよび硫黄の分析値を求める方法である．

サプレッサーは，イオン交換反応を利用して溶離液の電気伝導度を低減させ，高感度化を行う装置である．検出器は，主に電気伝導度検出器を用いるが，電気化学検出器，分光光度検出器，および蛍光検出器なども用いられる．酸素フラスコ燃焼法や燃焼管分解法と組み合わせて，硫黄および 4 種類のハロゲンの一斉分析が可能である．

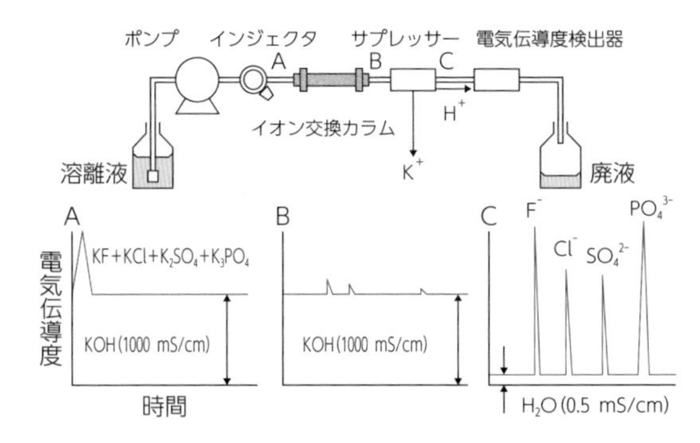

図 1.10 イオンクロマトグラフ法

●加熱銀吸収法

加熱銀吸収法（図 1.11）は，燃焼管に酸化触媒として白金板などを充填し，試料を酸素雰囲気中 900 ℃以上の温度で加熱分解し，分解生成したハロゲンまたは硫黄を含むガスを加熱した銀と反応させてハロゲン化銀や硫酸銀として捕集し，反応前後の銀の質量を計測し，その増加した質量から分析値を求める方法である．なお，フッ素は銀と反応しないため定量できない．

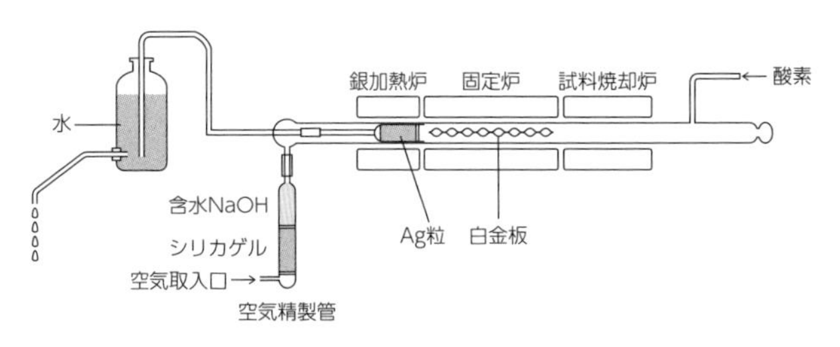

図 1.11 加熱銀吸収法
（役に立つ有機微量元素分析より）

●蛍光 X 線法

蛍光 X 線法（図 1.12）は，試料を破壊せずに元素を測定できる分析法である．試料に X 線を照射すると，元素の内殻電子が励起され空孔が生じ，その空孔に外殻電子が移るときに元素固有の波長をもつ X 線を放出する．この X 線を蛍光 X 線という．

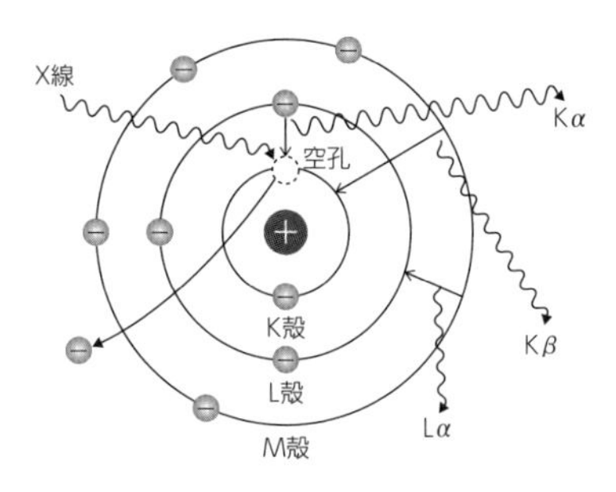

図 1.12 蛍光 X 線の発生原理
（島津製作所提供）

蛍光 X 線の波長は元素ごとに固有の値をもつため定性分析が可能で，放出された X 線の強度より元素の濃度もわかる．さらに，有機物試料を精度よく測定するためには，均質となるように処理し，専用装置で錠剤に加工して測定するか，ポリプロピレンフィルムを貼った容器に入れて測定するとよい．

1

1.4 試料の前処理

1.4.1 試料の精製

組成式を決定したい試料の分析を行う場合は，カラムクロマトグラフィー，蒸留，再結晶などを行い，単離，精製して純度の高い試料にする．得られた試料は，液体クロマトグラフィー，あるいはガスクロマトグラフィーなどを用いて純度を確認するとよい．純度が低い場合，再結晶などを繰り返し，純度を高くすることが重要である．

1.4.2 試料の乾燥

試料を乾燥する場合，結晶内の溶媒を取り除きやすくするために，乳鉢などで細かく整粒してから減圧乾燥する．減圧加熱乾燥する場合は，試料の融点や試料の物性（昇華性など）に応じた温度に設定する．

1.4.3 有機物であることの確認

分析を行う試料中に不純物として無機物が含まれている場合がある．無機物を含んでいると，分析装置の燃焼管などの汚染あるいは破損，および充填剤などを汚染し，直後に分析した試料やそれ以降の試料の分析値に影響する．無機物を含むかどうかを簡便に確認するには，ごく少量の試料を銅線につけ，ガスバーナーにかざし，炎色反応で無機物を確認する．または，少量の試料をスパーテルに乗せ，バーナーで燃焼し完全に灰化させ，残留物を観察する．蛍光 X 線装置などがあれば，蛍光 X 線分析を行って無機物の有無を確認するとよい．

1.4.4 分析依頼時の注意

試料の分析を依頼する場合，可能な限り詳しく説明し，疑問点などは相談する．たとえば，分析者が分析室で量り取りを行えないほど不安定な試料の場合は，以下のように対応してもらえる場合があるので相談するとよい．

> 不安定試料の場合の例　依頼者は，分析に使用するための精密に量ったアルミパンとアルミシーラーを研究室に借り，研究室のグローブボックス内でサンプリングしアルミパンを封入し，分析者が分析を行う時間にあわせて，試料を封入したアルミパンとアルミシーラーを分析者に渡す．分析者はそのアルミパンを正確に量った後，分析を行い，結果を依頼者に知らせる．

(1) 提出容器と試料量

試料は適した採取しやすい容器に入れ，炭水窒素元素分析を依頼する場合，最低 1 mg が採取できる量を容器に入れる．硫黄およびハロゲン元素分析を依頼する場合は別途相談する．

(2) 依頼書と試料容器のラベル

依頼する試料について依頼書などに，試料の名称（試料容器に記載した名称と一致させる），氏名，所属，構造式，分子式，分析依頼する元素名，物性（吸湿性や爆発性などわかる限り)，含まれている可能性のある元素および塩(過塩素酸塩などになっている可能性があれば必ず記載)，再結晶溶媒の種類，精製および乾燥方法などを記載する．試料容器に直接，あるいはラベルに，氏名，試料の名称を記載する．

1.5 分析値の解析

有機元素分析では，分析値と理論値との許容誤差は ±0.3 % とするという古くからの慣習がある．すなわち，理論値と分析値との差が ±0.3 % 以内であれば，分子式に一致しているとみなしてよいことになる．

同一の試料において常に良好な分析結果を得るためには，検量線に用いる標準試料が高品質であること，はかりや分析装置の適切な管理，適切な操作および適切な前処理が必須である．一方，困難な合成で得られた試料など貴重な試料の元素分析結果が予想した理論値と一致しない原因としては，以下に記載した精製，乾燥不足，妨害元素が含まれている場合などが考えられる．

(1)精製，乾燥不足

残留している量によるが，溶媒が残留していると元素分析値が理論値と一致しない．例として，2 % の溶媒が残留している場合の炭水窒素元素分析値と理論値について表 1.3 に示す．2 % の水が残留しているだけで炭素の元素分析値が理論値に対して，1.39 % 負に偏る．試料量に余裕がある場合は，細粒した後に再度乾燥する．また，1 工程や 2 工程前に使用した金属触媒などが残留している場合も元素分析結果が一致しないので，精製する．

表 1.3 溶媒の影響(2 %残留時)

アセトアニリド(2 mg)	H (%)	C (%)	N (%)
理論値	6.71	71.09	10.36
水	6.80 (+0.09)	69.70 (−1.39)	10.16 (−0.20)
メタノール	6.83 (+0.12)	70.43 (−0.66)	10.16 (−0.20)
クロロホルム	6.59 (−0.12)	69.89 (−1.20)	10.16 (−0.20)

(2)妨害元素含有

含まれている可能性のある元素が依頼書に記載されていないため，元素分析結果が予想した理論値と一致しない場合がある．アルカリ金属やアルカリ土類金属が含まれている場合，燃焼分解で生じた二酸化炭素と反応し炭酸塩が生成し，炭素の分析値が負に偏る．これらの金属に対しては，三酸化タングステンなどを添加すると炭酸塩は生成せず良好な分析結果となる．表 1.4 に炭水窒素元素分析における妨害元素による装置への影響と対策をまとめた．

なお，表中の「三酸化タングステンを添加して」とは，ボートに試料を精密に量り，三酸化タングステンを試料が隠れるくらいかけることである．また，三酸化タングステンを挟んでとは，ボートの底に三酸化タングステンを敷き，そのボートに試料を精密に量り，その上から三酸化タングステンを試料が隠れるくらいかけることである．

表 1.4　妨害元素とその現象

族	元素	現象	備考
1	Li, Na, K, Rb, Cs, Fr	アルカリ金属は燃焼管，充填剤，挿入棒などを汚染損傷する．	炭酸塩が完全に分解せず，C% がマイナスになるので，WO_3 などで挟んで分析する．充填剤，燃焼管，挿入棒の保護になる．
2	Be, Mg, Ca, Sr, Ba, Ra	アルカリ金属と同様に燃焼管，充填剤，挿入棒などを汚染損傷する．	アルカリ金属と同様に WO_3 などで挟んで分析する．充填剤，燃焼管，挿入棒の保護になる．
3	Sc, Y	燃焼管，充填剤を汚染する．	WO_3 で挟んで分析する．
4	Ti	TiO_2 は無色から黒色まで種々ある．	
	Zr	灰分はボートから飛び出して挿入棒を汚染することが多い．ZrO_2 は帯黄白色ないし褐色．	
	Hf	HfO_2 は白色である．	
5	V	V_2O_5 は融解して白金ボートからはい上がり，燃焼管，挿入棒を汚染する．	WO_3 を添加すると白金ボート内で V_2O_5 を閉じ込め，燃焼管や挿入棒の汚染を防止する．
	Nb, Ta	ハロゲン含有物は揮発して燃焼管を汚染する．	
6	Cr	緑色の灰分(Cr_2O_3)がボートに残る．	
	Mo	燃焼管の充填剤を汚染することもある．	WO_3 で挟んで分析する
	W	灰分はボート内で WO_3 として残る．	
7	Mn, Tc	燃焼管の充填剤を汚染することもある．	
	Re	Re_2O_7 は昇華して燃焼管内を移動し，充填剤に付着したり離れたりする．	添加剤は必要ないが，数回の分析ごとにキャリヤーガスを逆流させて Re_2O_7 を管口で拭き取る．
8	Fe	灰分がボート内に綺麗に残る場合とボートから飛び出して挿入棒や燃焼管を真っ赤に汚染する場合がある．	
	Ru	酸化ルテニウムが揮発して燃焼管の充填剤を汚染する．	
	Os	OsO_4 は高温で揮散し，装置の連結管などの低温部に付着して水の脱着で水素値を狂わす．	Os を連続分析すると検出器まで汚染される場合がある．試料量を減らし分析後は速やかに装置内を洗浄する．
9	Co	Co_3O_4 がボートに付着して汚染する．	
	Rh	燃焼管を汚染することもある．	
	Ir	イリジウムのハロゲン化物は燃焼管を汚染する．	
10	Ni	灰分は NiO としてボートに残る．	
	Pd	灰分はボートに残る場合と飛び散る場合がある．	
	Pt	灰分は Pt としてボートに残る．	
11	Cu	灰分はボート内に綺麗に残る場合と飛び出して挿入棒や燃焼管を汚染する場合がある．	

11	Ag	灰分はボートに残る．	白金ボートに残留した銀はまず硝酸で洗う．いきなり $KHSO_4$ で溶融処理すると汚れが取れない．
	Au	灰分は Au としてボートに残る．	
12	Zn	灰分が白く残る場合やハロゲンを含む試料などでは燃焼管の充填剤を汚染する．	
	Cd	燃焼管の充填剤を汚染する．	
	Hg	水銀は揮散して管内を移動し，充填剤を汚染する．	燃焼管出口の低温部に金線や金箔を入れた水銀含有試料分析用燃焼管を使用して，水銀を金アマルガムとして補足する．
13	B	ボート内に残った炭化物をガラス状の B_2O_3 が覆って C% がマイナスになることがある．	WO_3, CuO, Co_3O_4 のいずれかで挟んで分析する．
	Al, Ga, In	燃焼管の充填剤を汚染する．	
	Tl	燃焼管の充填剤を汚染する．	WO_3 で挟んで分析する．
14	Si	SiC になると黒くボートに残る．燃焼して SiO_2 が充填剤を汚染する場合がある．	特殊な分子構造をもつ試料は通常の条件では分析は不可能であるため，1100 ℃以上に加熱する必要がある．
	Ge	燃焼管の充填剤を汚染する．	WO_3 を挟んで分析する．
	Sn	燃焼管の充填剤を汚染する．特に塩素を含む試料の場合に汚染がひどい．	
	Pb	燃焼管の充填剤を汚染する．	
15	P	P_2O_5 が燃焼管内を移動し，充填剤を汚染する．水の脱着で水素値が変動する．	MgO を充填した燃焼管を使用する．C% がマイナスになる場合があるので，WO_3 などで挟んで分析する．
	As	As_2O_5 は白色．強熱すると As_2O_3(亜ヒ酸)になり無色となる．	MgO・Ag_2WO_4 か MgO・WO_3 を充填した燃焼管を使用する．さらに WO_3 などで挟んで分析する．
	Sb	Sb_2O_5 は黄色，加熱で Sb_2O_4 になり，900 ℃以上で Sb_2O_3（白色）となる．	
	Bi	Bi_2O_3 は黄色．	
16	Se	セレン酸化物が昇華して検出器の内部まで侵入して分析値を狂わす原因となる．	燃焼管出口付近の低温部と還元管出口付近の低温部に銀粒を詰めると大部分を補足できる．
	Te	TeO は黒色，TeO_2 は白色，TeO_3 は 400 ℃で TeO_2 と O_2 に分解する．	WO_3 で挟んで分析する．
17	F	燃焼管と反応して損傷し，SiF_4 となる．水素が少ないときは、CF_4 ができる．	燃焼管の高温部に MgO を充填する必要がある．

(3) 吸湿性，揮発性および昇華性

試料に吸湿性があるときは，吸湿性が弱い場合は，スズ製試料容器を用いて手早く正確に量り，すぐに装置に導入すればよい．吸湿性が強い場合や相対湿度が高い場合は，簡易のグローブボックス内でアルミパンなどの密閉容器を用いて，正確に量る．昇華性があるときは，昇華性が弱い場合は，スズ製試料容器を用いて手早く正確に量り，すぐに装置に導入すればよい．昇華性が強い場合は，アルミパンなどの密閉容器を用いて量り取る．揮発性試料の場合は，ガラスキャピラリーやアルミチューブなどに封入し，量り取る．

2 ガスクロマトグラフ法

芝本繁明(㈱島津製作所基盤技術研究所)

2.1 はじめに

ガスクロマトグラフ(GC)は分離分析のための装置で，石油，食品，医薬品や環境分析などさまざまな分野で用いられている．他のクロマトグラフィー手法に比べ，分離能が高く高感度で，定性，定量分析が可能な汎用性の高い装置である．

原理的に構造は単純であり，中心となるのは移動相(キャリアガス)を流して目的成分を分離するための「カラム」で，そこに試料を導入する「注入口」とカラムから溶出してくる成分を検出する「検出器」，各種ガスを制御するための「流量制御部」からなる．

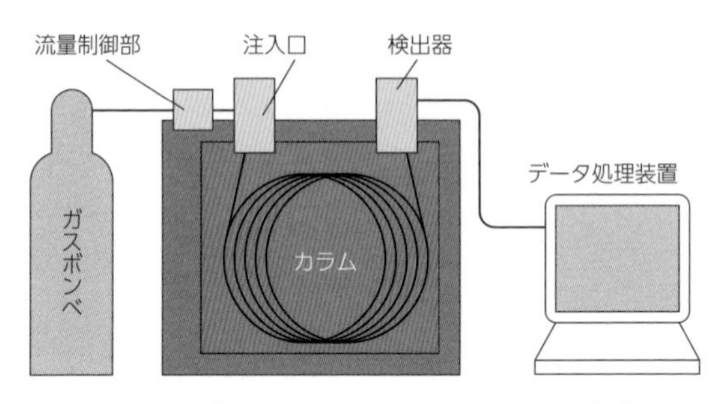

図 2.1　ガスクロマトグラフィーの装置構成

2.2 ガスクロマトグラフィーの原理

2.2.1 分析対象

ガスクロマトグラフィーは移動相に気体(キャリアガス)を用いた分離手法であり，分析対象は分離カラムの中をキャリアガスによって運ばれるもの，つまり気体に限られる．分析対象物は，使用する装置の設定上限までの温度(通常 400 ～ 450 ℃)で気化される必要があり，気化時に熱分解しないものに限られる．また気化する化合物であっても反応性の高い成分や吸着性の高い成分の分析は困難である．

2.2.2 ガスクロマトグラフィーの種類

ガスクロマトグラフィーはカラムに用いる固定相の種類によって，固定相に固体を用いた気固クロマトグラフィー(GSC)と固定相に液体を用いた気液クロマトグラフィー(GLC)に大別される．

GSC は固定相にモレキュラーシーブなどの吸着剤を用いて分離を行う．無機ガスや常温で気体である低沸点化合物の分析に適している．GLC は固定相に高沸点液体を用い，試料の固定相への溶解，キャリアガス中への溶出を繰り返す気液分配により分離を行う．GSC に比べ，比較的高沸点な液体試料の分析に用いられる．

2.2.3　分離

(1) クロマトグラムとピーク

GC分析によって得られるデータをクロマトグラムと呼ぶ．図2.2に示した例で，安定し，カラムから何も溶出していない部分をベースライン，成分が溶出した部分をピーク，注入から成分溶出までの時間を保持時間(リテンションタイム)と呼ぶ．

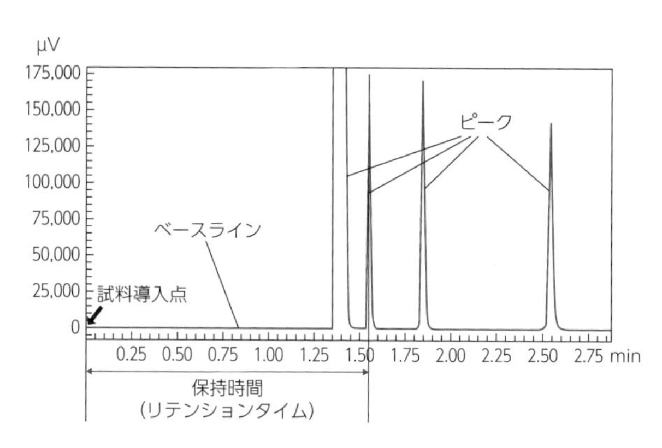

図2.2　クロマトグラムの例

(2) ピーク形状

良好な分析条件により得られるピーク形状は左右対称なガウス分布形状を示す．しかし試料がカラムやその他の部分に吸着することなどで起こるテーリング，カラムの負荷容量を超えて成分が導入された際などに起こるリーディングといった不具合が生じる場合がある（図2.3）．不良形状のピークでは保持時間のずれが大きくなりやすく，同定精度が低下し，ピークの波形処理に起因する再現性不良や検出感度の低下を招く．

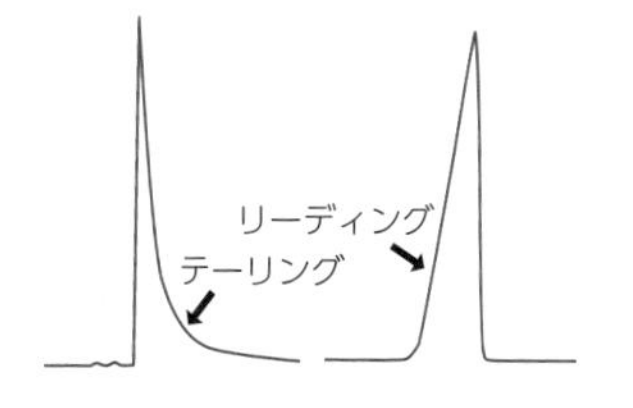

図2.3　不良形状ピークの例

テーリングが生じた場合には，カラムの液相の極性を目的成分に合わせて変更することや，ガラスインサート，ウールなどを不活性化処理済みのものに交換することが効果的である．リーディングが生じた場合は，注入量を減らす，試料を希釈する，スプリット比を高くするなど，カラムへの試料導入量を少なくすることで対応する．試料気化室やカラムの初期温度を上げることがリーディング解消に効果的な場合もある．基本的に分離のよい(理論段数の高い)カラムを用いると幅の狭いシャープなピークが得られる．

(3) 理論段数と理論段高さ

理論段数(N)はカラムの分離効率の指標である．カラムの中で化合物は固定相液体に溶け込み，気相(キャリアガス中)へ溶出する分配を繰り返しながら進んでいく．この分配平衡がカラム長さの中で何度行われるかを示したものが理論段数であり，理論段数が大きければ分離効率がよいカラムといえる．

図2.4のように半値幅，保持時間等を定めた場合，理論段数は式(2.1)で与えられる．理論段高さ（height equivalent to a theoretical plate, HETP）は，カラム長さを理論

段数（N）で除したもので，理論段１段を得るために必要なカラム長を表し，HETP が小さければ分離効率がよいといえる．HETP はキャリアガス種類，線速度により変化し，たとえば内径 0.25 mm のキャピラリーカラムでヘリウム，水素をキャリアガスに用いた場合は線速度 25 ～ 30 cm/sec 程度で HETP が最小値を示す．同じカラムでキャリアガスに窒素を用いた場合，最適線速度は 10 cm/sec 程度となるので注意が必要である(図 2.5)．

$$N = \left(\frac{t_R}{\sigma}\right)^2 = \left(\frac{2.355t_R}{W_{1/2}}\right)^2 \tag{2.1}$$

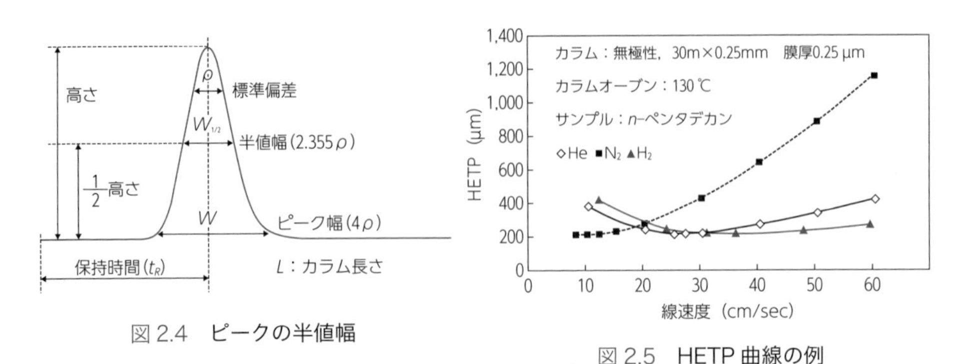

図 2.4 ピークの半値幅

図 2.5 HETP 曲線の例

2.3 装置の概要

2.3.1 試料注入口

試料注入口はキャリアガスの流れの中に試料を注入し，カラムに導入する役割をもつ．GC 分析において，試料は気体の状態でカラム内をキャリアガスにより運ばれるが，試料注入口は注入だけでなく液体試料に熱を与え気化させる機能ももち，試料気化室とも呼ばれる．試料注入はマイクロシリンジの針により，注入口セプタムを貫通することで行われる．注入を繰り返すことで貫通穴が広がり，キャリアガスの漏れが生じるため定期的なセプタム交換が必要である．

(1) マイクロシリンジによる注入

試料気化室内は高温であるため注入時にマイクロシリンジの針先に残る試料が熱され気化することで計量値より多く導入される．また針先での蒸留現象により，試料中の低沸点化合物が多く導入されることによる組成変化（ディスクリミネーション）が生じる．そのため手動で注入を行う際には，良好な再現性を得るためにプランジャを押して試料を注入した後，針先の気化量が一定になるよう同じタイミングで針先を抜き出さなければならない．自動試料注入装置（オートインジェクタ）を用いることで注入量が安定し，高速度の注入により組成変化を軽減することが可能である．

溶媒の種類ごとに気化体積が異なるので（数 100 ～ 1000 倍程度に膨張する），注入時に気化室(ガラスインサート)容積を超えないよう，試料注入量には注意が必要である．

ガスタイトシリンジを用いた気体試料の注入では，注入速度が異なるとピーク幅が変化し，分析精度に影響をもたらすため，注入時のプランジャ速度を一定に保つことが重要である．

(2)パックドカラム用試料気化室

液体，気体両方の試料に用いられる．注入した試料全量をカラムに導入する注入口である．ガラスカラムの接続には直接カラムを接続するオンカラム法とガラスインサートを用いる方法がある．ガラスインサートには，試料中の不揮発成分がカラムに導入され汚染されることを防ぎ，カラム寿命を延ばす効果がある．

(3)スプリット／スプリットレス注入口

最も一般的なキャピラリーカラム用の試料注入口で，スプリット法とスプリットレス法の両方の注入法に対応できる．市販される GC のほとんどのキャピラリカラム対応機種がガラスインサート方式を用いており，注入口セプタムからのブリードを軽減するためにセプタムパージラインをもつ(図 2.6)．

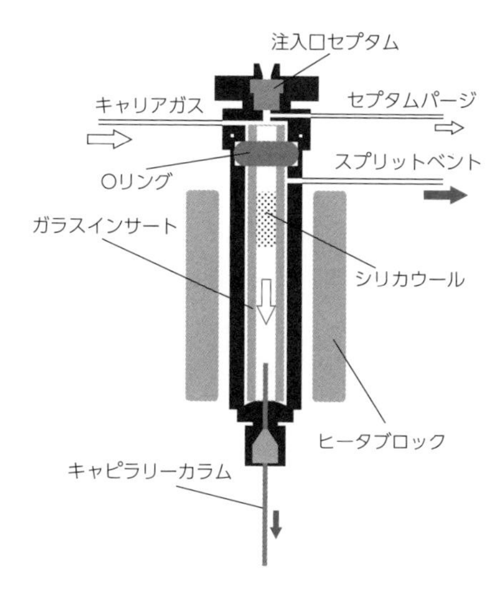

図 2.6　スプリット／スプリットレス注入口

①スプリット法

内径の細いキャピラリーカラムには一般的な液体試料の注入量 (1 μL 程度) の全量を導入することができない．しかし，マイクロシリンジで安定して 0.1 μL 以下を注入することは難しいため，注入した試料の一部だけをカラムに導入するスプリット法が広く用いられている．スプリット法は注入した試料を気化後にカラムとスプリットベントに分岐し，不要な試料ガスを系外に排出することで分析カラムへの微量導入を実現している．

カラムへの導入量とスプリットベントからの排出量の比をスプリット比と呼ぶ．スプリット比を高くするとカラムへの試料導入量が減り，低くすると増える．スプリット比が低過ぎると試料注入幅が広がり分離が悪化するため，通常はスプリット流量とカラム流量の和が 20 mL/min を下回らないようスプリット比を設定する．スプリット法では気化室内での試料滞留時間が短いため，ガラスインサートにシリカウールを詰めて気化を効率的かつ均一に行う必要がある．

②スプリットレス法

スプリット法は試料の一部のみをカラムに導入するため微量分析には適さない．そのため，数 ppm 以下の低濃度試料の分析にはスプリットレス法を用いる場合が多い．

スプリットレス法は注入した試料のほぼ全量をカラムへ導入する方法で，注入前にスプリットベントを閉じておき，試料を注入してから一定時間（サンプリングタイム，通常 1 ～ 2 分）後にスプリットベントを開放し，カラムに導入できなかった試料を系外に排出する(図 2.7)．

スプリットベントを閉じている間は全量がカラムに導入されるが，注入口（ガラスインサート）内にはカラム流量分のキャリアガス(内径 0.25 mm のカラムで 1 mL/min 程度）のみが流れることになるため，そのままでは試料注入幅が分離を阻害することになる．注入時のピークの広がりを防ぐため，カラム初期温度を試料溶媒の沸点以下に設定した昇温分析を行う必要がある．初期温度を下げることで試料気化室から移行した試料ガスがカラム先端で再凝縮し，試料バンド幅が狭まることで(クライオフォーカス)，分離を阻害することなく目的成分のカラム導入量を増やすことができる．カラム初期温度を溶媒の沸点より 10 ～ 20 ℃程度下げることにより溶媒が効果的に凝集し，沸点が溶媒に近い成分のピークの広がりを抑え溶媒効果を得ることができる．スプリットレス法は，溶媒がない試料や目的成分が溶媒より早く溶出する試料には適用できない．

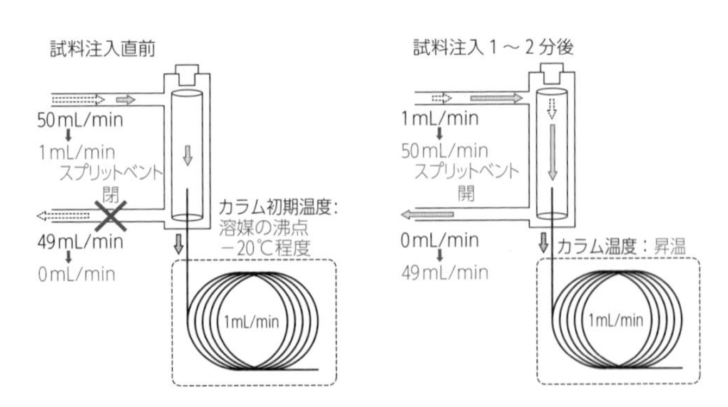

図 2.7　スプリットレス法

(4) プログラム昇温気化注入口

注入口自体をプログラム昇温できる機能をもち，低温で注入できるため，熱分解性化合物の分析や，沸点範囲の広い試料の組成変化を防ぐために用いられる．OCI（on column injector）と PTV（programmed temperature vaporizer）の 2 種類がある．OCI はカラムに直接試料を注入するため不揮発成分によるカラムの汚染が起きやすいが，PTV はガラスインサートにより汚染を軽減できる利点がある．

(5)ガスサンプラ

主にパックドカラムへの気体試料の導入に用いられる．試料計量管を備え，ガス流路の切替えにより試料をカラムに導入する．計量管の容量を変更することで注入量が変えられる．

ガスタイトシリンジを用いた気体試料注入に比べて注入時の圧力変動が少なく，再現性が高い．流路切替えにはロータリーバルブが用いられ，各ポート間やカラムとの接続に用いる配管容量が大きく少量の試料には不向きであり，バルブシールの劣化により漏れが生じるため定期的なバルブやシール交換が必要である．

2.3.2　検出器

検出器はカラムで分離され溶出する成分の量を電気信号に変換するためのもので，30 以上もの種類があり，用途により使い分ける必要がある．その中で水素炎イオン化検出器 (FID) と熱伝導度検出器 (TCD) は，ほとんどの GC にどちらかが搭載されているといえるほど汎用性が高い．この二つの汎用検出器の他は，特定の元素や官能基に対する選択性をもち高感度なものが多く，目的成分の分子構造や，分離の対象，必要な感度などにより最適な検出器を選択する必要がある．代表的なものを以下にあげる．

(1)水素炎イオン化検出器(Flame Ionization Detector，FID)

有機化合物全般に対して感度をもつ汎用検出器 (図 2.8)．水素炎中で化合物が燃焼する際にその一部 (10^{-6} 以下) がイオン化し，コレクターに捕集されることにより生じるイオン電流を増幅し出力している．10^6 ～ 10^7 とダイナミックレンジが非常に広く 0.01 ng 程度の検出が行えるため，さまざまな分析へ応用できる．

CH 構造をもつ化合物に感度を有し，同属間では炭素数に比例して感度が変化する特徴がある．また, カルボニル, カルボキシ基などの C=O の二重結合には感度がないため, ギ酸，ホルムアルデヒド，および無機化合物は検出できない．

選択性が低いため高感度分析時には，使用する水素やヘリウム，窒素中に含まれる有機系不純物と，コンプレッサーで供給される空気中の油分や水分の影響を受けやすいので，各種ガスをフィルターなどで清浄化する必要がある．水素炎で生成する水分の凝縮に起因する腐食などを防ぐため，100 ℃以上で使用することが望ましい．

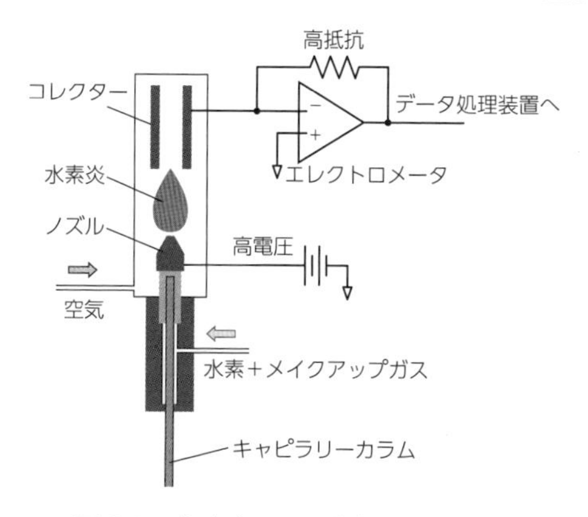

図 2.8　水素炎イオン化検出器の概略

2

(2) 熱伝導度検出器(Thermal Conductivity Detector, TCD)

キャリアガス以外のすべての化合物に対して感度をもち，最も汎用性の高い検出器である．感度は比較的低いため高感度分析はできないが，高濃度試料(～100%)でも飽和せず，低濃度域まで直線性をもつ．

図2.9に示すように，ホイートストンブリッジの4辺にタングステン–レニウムフィラメントを配し，A–B間に一定電流を流す．分析カラムと参照カラムにキャリアガスを流すと，フィラメントの発熱がキャリアガスを通じて奪われ，一定温度に平衡となる．試料を分析カラム側に注入すると，R_1とR_3のフィラメントにキャリアガスと熱伝導度が異なる試料ガスが流れるため温度が変化する．一方，R_2とR_4のフィラメントにはキャリアガスのみが流れており温度は変わらない．

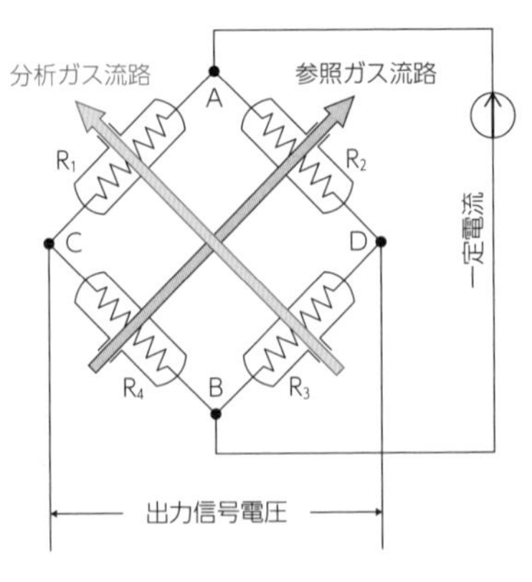

図2.9 熱伝導度検出器の概略

信号として，フィラメント温度，つまり抵抗値の変化により生じるC–D間の電圧変化を検出する．キャリアガスと試料ガスの熱伝導度の差が大きいほど感度が高くなるため，通常はキャリアガスにはヘリウムが用いられる．水素を分析する際には，熱伝導度の差が大きくなるよう，キャリアガスにアルゴンまたは窒素を用いる．

(3) 炎光光度検出器(Flame Photometric Detector, FPD)

硫黄(S)，リン(P)，スズ(Sn)を選択的に検出できる高感度検出器．水素過剰の還元炎の中でS，P，Snを含む化合物が燃焼すると励起され，基底状態に戻る際に特定の波長の光を発する．この特異的な波長光を干渉フィルターを用いて選択的に透過し，光電子倍増管(photo multiplier tube, PMT)で増幅し，検出する．

GCに用いられる検出器の中で最も選択性が高く，SとPの比較ではPの感度が高い．化合物によってはppb以下の濃度まで検出可能である．測定に使われる波長はS：394nm，P：526nm，Sn：610nm程度で，それぞれに応じた干渉フィルターを用いるため，通常は同時に測定できる元素は1種類である．各元素によって水素，空気の最適流量比が異なる．PおよびSn化合物の分析では信号シグナルは濃度と比例関係を示すが，S化合物は還元炎中でS_2ラジカルを生じることから，シグナル強度はほぼ濃度の2乗に比例する．

近年，反射系を備え発生するほぼすべての光をPMTに集光する全光反射型や，持続性のない水素炎を周期的に点火–消火させるパルス型(PFPD)といった従来型より高感度な方式も実用化されている．

(4) 熱イオン化検出器(Thermal Ionization Detector, TID)

窒素(N)，リン(P)を選択的に検出できる高感度検出器．FIDと似た構造で，ノズルとコレクターの間にアルカリ金属塩を塗布したフィラメントをもつ．空気と微量の水素供給下でフィラメントに電流を流してアルカリ金属塩を赤熱させることで，塩表面に生じるプラズマ状の雰囲気中で有機窒素化合物やPを含む化合物が選択的にイオン化され，コレクターに捕集されることで生じるイオン電流を検出している．

FPDと異なりN, Pの化合物は同時に検出される．アルカリ塩イオン化検出器(Flame Thermionic Detector，FTD)，窒素–リン検出器（Nitrogen Phosphorous Detector, NPD）などさまざまな別名がある．N化合物はpg程度，P化合物はそれ以下の高い感度をもつが，使っているうちにアルカリ金属塩が消耗するため感度変動が大きく，定期的な感度調整やメンテナンスが必要である．分析に必要な感度が得られる最小限のフィラメント電流設定で使用することが，アルカリ金属塩の消耗と感度変動を抑えるために有効である．

(5)電子捕獲検出器(Electron Capture Detector，ECD)

ハロゲン化合物やニトロ化合物などの電子を取り込み，負イオンになりやすい親電子性化合物を選択的に検出できる高感度検出器．検出器セル内に^{63}Niなどの放射性同位元素を封入し，高純度窒素をキャリアガスまたは検出器ガス(メイクアップガス)として用いると，^{63}Ni線源より放射されるβ線により窒素ガスがイオン化され二次電子を放出する．放出された電子がコレクターに捕集され流れるイオン電流がベースラインを形成する． そこへカラムから親電子性の化合物が溶出すると電子を捕獲し負イオンとなる．生じた負イオンは電子に比べ非常に大きく移動に時間がかかり，検出器ガス由来のイオンと再結合するなど，コレクターに到達する負イオンの量が減少することによるイオン電流の減少量を検出している．

GCに搭載される検出器の中で最も感度が高く，ハロゲン化合物では分子構造やハロゲン原子の種類，数，結合位置により感度が大きく変わるが，化合物によっては数十fg以下の検出が可能である．高感度であるがゆえに安定に時間を要し，検出器ガスを完全に停止した後は再始動時間が顕著に増大する．装置停止中でも数mL/min程度の検出器ガス(窒素)を流し続けて検出器セル内をパージすることで再始動時の安定化時間を短縮することができる．放射線源を用いるECDの使用には文部科学省への届出と放射線取扱主任者の選任が必要である．

2.3.3　流量制御部

マニュアルの流量制御には，調圧弁を用いた定圧制御方式とマスフローコントローラーを用いた定流量制御方式がある．定圧制御方式は主にキャピラリーカラムのキャリアガス制御に用いられるが，一定圧力で制御を行うため昇温分析などでカラム温度が変化するとガスの粘性やカラムの抵抗値が変わり，流量が変化する．

定流量制御方式は主にパックドカラムで用いられ，カラム温度が変化しても自動で圧力が変わり一定流量を供給する．カラム流量の測定は，パックドカラムの場合，カラム接続部などから実測できるが，キャピラリーカラムの場合はカラム温度が変わるとカラム流量が変化してしまうためカラムオーブンを開放してカラム出口から実測することができない．そのため，カラムに保持されない成分(空気，メタンなど)を注入して得られたカラム通過時間から計算によって求める必要がある．L：カラム長さ，P_{in}：カラム入口圧(設定圧＋大気圧)，P_{out}：カラム出口圧(大気圧)としたとき，$P = P_{in} / P_{out}$となり，圧力勾配補正係数が$J = 3/2 \cdot (P^2-1/P^3-1)$と与えられる．メタンなどの保持しない成分の保持時間をt_0，カラム内半径をrとしたとき，カラム流量F_{col}は式（2.2)，平均線速度$\bar{u}$は式(2.3)で与えられる．最近では電子式流量制御部が普及しており，カラム流量やカラム平均線速度，スプリット比などを簡単に設定することが可能となっている．

$$F_{col} = \frac{\pi r^2 L}{t_0 J} \tag{2.2}$$

$$\bar{u} = \frac{L}{t_0} \tag{2.3}$$

2.4 カラム

GC 用のカラムは形状から，充填剤を詰めたパックドカラムと中空細管のキャピラリーカラムに，分離の機構から分配形と吸着形に大別できる(図 2.10)．

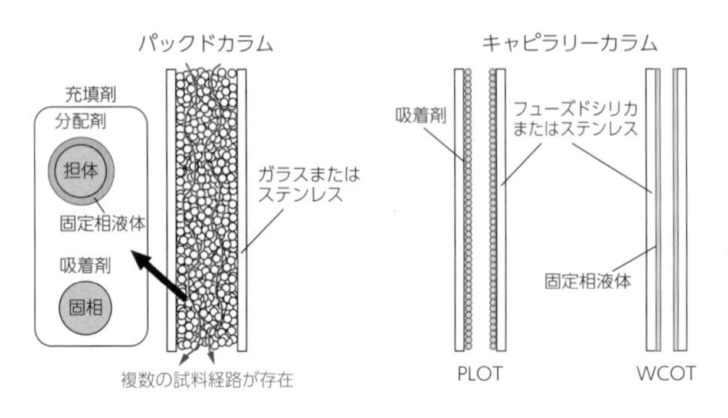

図 2.10 GC 用カラム

2.4.1 パックドカラム

ガラスやステンレスのパイプに充填剤を詰めたカラムで，内径 2 ～ 4 mm，長さ 0.5 ～ 5 m 程度のものがあり，長さ 2 m のものが多く用いられている．ステンレス製カラムは高温での金属表面の活性度が高く試料の分解が生じやすいため，安定な無機ガス分析などに用いられる．ガラス製カラムは比較的不活性で試料の分解や吸着が生じにくいが，破損しやすい．試料の通過経路が複数あり，カラム内での拡散の影響を受けやすく，キャピラリーカラムに比べ分離能が悪い．

(1) 吸着剤

主に無機ガスや低級炭化水素の分析に用いられるモレキュラーシーブやシリカゲル，活性炭，活性アルミナなどが代表的なものとしてあげられる．ポーラスポリマーのように吸着と分配両方の特性を示し，無機ガスから低級の炭化水素や酸，アルコール，アミンなどの広い範囲に適用されるものもある．

(2) 分配剤

珪藻土など比表面積の大きい担体に固定相液体を担持させたもので，主に液体試料の分析に用いられる．担体の粒子サイズ(80/100 メッシュなどと表記され，大きくなるほど粒子が細かい)が小さく，固定相液体の担持量(担体重量に対する重量 % で示される)

が多いほど保持能力が高くなる．水溶液試料の分析では連続注入により珪藻土担体が破損することがあるため，テレフタル酸(TPA)担体を用いる．

2.4.2　キャピラリーカラム

溶融石英(フューズドシリカ)やステンレスなどで作られた中空細管の内面に固定相をもつカラムで，内径 0.1 〜 0.53 mm，長さ 15 〜 100 m 程度のものがあり，内径 0.25 mm，長さ 30 m，膜厚 0.25 μm のものが最も多く使われている．フューズドシリカ製のものは破損を防ぎ柔軟性をもたせるためにポリイミド樹脂で被覆されている．ポリイミドの耐熱性から 350 ℃以上での使用は難しく，高温での使用にはステンレス製のカラムが適している．最近では不活性化技術の向上によりステンレス製カラムもフューズドシリカ製カラムと同様の不活性度をもつ．

(1) WCOT (Wall Coated Open Tubular)カラム

フューズドシリカなどの中空細管の内面に高沸点かつ安定な固定相液体をコーティングしたカラムで，現在使用されているキャピラリーカラムの大半を占める．コーティングした固定相液体のポリマー間を架橋させ，カラム内面と化学結合させて耐久性を向上させた chemical bond タイプが主流である．固定相液体はパックドカラムに用いる分配剤を用いるが，キャピラリーカラムは構造的に分離がよいため種類は少ない．

(2) PLOT (Porous Layer Open Tubular)カラム

気固クロマトグラフィーで用いる充填剤(吸着剤)を中空細管の内面に接着または化学結合したカラムで，WCOT カラムでは保持が弱く分析が難しい無機ガスや低沸点化合物の分析に用いる．急激な圧変動や衝撃などで充填剤が剥離しやすく，剥離した粒子が検出器のノイズや汚染の原因になるため取扱いには注意が必要である．

2.4.3　カラムの選定

GC 分析において，分離対象に合わせてカラムを選ぶことは最も重要である．分離対象化合物の沸点，極性，固定相液体との親和性から適したカラムを選定する必要がある．

(1)固定相液体(液相)の選定

分析試料の沸点や極性から，使用する液相の耐熱温度，極性などを設定する．目的化合物に近い極性の液相を用いると，親和性が高くピーク形状がよくなる傾向がある．分析対象間の沸点差が大きい場合は無極性カラムを，異性体分離のように沸点差がほとんどない場合には強極性カラムを用いる．

(2)カラム内径などの選定

カラムは内径が細く，長ければ分離能が向上する．より高分離が必要な際は細く長いカラムを，分離が十分で分析時間を短縮したい場合には太く短いカラムを選ぶ．液相の厚さ(膜厚)は，厚いと保持能が高くなるが溶出が遅れる．低沸点化合物を分析する際は膜厚が厚く長いカラム，高沸点化合物を分析する際は膜厚が薄く短いカラムを選ぶ．

異なる内径，膜厚のキャピラリーカラムを比較する場合は相比 β を比較するとよい．相比 β は r：カラム内半径，df：液相の膜厚としたとき，式(2.4)で与えられる．β 値が

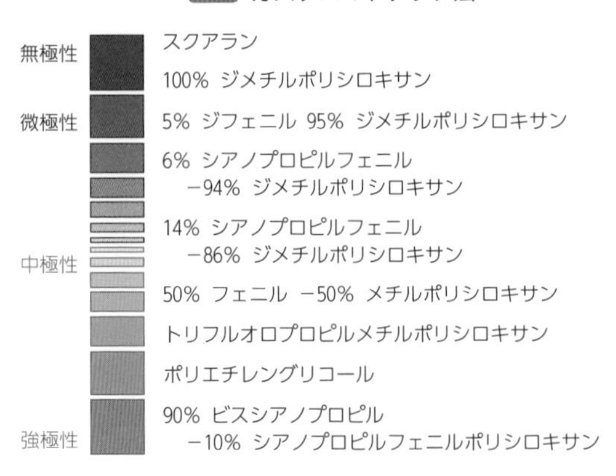

図 2.11 固定相液体の極性

小さいことは相対的に膜厚が厚いことを表し保持時間が増加する．β 値が大きいことは相対的に膜厚が薄いことを表し保持時間が減少する．

$$\beta = \frac{r}{2df} \tag{2.4}$$

2.5 操作方法

2.5.1 試料準備

(1) 試料の捕集，抽出など

気体試料の場合は，ポンプなどを用いて樹脂製の試料バッグやキャニスターに充填，または真空ビンなどで吸引捕集して試料を準備する．固体や液体中の成分の場合，可溶溶媒で溶解する方法(全溶解法)，溶媒で抽出する方法(液－液抽出法)，密閉容器の中で加熱して揮発してくる成分のみを取り出す方法(ヘッドスペース分析)などがある．たとえば食品や農作物中の残留農薬分析では，試料を粉砕して溶媒抽出し，濃縮，精製などしたものを試料溶液として用いる．

(2) 誘導体化

誘導体化は主に分析対象化合物の吸着を防ぎ，揮発性を上げるために行われる．分析対象化合物がヒドロキシ基，カルボキシ基，窒素，硫黄などの官能基をもつ場合，注入口やカラムなどへの吸着が起こりやすい．

吸着性を軽減するためにさまざまな試薬を用いたシリル化，アシル化，エステル化などの誘導体化法による官能基の置き換えが行われている．脂肪酸誘導体化の一例では，沸点 360 ℃のオレイン酸をメチルエステル化によりオレイン酸メチルにすることで沸点が 218 ℃となり，揮発性が上がると同時にカルボキシ基末端がメチル基に置換されることで吸着性も軽減される．分析対象物の沸点が下がることにより，耐熱の低い強極性カラムを分析に用いることが可能となり，異性体分析などで非常に効果的である．

2.5.2　装置準備

(1) キャリアガス，検出器用ガスの準備

キャリアガスに使用するヘリウム，窒素，アルゴンなどのガスボンベに調圧器を取りつけ，配管をGCの流量制御部に接続する．FID，FPD，TIDは水素，空気を使用するため，同様に水素，空気ボンベや水素発生器，エアコンプレッサーと使用する検出器ガス制御部とを接続する．キャピラリー分析の場合，検出器ガスとしてさらにメイクアップガスが必要で，通常はキャリアガスと同種のヘリウムや窒素を接続する．メイクアップガスは原理上TIDには窒素以外，ECDには窒素を用いる必要がある．

(2) カラムの取りつけ

パックドカラムは袋ナットとOリングまたは専用のアダプタでGCに接続する．キャピラリーカラムはグラファイトなどのフェラルとナットを用いて接続する．カラム先端は平滑にカットする必要があり，フェラルからカラム先端までの差込長さは機種ごとに指定されており，取扱い説明書などを確認して正確に調整する必要がある．

(3) ガス流量設定

キャリアガス流量や線速度，スプリット比，検出器ガスを設定する．キャピラリー分析ではキャリアガスを圧力制御するため昇温分析時の温度変化によりカラム流量が変化する．最近では電子式流量制御部を用いることで昇温時にも流量や線速度を一定に保つ制御が可能である．キャリアガス圧力やスプリット比をプログラム制御して，分析の時間短縮やヘリウム消費を抑える機能を搭載した機種もある．

(4) 各部の温度設定

注入口は試料成分が十分気化する温度に，カラムは目的成分が分離する温度にする．検出器は汚染を防ぐため，カラムの最終温度以上(通常は＋10～20℃)に設定する．

2.5.3　装置操作手順

(1) 装置起動

電源を投入し，各種ガス流量設定後，カラムが室温の状態でキャリアガスを流し，カラム内の空気を(パックドカラムでは5～10分，キャピラリーカラムでは3～5分程度)置換する．各部の温度を設定し，ヒーターをONにして温度を上げる．汚染を防ぐため検出器の温度は常にカラム温度より高い状態を保つ必要がある．最近の装置では上記の手順を自動で行える機種もある．

(2) 分析

各部の温度や流量，検出器の信号が安定したら試料を注入し，分析を行う．

①恒温分析：カラム温度一定での分析．沸点範囲の狭い試料の分析に用いる．溶出の早いピークはシャープに，遅いピークはブロードになる(図2.12)．

②昇温分析：カラム温度をプログラムにより上昇させて分析する手法．沸点範囲の広い試料の分析に効果的で，昇温中はすべてシャープなピークが得られる．カラムの耐熱

温度近辺まで昇温すると固定相液体からブリードが発生し，ベースラインの上昇が生じる(図 2.12).

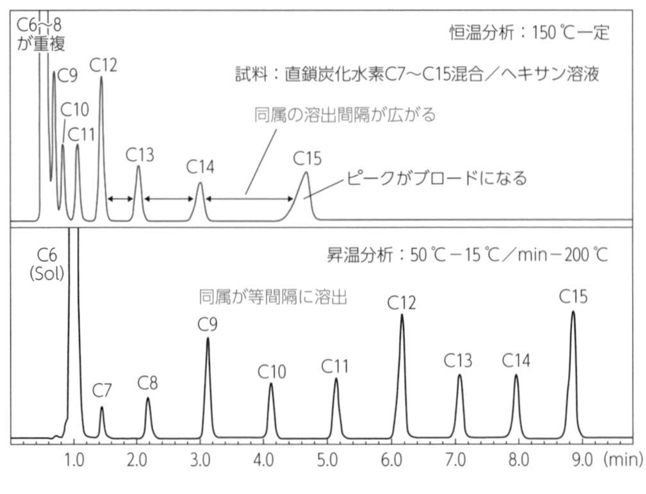

図 2.12　恒温分析と昇温分析

(3)装置停止の手順

検出器用の水素，空気を停止し，各部の温度，特にカラム温度を室温付近まで下げた後，最後にキャリアガスを止め，装置の電源を OFF にする(図 2.13).

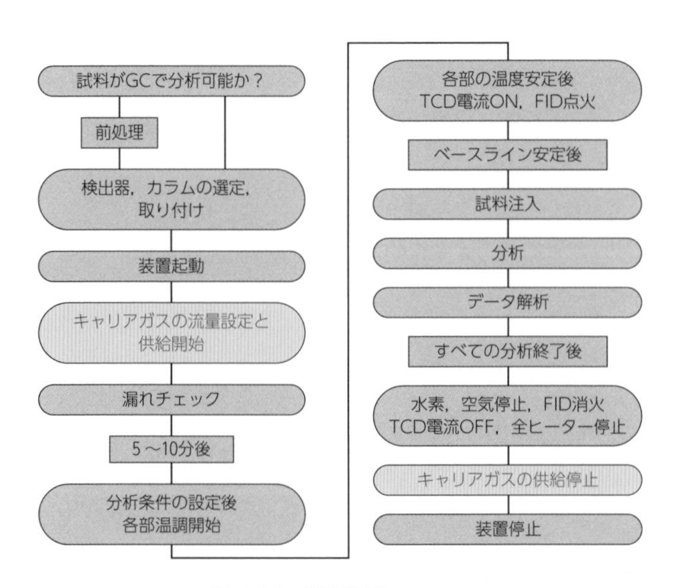

図 2.13　装置操作のフロー

2.6 データ解析

試料を注入してから成分が検出器に到達するまでの保持時間からその成分が何であるか，得られたピークの面積や高さから，その成分がどれだけの量含まれているのかを知ることができる．解析にはインテグレータや PC データ処理機が用いられる．

2.6.1 ピーク波形処理

ピークの開始・終了点を設定し，ピークとノイズやベースライン変動を区別するために波形処理パラメータを適切に設定する必要がある．特にパックド分析とキャピラリー分析では得られるピーク形状が大きく異なるため設定値も大きく異なる．

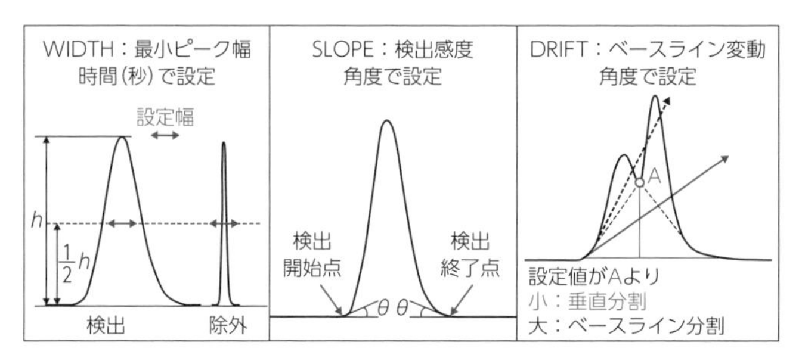

図 2.14 ピーク波形の処理

2.6.2 定性分析

同一条件で分析を行えば同じ成分は同じ保持時間を示すため，標準試料で得られたピークと未知試料で得られたピークの保持時間の比較により，定性することができる．異なる成分が偶然同じ保持時間を示す場合もあり，定性確度を上げるためには 2 種以上の保持特性の異なるカラムで分析し，確認する必要がある．

2.6.3 定量分析

得られたピークの面積，高さを用いて定量することができる．GC に用いられる検出器のほとんどが化合物により感度が異なるため，単純に各ピークの面積の比率では誤差が大きくなる(面積百分率法)．そのため，定量分析には目的成分を既知濃度で調製した標準試料を用いて検量線を作成することが必要である．

代表的な定量法には外部標準法(絶対検量線法)と内部標準法がある．外部標準法は最もよく用いられる手法だが，注入量誤差の影響を受けやすい（図 2.15）．内部標準法は注入量誤差の影響を受けにくいが，全検体に内部標準物質を添加する必要があり煩雑である．

2.7 おわりに

GC は高い汎用性をもつ装置であり，広く普及している．また，通常の GC では分析できない高分子量ポリマーなどを熱分解して分析する熱分解 GC，固体や液体試料をバ

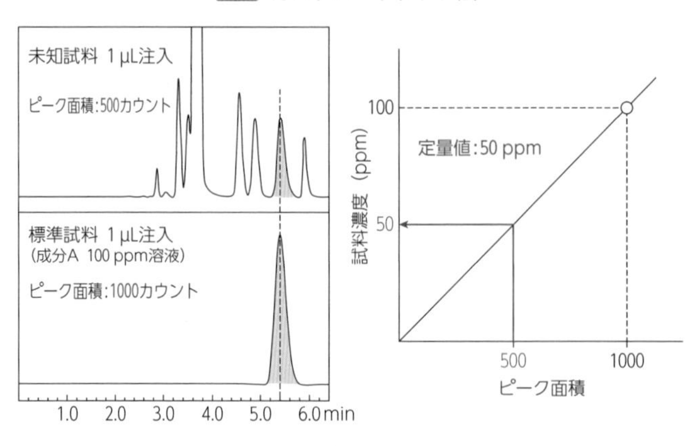

図 2.15　外部標準法の概要

イアルに封入，加熱し，揮発してくるガス部分を分析するヘッドスペース GC のように前処理法と組み合わせたものも多く，適用できる試料形態も広がっている．さらに，1 本のカラムでは分離できない成分を 2 本のカラムを組み合わせて高い精度で分離することが可能なマルチディメンジョナル GC や GC × GC などさまざまな応用例もあり，現在も GC を活用する範囲は広がっている．今後もより多くの研究，産業分野に利用されることを願う．

3 高速液体クロマトグラフ法

鈴木茂生（近畿大学薬学部）

3.1 はじめに

高速液体クロマトグラフィー（HPLC）は，「液体の移動相をポンプによって加圧してカラムを通過させ，分析種を固定相及び移動相との相互作用（吸着，分配，イオン交換など）の差を利用して高性能に分離して検出」（JIS K0124:2011　高速液体クロマトグラフィー通則より抜粋）する分析法である．試料混合物を分離して，それぞれの成分を定量することを目的として使用される．分析装置をクロマトグラフ，分離の結果として得られる信号強度の時間変化をクロマトグラムと呼ぶ．また，分離された成分はピークとして記録される．試料成分が溶出される時間は，試料成分が固定相・移動相のどちらに親和性が高いかで決まる．固定相より移動相に親和性が高い成分は早く溶出され，固定相に親和性が高いと強く保持されて溶出に時間がかかる．HPLC では移動相の組成を自由に選択できる．

最近では分析の高速化を実現するために，従来よりも粒子径の細かい充填剤を用いて分離する超高速液体クロマトグラフィー（UHPLC）のような高速化技術が広まりつつある．高性能なカラムの出現に伴って装置も高機能化しており，従来よりも装置の保守や配管部品などにより気を配る必要が生じている．

3.2 分離モード

充填剤の種類と分離モードの関係を以下に述べる．

3.2.1 吸着モード

固定相表面に物質が吸着することを利用した分離様式のこと．シリカゲルやグラファイトカーボンなどが用いられる．分配モードに比べると分離条件の設定が難しいことが多い．

3.2.2 分配モード

固定相担体に保持された溶媒と移動相溶媒との分配によって分離する．シリカゲルにオクタデシル基を導入した C_{18}（n–$C_{18}H_{37}$–基，油のような性質をもつ）化学結合型シリカゲル充填カラムがその代表例である．

HPLC では極性という用語がよく用いられる．水のように塩などをよく溶かすものを極性が高い，逆に水にとけない有機物をよく溶かすものを極性が低いという．C_{18} やフェニルのように極性の低い修飾基をもつ固定相に極性の高い移動相を用いて物質を分離する方法を逆相モードという．アルキル鎖長の長い C_{30} は C_{18} に比べて，立体選択性が高くなり，分離が向上することがある．また，C_{30} は水 100% でも良好な分離と再現性が得られるので，極性の高い化合物でも分離できる可能性がある．

フルオロカーボン系シリカカラムには芳香族系と脂肪族系がある．ペルフルオロフェニルタイプは，フッ素が強い電気陰性度をもつために，ベンゼンとは逆に芳香環上に強い正電荷をもつという特徴を示す．一方,脂肪族フルオロカーボンは,基本的に逆相モードとしての特徴を示し，立体構造の認識能が高い．

ジオール型などの極性が高い固定相に極性の低い移動相を用いて分離する方法をHILIC（親水性相互作用）モードと呼ぶ．代表的なHILIC系充填剤の官能基を以下にあげる．

①アミノ型（$-NH_2$）：弱い陰イオン交換能があるので，主に酸性極性化合物の分離に用いられる．

②シアノ型(-CN)：弱いが陰イオン交換能がある．酸性極性化合物の分離に利用される．

③アミド型(-NH-C=O)：フェノールやスルホン基と特異的に相互作用するといわれる．疎水性および極性化合物全般の分離に用いられる．カルバモイル型($-CO-NH_2$)やウレア型(–NHCONH–)もある．

④両性イオン型（sulfobetaineなど)：スルホン酸基とアンモニウム基を両方もつ．両性イオン性カラムとして極性の高い化合物の分離に用いられる．

異性体の構造と分離モードに関しては，1–プロパノールと2–プロパノール，アルデヒドとケトン，エーテルとアルコールのような構造異性体は分配系が，また二置換ベンゼンの *o*–, *m*–, *p*– 異性体などは吸着モードで良好な分離が得られるといわれる．幾何異性体に対しては純粋な分配系よりもフェニルカラムが有効といわれる．

3.2.3 イオン交換モード

無機イオンやアミノ酸の分離に用いられる．陽イオン交換と陰イオン交換があり，それぞれ塩基や酸の分離に用いられる．イオン交換基にはアミノ基やカルボキシ基などの弱イオン交換体と，硫酸基や四級アンモニウム基のような強イオン交換体がある．

イオン排除モードはイオン交換とは逆に固定相と同じ電荷をもつ試料が静電的な反発を利用することによってボイドボリューム(後述)よりも早く溶出されることを利用する．固定相に水素イオン型のスルホン酸型カラムを用いて有機酸を分離すると，pK_a の小さな酸から順に溶出する．

3.2.4 サイズ排除モード

タンパク質や合成ポリマーなどの高分子を，充填剤の貫通孔(網目のような穴)に入り込めるかどうかで分離する．小さな分子は充填剤粒子の大半を占める貫通孔内を迷路のように移動するので，溶出に時間がかかる．一方，穴に入ることができない大きな分子は充填剤の間を通り抜けるので，カラムの出口に早く到達する．

縦軸に分子量の対数，横軸に溶出時間や溶出体積をプロットした較正曲線は特定の質量範囲内では直線性を示す(図3.1)ので，溶出時間から分子量を求めることができる．

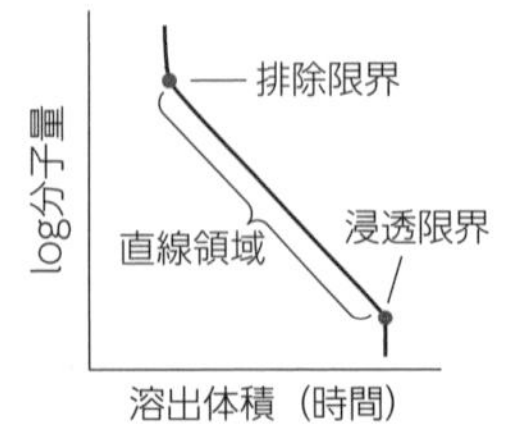

図3.1 較正曲線
試料の分子量の対数と溶出容量に直線関係が成立するが，特定の分子量以上，あるいはある分子量以下では直線性から外れて差がなくなる．

移動相に水溶液を用いる GFC モードと，有機溶媒を用いる GPC モードに分類される．

3.2.5 特殊な分離モード

(1) イオンペアクロマトグラフィー

C_{18} カラムでイオンを分離することができる．移動相にドデシル硫酸ナトリウム（SDS）などのイオン性界面活性剤を添加すると，アセトニトリル濃度が 30% に満たない極性の高い移動相条件では，C_{18} に SDS が結合し，表面が SDS の硫酸基で覆われて，アミノ基をもつ化合物や無機の陽イオンを保持する（図 3.2）．アセトニトリルの濃度を 30% 以上にすると，SDS が保持されなくなり，イオン保持能を失う．両性界面活性剤である［(3-クロルアミドプロピル) ジメチルアンモニオ］-1-プロパンスルホン酸などが用いられるようになった．

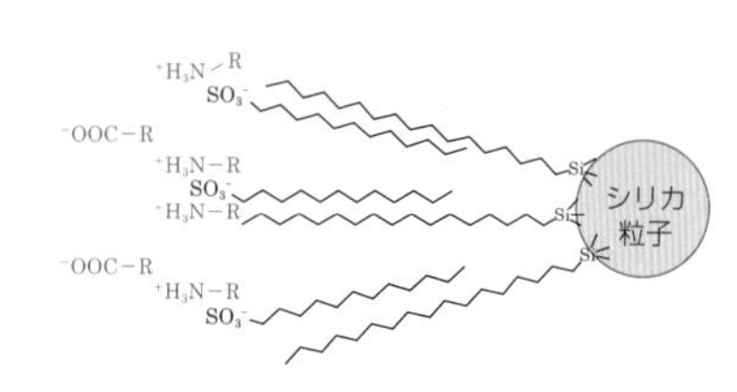

図 3.2　イオンペアクロマトグラフィーの原理

陰イオン性の界面活性剤を含む移動相を用いると，ODS が負に帯電し，陽イオンとイオン対を形成する．

(2) 配位子交換モード

金属イオン型陽イオン交換カラムを用いて，ヒドロキシ基やアミノ基などの配位性官能基をもつ化合物を分離することがある．糖は配向の異なるヒドロキシ基をもつ化合物群なので，Ca^{2+} や Pb^{2+} 型の陽イオン交換カラムを用いて水で分離すると，糖の異性体が分離できる．カラム温度は 60 ℃以上で用いる．移動相も水以外を用いることはできない．カラムから金属イオンがわずかながら溶出するので，検出法に応じて金属イオン捕捉用カラムを接続する．

(3) ミックスモード

血中薬物濃度分析など，複雑な試料の分析のために 2 種類以上の官能基をもつミックスモード系のカラムが用いられている．

内面逆相型カラムは充填剤外部に親水基，内部に疎水基をもつ．血漿中の医薬品を分析する場合などに用いると，タンパク質は数分で溶出し，医薬品の分離を妨害しない（図 3.3）．この他にも外部に親水性ポリマー，内部にイオン交換基を導入した内面イオン交換カラムや，疎水性官能基とイオン交換基の両方を合わせもつ逆相-イオン交換ミックスモードカラムなどがある．

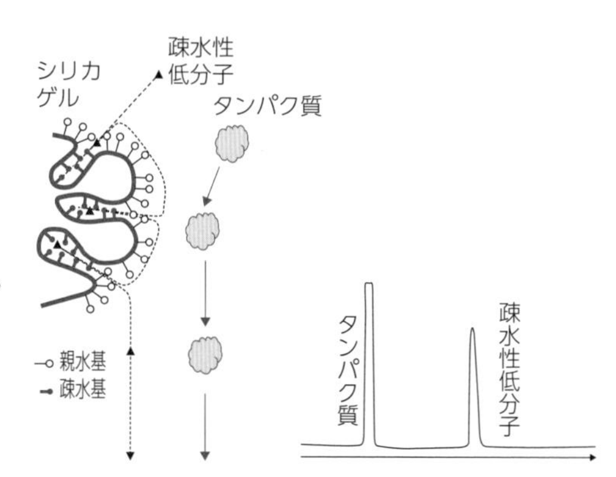

図 3.3　内面逆相型カラム

血中薬物分析では，表面と細孔内の性質が異なるカラムを用いることがある．

3.3 高速液体クロマトグラフィー装置

図 3.4 に高速液体クロマトグラフィー（HPLC）の基本構成を示す．高圧ポンプ，インジェクターあるいはオートサンプラー，カラム，検出器からなる．さらに，移動相に含まれるガスを取り除くためのデガッサー，移動相の濃度勾配を可能にするための高圧または低圧グラジエントシステム，カラム恒温槽もあるとよい．以下にそれぞれの注意点を述べる．

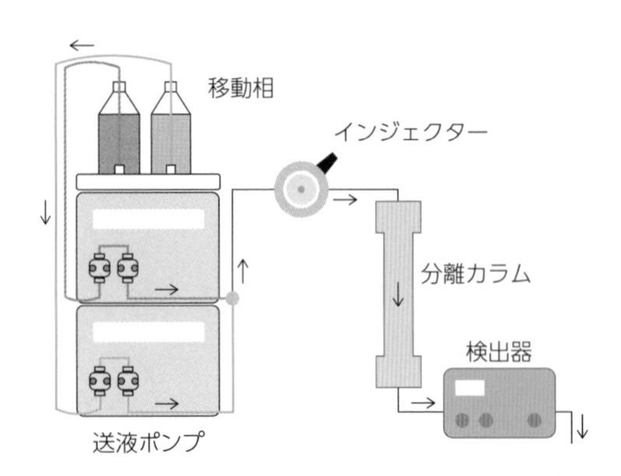

図 3.4　高速液体クロマトグラフィー装置

3.3.1　接続・配管

(1)配管チューブの種類

配管チューブは，ポンプ，インジェクター，カラム，検出器を接続するために用いる．HPLC 用の配管部品の材質にはステンレス，PEEK，テフロン（PTFE）がある．外径は1/16インチが一般的で，ミクロ LC では 1/32 インチやフューズドシリカキャピラリーが用いられる．内径は 0.13 ～ 0.75 mm がある．粒子径 5 μm のカラムを用いる場合は内径 0.25 mm の配管が使いやすい．ステンレスや PEEK は耐圧性が高いので，ポンプ→インジェクター→カラム入口までの耐圧が必要な部分の接続に用いる．移動相溶媒タンクからポンプまで，あるいはカラム出口以降は大きな圧力がかからないので配管には PTFE を利用できる．

(2)配管チューブの接続

ステンレス製の配管の切断には専用カッターを用いる（図 3.5）．回転歯をチューブの周りに回転させて徐々に締め付けながら切断する．切断した後に出っ張りが残った場合は，専用の仕上げ工具で削るか，両刃やすりで削り落とす．切断したパイプは超音波洗浄器を用いて，削りかすを洗い流してから用いる．PEEK や PTFE チューブはデザインカッターで垂直にカットする．チューブを手で曲げると，配管断面が潰れる．ステンレスの場合は，ドライバーの柄など円筒状のものに押しあてながら曲げる．

切り出したチューブにオシネとフェラル（シングルリングとダブルリングの 2 種類があるがシングル型でよい）を通す．落とさないように接続部に差し込み，手でオシネを最後までねじ込む．配管にすき間ができないように押し込みながら，さらにスパナで

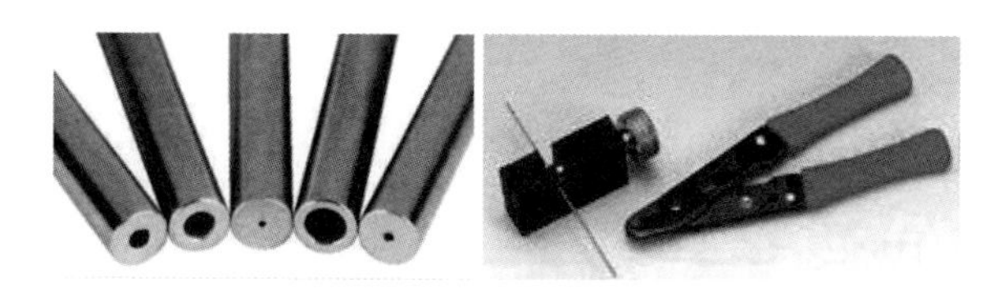

図 3.5　さまざまな内径のステンレスパイプとカッター
出典：大阪ケミカル㈱，ジールサイエンス㈱.

図 3.6　配管断面図
(a)正しい　(b)パイプが長く液漏れする例　(c)隙間で分離が悪くなる.

90° ほど回転して固定する（図 3.6）．強く締めすぎるとフェラル周辺が変形し，液漏れの原因となるばかりでなく，接続した先のカラムやバルブが変形する危険性がある．2 度目以降は液漏れしない程度に最後にスパナで少しだけ締め付ける．フェラル一体型の PEEK 製オシネや特殊な耐圧性フィッティングが開発されているので，カラムを頻繁に交換する場合はこちらを用いるほうがよい．

図 3.7　接続用ユニオン
出典：ジールサイエンス㈱.

テフロンチューブを接続する場合は，ダイフロン製（テフロンよりも柔らかいので，チューブが変形しない）フェラルを用い，手締めで固定する．オシネどうしを接続するパーツであるユニオン（図 3.7）を準備すると，カラムを外した場合の流路洗浄に使えるので重宝する．フェラルから先の長さはカラム（メーカーごと）やバルブの種類によって異なるので，ステンレスフェラルで固定した配管を別の接続に流用するのは避ける．PTFE で接続するときは必ずフェラルの先から配管を少し出してから締める．

配管の長さは短くてよいが，ポンプの出口に内径 0.1 mm，長さ 1 ～ 2 m のチューブを取り付けることで，ポンプで発生する微弱な脈流を抑えることができる．また，検出器の後ろに 1 ～ 2 m のチューブをつけて圧力を高めてセル内での気泡の発生を抑えることもある．

3.3.2　試料導入

試料の導入にオートサンプラーやインジェクターを用いる．ここでは後者について説明する．

インジェクターの構造を図 3.8 に示す．ポンプからの配管をポート 2，カラムへの配管をポート 3，サンプルループをポート 1 とポート 4 に接続する．ポート 5 と 6 に接続するドレインチューブの先端はインジェクションポートと同じ高さにして，インジェクター内に空気が入らないようにする．また，カラムオーブンを用いる場合は，インジェクターもカラムオーブン内に設置することが好ましい．バルブを INJECT から LOAD に切り替えると，圧力で密着されたローターとステーターの接続が変わり，サンプルルー

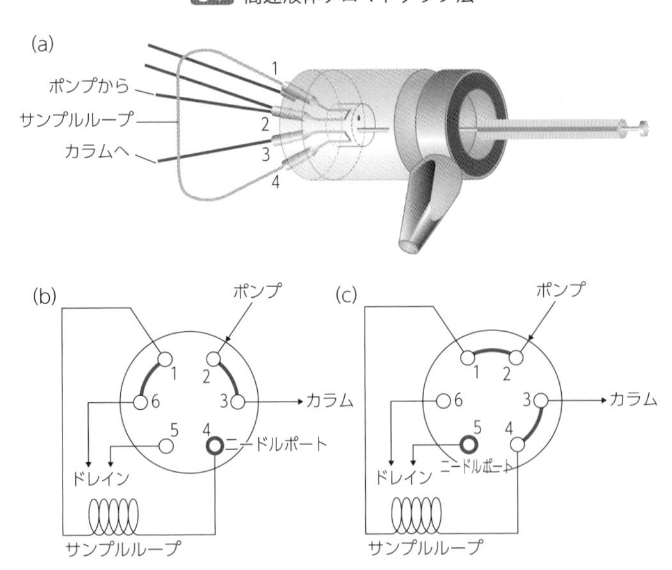

図 3.8　インジェクターと切替流路図
(b)試料注入，(c)分析時．
出典：ジールサイエンス(株)．

プとニードルポートがつながる．試料の導入体積はサンプルループで決まる．細管では壁面の溶媒が置き換わりにくいので，たとえば 20 μL ループの場合，4 μL 以上導入すると，試料溶液がループの出口に到達する．したがって，定性分析目的であれば大きめのループ(200 μL)を接続するとよい．

試料溶液は Rheodyne 用の直角カットの針をもつ，50 ～ 100 μL 容量のマイクロシリンジを使って導入する．まず，シリンジに試料溶液を吸引する，素早く吸引・吐出を繰り返し，空気を追い出した後，ゆっくりと吸引する．通常はループ容量の 5 倍，最低でも 3 倍程度採取する(20 μL なら 100 μL ないし 60 μL 程度を採取)．インジェクターのレバーを素早く INJECT から LOAD に切り替えて，ニードルポートにシリンジを差し込む．ニードルシールがあるので最後は若干抵抗があるが，そのまま最後まで挿入し，プランジャーを押して試料を導入する．シリンジを挿したまま素早く INJECT に切り替える(記録装置のスイッチも入れる)．シリンジを抜き去り，ポートクリーナーをつけた注射器を用いてニードルポートを適切な溶媒（試料成分を溶かし，カラムにも影響を与えない溶媒）5 mL ほどを注入して洗浄する．インジェクターにはニードルが付属するが，これは洗浄用ではなく，ニードルシールの変形を防ぐためのものである．ニードルガイド全体が清浄な溶媒で常に満たされているようにする．

インジェクターのローターシールは消耗部品である．古くなると流路が広がり，注入量に誤差を与える．また，流路が広がると汚れがたまりやすくなり，ゴーストピークの原因となる．さらに劣化するとニードルポートから移動相の液漏れが起こる．

3.3.3　送液ポンプ

移動相を一定の流速で送液するための装置．従来は 1 mL/min 前後の流速が出せる

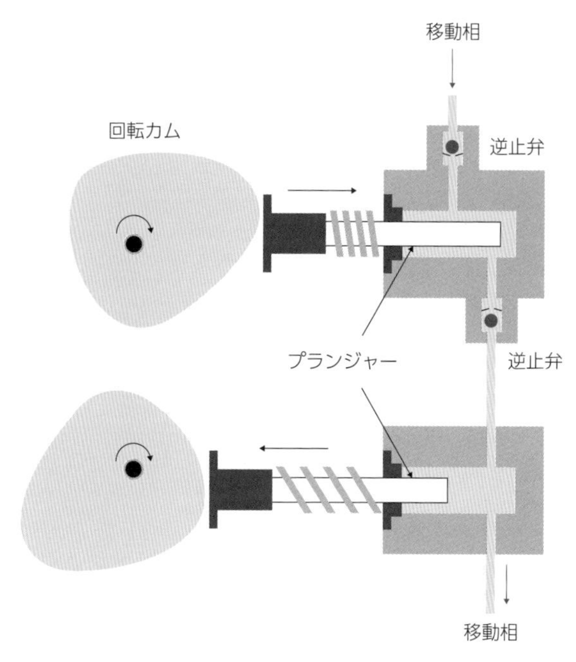

図 3.9　ダブルプランジャーポンプの駆動原理図

ように設計されていたが，UHPLC やナノ LC，分取用高流量ポンプも開発され，それぞれ流量範囲が異なり，ミクロポンプ(μL/min ～)や分取ポンプ(～ 150 mL/min)などと呼ばれる．一般的なポンプの内部構造を図 3.9 に示す．回転式パルスモータに取り付けられたカムによって，プランジャーが前後に動き，ポンプヘッドの内容積が変化して液体を加圧する．ポンプヘッドは通常，2 基が連動して駆動する．溶離液入口側のポンプヘッドの上下に二つの逆止弁が取り付けられており，液は一方向にのみ流れる．2 番目のポンプヘッドは 1 番目と逆に動き，1 番目のポンプからの送液が止まると液を押し出して流量を一定に保つ．

送液部には高い圧力がかかるので，一般にステンレス製であるが，メタルフリーのイナートタイプやポリマー系のポンプヘッドを採用したポンプもある．プランジャー，および逆止弁内部のボールはルビーでできており，衝撃や腐食性の強い溶媒で損傷する可能性がある．

ポンプの表示圧は Pa の他に kg/cm^2 などの単位で表示される．以下に単位換算を示す．

$$1.0\ \mathrm{MPa} = 10\ \mathrm{bar} = 10.2\ \mathrm{kgf/cm^2} = 145\ \mathrm{psi}$$

(1) グラジエント溶出

アミノ酸分析のように他成分を分離する場合，1 種類の溶離液だけ(アイソクラティック溶出）で全成分を分離するのは難しい．そこで，移動相組成を変えながら分離するグラジエント溶出が用いられる．濃度勾配には段階的に濃度を変えるステップワイズ溶出や直線的に濃度を変える直線濃度勾配溶出が知られる．

グラジエントポンプの混合方式には，低圧方式と高圧方式の2通りがある．低圧方式ではポンプ手前に溶離液ごとに分かれた電磁弁が混合比に合わせて開閉するようになっており，1台のポンプで複数の溶離液を混合でき，3種類以上の溶媒を混合できる．一方，高圧混合方式は複数台のポンプを用意し，ポンプから吐出した後に混合する方式である．混合部からカラムまでの容量が少ないので，グラジエントの応答性が良好である反面，用いる移動相の数のポンプを準備する必要がある．

高圧方式では各ポンプから吐出された液体をスタティックミキサーで混合する．通常はカラムや溶媒フィルターのような形状をしており，メーカーによってはミキサーの容積が選べるようになっているものもある．一般にミキシング体積を小さくすると混合不良によるノイズが高くなり，大きくするとグラジエントの応答が悪くなる．通常のシステムでは150 μL前後の容積のものが多い．高圧型ポンプではグラジエント溶出におけるデッドボリュームはミキサーからカラム入り口までの容積で決まるので，なるべく細い配管と性能の高いミキサーを用いる．一方，低圧グラジエントシステムでは入口側でミキシングする．ポンプヘッドの駆動時の1サイクル体積が100 μLとすると，およそ350 μL程度のミキサーが必要といわれる．

ミキサーからカラムまでの容積分はグラジエントがかからないドウェルボリュームと呼ばれる．ドウェルボリュームは特にセミミクロLCなど低流速分析ではその分析速度に影響を与えるので，なるべく少なくする必要がある．

(2) グラジエント性能の評価

グラジエントが正しく機能しているかを調べる方法を述べる．分析カラムの代わりに内径0.1 mm，長さ2 mの配管を接続し，移動相Aに水，移動相Bに0.05%アセトン水を用い，検出波長265 nmで測定する．グラジエント時のアセトンの吸収によるベースラインの変化から，ドウェルボリュームやグラジエントの精度を可視化できる．アセトンは脱気装置で抜ける可能性があるので，デガッサーは止めておく．止められない装置ではアセトンに代えてカフェインを用いる．

3.3.4 移動相

分配系では移動相としてさまざまな溶媒を用いるので，これを前提に説明する．

(1) 溶媒の純度

水は超純水装置から採水したものや，市販されているHPLC用水，蛍光分析用水などを用いる．市販されているHPLC用溶媒は，純度に加えて吸光度や蛍光強度が保証されている．開封後は汚染されるので，使用期限などを設けて早めに使い切る．移動相としては緩衝液とアセトニトリルの混合液がよく利用される．アセトニトリルの代わりにメタノールを用いると，カラム圧が高くなる点に注意する．HPLC用のテトラヒドロフラン(THF)は酸化防止剤を含まないので早く使い切る．また，THFはポリマーやガラスを溶かすので，長時間の使用には注意を要する．

(2) 移動相用緩衝液

移動相に0.1%TFAを用いると，酸性官能基をもつ化合物の電離が抑えられ，逆送系で保持が増大する．HPLC用の緩衝液には，酢酸（pK_a 4.76），ギ酸（pK_a 3.75），リン酸（pK_a 2.15，7.2，12.3），ホウ酸（pK_a 9.2），4–メチルモルホリン（pK_a 8.4），重炭酸アンモニウム，1–メチルピペリジン（pK_a 10.2），トリエチルアミン（pK_a 10.7），グリシン（pK_a 9.8）などが用いられる．LC-MS では酢酸，酢酸アンモニウム，TFA を用い，イオンペア試薬の代用に 0.05% パーフルオロブタン酸，5 mM ジブチルアミン酢酸，5 mM トリエチルアミン–酢酸などを用いる．

アミノ酸のようなイオン性官能基をもつ試料の保持の調整や保持時間の再現性を高めるうえで，緩衝液を用いることは重要である．ただし，試料の pK_a に近い pH の移動相を用いると，ピークが広がったり，保持時間がばらつく．pK_a から 2 以上離れた pH の緩衝液を用いる．緩衝能の高い緩衝液を選ぶことも重要である．

図 3.10　移動相用の溶媒ろ過ユニット
出典：アズワン㈱.

イオン強度や溶媒含量は保持や分離に影響を与えるので，長期間にわたって測定を継続する場合は，分析法としての頑健性を高めるうえでも特に注意を払う必要がある．pH 計であわせるよりも，緩衝液表に従って重量ベースで移動相を作成するほうが再現性は高くなる．さらに，有機溶媒を混合するときも，重量比で混合するほうが再現性は高い．緩衝液中の微粒子は移動相ボトル用のねじ口ろ過ユニットを通して除去する（図 3.10）．

(3) 移動相の置換

カラムの保存溶媒と全く異なる移動相を流してカラム内の溶媒を置換しようとすると，ベースラインが安定するまでに長い時間がかかる．たとえばメタノールで置換されたカラムをアセトニトリル／リン酸緩衝液系移動相で用いる場合は，まずメタノールからアセトニトリルに置換し，次いでアセトニトリル／水を経由してアセトニトリル／リン酸緩衝液に置換する．

通常は 2 ～ 3 時間移動相を通液して平衡化させるが，エンドキャップされた C_{18} カラムなど疎水性が高いカラムほど安定化に時間を要する．濃度勾配溶出を行う場合は，平衡化を兼ねて，試料を入れる前にグラジエントプログラムでベースラインを確認するとよい．

(4) 移動相の脱気

緩衝液などの水溶液にメタノールなどの有機溶媒を混合すると気体の溶解度が大きく低下するので気泡が発生し，ノイズやカラム劣化の原因となる．オンラインの脱気装置（デガッサー）をつけるか，ヘリウムによるバブリングを行って溶存ガスを追い出す．

使用後の溶媒ろ過ユニットを改造し，溶媒ビンに取りつけて脱気すると効率がよい（図 3.11）．

3.3.5 カラム

分析用には粒子径 2 ～ 5 μm，分取用には 5 ～ 30 μm の充填剤が充填されたカラムを用いる．カラムサイズとしては，分析用で内径 2 ～ 8 mm，分取用で内径 10 ～ 50 mm 程度のものを用いる．UHPLC では粒子径 2 μm 以下の充填剤を用いる．内径の

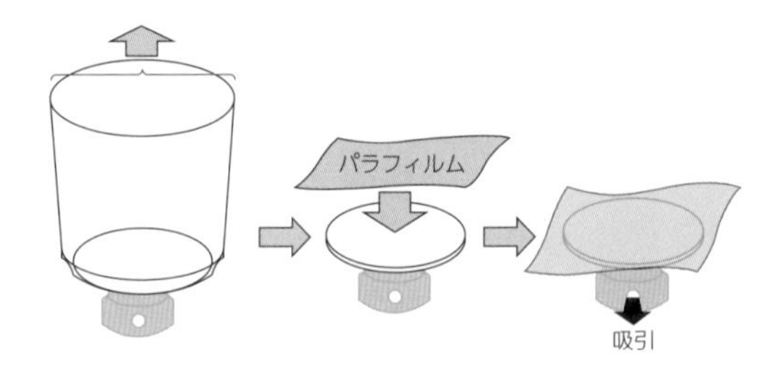

図 3.11　移動相の脱気
濾過ユニットの膜面をパラフィルムでシールし，移動相ボトルの口に取りつけて，超音波洗浄器に浸して，弱く脱気する．

細いステンレスカラムや，内径 0.3 mm 以下のキャピラリーカラムが LC-MS との接続を目的として開発された．通常の ESI では内径 1.0 ～ 2.0 mm，APCI では 4.6 mm のカラムが用いられている．

(1) 充填剤基材

充填剤基材にはポリマー系とシリカ系がある．シリカ基材が利用できる pH 範囲は一般に pH 3.0 ～ 7.5 と酸性から中性領域に限られるが，ポリマー系は pH 1 ～ 13 と広い．シリカゲルの比表面積は 200 ～ 450 m^2/g と大きく，有機溶媒を用いても収縮しない．一方，ポリマー系は有機溶媒や塩濃度が高いと収縮する．架橋度が 50% 以上の充填剤は移動相に高塩濃度のものや有機溶媒を加えてもほとんど収縮しない．

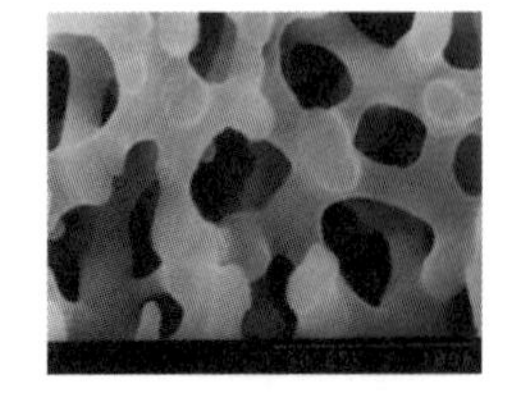

図 3.12　モノリスカラムの断面写真
出典：㈱京都モノテック．

モノリスカラムの電子顕微鏡写真を図 3.12 に示す．カラム内が均一な構造物で満たされている．シリカ系とポリマー系があり，シリカ系モノリスはゾル–ゲル法を使って合成され，μm オーダーの骨格をもち，貫通孔のサイズも任意に設計できる．球形シリカに比べ背圧が低く，シリカゲルと同様の化学処理が可能で，さまざまなタイプの固定相を作製できる．

グラファイトカーボンカラムは多孔質のカーボンカラムであり，活性炭カラムと同様の吸着特性をもつ．特徴的な分離を示すので，逆相分配などで分離が困難な化合物群を分離できる可能性がある．ただし，移動相組成が分離に鋭敏に影響するので，未知の試料に対して分離条件を見つけるのが難しいことがある．

(2) 充填剤の特性と保持能

充填剤の評価シートには粒子径，細孔径，比表面積，炭素量，細孔容積が記載されている．一般に粒子径が小さいと理論段数は大きくなり，細孔径が小さくなるほど比表面積は増える．細孔径は試料の分子サイズに応じて選択すべきであり，低分子には 8 ～ 12 nm，タンパク質分離には 30 nm 以上のものが用いられる．シリカでは比表面積と炭素量が大きいほど，保持が大きくなる．C_{18} カラムの炭素含有量は 15 ～ 18% が一般的で，市販品には 10% から 25% のものがある．低修飾率のカラムは極性化合物の保持が高いといわれる．

シリカゲルの化学修飾には一反応性のアルキルシランで修飾するモノメリックタイプ

と2反応性あるいは3反応性シリル化剤で修飾するポリメリックタイプがある＊1（図3.13）．シリル化剤で修飾してもシリカゲルには酸性のヒドロキシ(シラノール)基が残る．シラノールには孤立型，ビシナル型，ジェミナル型があり，孤立型は酸性が強く，塩基性化合物を強く保持し，ビシナル型とジェミナル型は水素結合性が強い（図3.14）．分離の妨害となることが多いのでエンドキャップ処理を行って，残存率を減らす対策が施されている．エンドキャップの方法には，トリメチルクロロシランやヘキサメチルジシラザンでトリメチルシリル化する方法が用いられてきたが，50％程度の修飾が限界で，各社に独自の技術があるといわれている．トリメチルシリル化を何度も繰り返す方法が多いが，高温でエンドキャップする方法，ポリマーで被覆する方法，ゲル基材の合成段階でメチル基を導入したものなどがある．ただし，これらの情報を集めてもカラムの性質を十分に知ることは難しい．目的試料と似た試料の分離データを比較してからカラムを選定するのがよい．

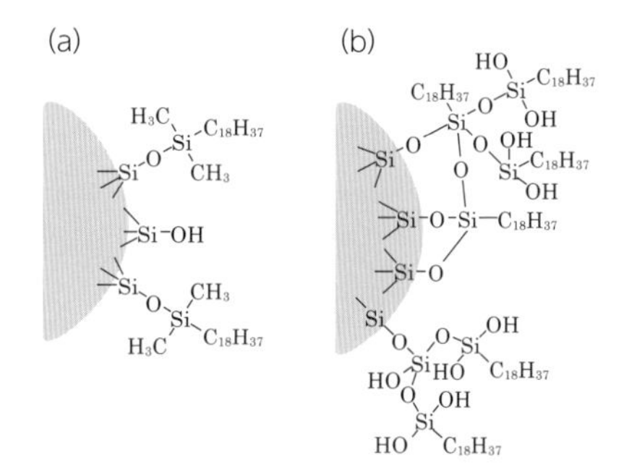

図3.13　(a)モノメリック相と(b)ポリメリック相

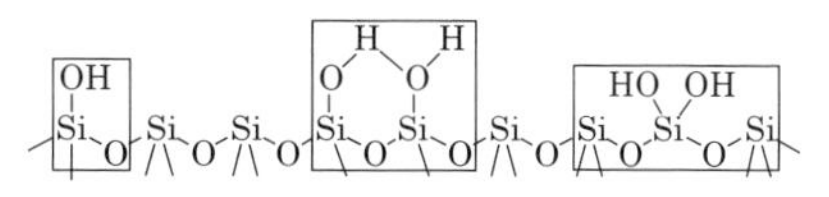

図3.14　シラノール基の構造
左から孤立型，ビシナル型，ジェミナル型．

＊1：モノメリックとポリメリックの判定　アメリカの国立標準局（NIST）のstandard reference material 869では，3種類の芳香族炭化水素（ベンゾ[α]ピレン(BaP),1,2:2,4:5,6:7,8–テトラベンゾナフタレン（TBN），フェナント[3,4–c]フェナントレン(PhPh)）のアセトニトリル溶液を調製し，アセトニトリル–水(85:15）で分離したとき，分離係数がTBN/BaP ＞ 1.7 ならモノメリック，TBN/BaP ＜ 1 ならポリメリックと定義される
＊2：残存シラノール量を評価する方法にピリジン・フェノール試験がある．水–アセトニトリル移動相で分離すると塩基性のピリジンがフェノールよりも後に溶出し，テーリングする．エンドキャップが良好なカラムではピリジンがフェノールよりも先に溶出し，ピークはシャープになる

(3)化学修飾型シリカゲルの安定性

酸性条件では，修飾基根本のシロキサンが加水分解され，次のように加水分解が進む．

$$\equiv \mathrm{Si{-}O{-}Si(CH_3)_2{-}R} \rightarrow \equiv \mathrm{Si{-}OH} + \mathrm{HO{-}Si(CH_3)_2{-}R}$$

C_{18}などでは加水分解された官能基はカラムに吸着して残るが，クロロホルムやテトラヒドロフランのような低極性溶媒で洗い流すことができる．また，塩基性ではシリカ自体が溶解する．使用後は酸や塩基を含まない移動相で置換する．カラム温度が高いと劣

化が早まる．一般に 10 ℃上がると劣化速度が 3 倍になるといわれる．

(4) カラムの接続と分析

カラムの送液方向はあらかじめ決まっている．カラムの向きは充填時の送液方向で決まる．長く使用していると入り口に汚れがたまるので，ポンプを使って出口から洗浄溶媒を送液し，汚れを取り除くとよい．カラムに強く保持される不純物が試料に含まれることが予想される場合は，試料を固相抽出などで精製するか，ガードカラムの使用を検討する．

5 μm の分析カラムは流速 1 mL/min 前後，圧力は 10 MPa 以下である．粒子径が 2 μm 以下になると線流速を高くしても高分離が得られる．しかし，径と圧力の関係は 2 乗に反比例し，粒子径が 1/3 になると圧力は 9 倍になるので，装置（ポンプやインジェクター）に高い耐圧性が求められる．

流速とカラム断面積は比例関係にあるので，4.6 mm 径のカラムで流速 1.0 mL/min の系を内径 3.0 mm に変更した場合は $3^2 \div 4.6^2 = 0.43$ mL/min で同じ分離が得られる．カラムへの試料導入量は，4.6×150 mm のカラムで 50 〜 100 μg が限界である．アイソクラティック条件では試料溶液の注入量を 50 μL 以下にする．試料濃度や注入量が増えると分離が悪くなる．

(5) カラム恒温槽

カラム温度を一定に保つと再現性が向上する．また，カラム温度を上げると理論段数や分離の向上に加え，移動相の粘度が下がり，背圧が下がる．専用のカラム恒温槽が市販されており，室温以下まで制御できるタイプもある．溶出液の温度が高い状態で検出器に入るとベースラインが乱れることがある．ポストカラムクーラーや長めの配管で接続すると改善する．

3.3.6 検出器

カラムで分離された成分は順次カラムから溶出し，検出器で検出される．検出器からの出力信号はデータ処理装置に送られ，信号処理が行われてクロマトグラムとピーク面積や分離パラメータが表示される．2 種類の検出器を直列につないで，同時にモニターすることもできる．ただしフローセルには耐圧性能が低いものがあるので，別の検出器の手前に取りつけるとセルが破損することがある．また，切り替えバルブを使ってピークごとに切り替えて検出することもある．

(1) 紫外（可視）検出器

広く使用されている検出器で，紫外・可視域に吸収をもつ成分が測定対象となる．重水素放電管（D_2 ランプ）による 190 〜 350 nm の範囲に加え，タングステンランプ（W ランプ）を追加したタイプもある．

(2) フォトダイオードアレイ検出器（PDA）

フォトダイオードアレイ（半導体素子）を検出部に使用し，光源の波長域全般にわたって吸光度を検出する．光源からの光をそのままフローセルに当て，透過光を回折格子で分光し，フォトダイオードアレイで各波長の光量を検知するので，広い波長範囲の吸光度を一度に取り込める．時間–波長–吸光度からなる三次元のクロマトグラムが得られる．

(3) 示差屈折率検出器（RI）

光の屈折率が溶液の組成や濃度に応じて変化することを利用して成分を検出する．カラムから試料成分が溶出すると溶液組成が変化し光の屈折率が変わる．この変化をピークとして検出する．光学的に不活性な物質である糖なども検出できるが，感度が低く，試料濃度としては 100 ppm オーダー，絶対量として μg 程度である．移動相のわずかな変化でベースラインが変動するのでグラジエント溶出には利用できない．試料も毎回，移動相に溶解する必要がある．

(4) 蛍光検出器

励起と蛍光の両波長をもとに検出し，同じ蛍光団をもつ試料成分のみが検出されるので高い選択性が得られる．もともと蛍光をもっている（自然蛍光）成分はそれほど多くないが，アミノ酸のように試薬と反応（誘導体化）させて蛍光物質として検出することで，さまざまな成分を高感度に測定できる．

(5) 電気伝導度検出器

試料イオンを溶出液の電気伝導度により検出する．イオンクロマトグラフィーは無機イオン，有機酸やアミン類などの検出に利用される．感度は高いが温度変化の影響を受けやすい（液温が 1 ℃変わると電気伝導度が約 2% 変化）．イオン分析専用システムではイオンサプレッサを使って溶離液中の陽イオンを H^+ に，陰イオンを OH^- に置き換えて電気伝導度を下げる．最近，非接触型電気伝導度検出器が開発された．カラムからの配管に検出部を通すタイプの検出器は小型で操作性もよい．

(6) 電気化学検出器（ECD）

試料成分の酸化還元反応に伴って流れる電気量を検出する．生体試料中のカテコールアミン類の分析などで，広く利用されてきた．

(7) 蒸発光散乱検出器（ELSD）

カラムからの溶出液を噴霧し，微粒子化した測定成分に光を当てて散乱光を検出するもので，原理的に不揮発性成分であれば何でも検出できる．他の方法で検出が難しい成分を高感度で検出できる．

これら以外に，コロナ荷電化粒子検出器，化学発光検出器，旋光度検出器がある．さらに，質量分析計と接続する LC–MS も広く普及している．

3.3.7 検出法

(1) ポストカラム誘導体化

アミノ酸や糖を効率よく検出するために，ポストカラム誘導体化法が開発された．図 3.15 のようにカラムからの溶出液にミキサーを介して試薬と混合し，高温の油浴などに浸した 10 m 長ほどのチューブ中で反応させ，反応した成分を蛍光検出器などで検出する．アミノ酸分析ではアルギニンなどの蛍光試薬を移動相に直接加えて検出する方法

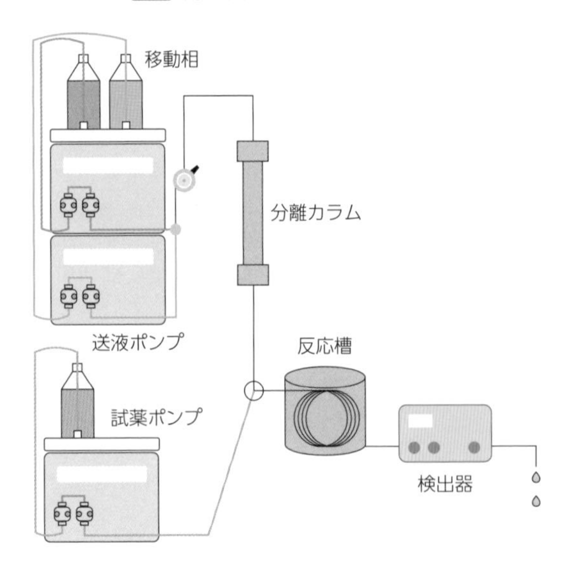

図 3.15 ポストカラム誘導体化システム

が開発された．

アミノ酸用ポストカラム標識に，ニンヒドリン(ルーエマンパープル生成による吸収，570 nm)，オルトフタルアルデヒド（蛍光 340/450 nm）など，糖分析には 2–エタノールアミン(紫外吸収 310 nm)，アルギニン(蛍光 320/430 nm)などがある．シアンイオンには 4–ピリジンカルボン酸–ピラゾロン法がある．

(2) 直接検出と間接検出法

試料成分がもつ物性を利用して検出する方法を直接検出法という．試料成分による二次的な効果を利用する方法が間接検出法である．たとえば無機陰イオンを検出する場合，移動相にフタル酸などの酸を添加する．溶離液内で無機陰イオン濃度が高くなると，フタル酸が分子型となって C_{18} カラムに取り込まれて吸光度が低下し，マイナスのピークが現れる．この負のピークから無機イオンの濃度を決定できる．

(3) 検出器の感度と応答速度

紫外検出器では，吸光度の単位を AU（absorbance unit）で示し，1 AU = 1 V の電位差として出力する．ピーク面積は秒あたりのピーク強度の積算値（単位 μV・sec）で表示される．

ピーク幅が 1 分程度の通常の分析であれば，データ取り込みは 5 Hz（1 秒間に 5 回）程度でよい．しかし粒径 2 μm の充填剤を用いて高速分析を行うと秒単位のピーク幅となるので，サンプリングレートを 50 Hz ないし 80 Hz にする必要がある．

3.3.8 カラムスイッチングを使った分析

多検体の迅速分析，微量成分の高感度検出，前処理の簡便化や自動化，検出方法の切り替えなどを目的に，さまざまなカラムスイッチング法が開発された．スイッチングに用いられる高圧切換バルブには二流路切換型の6～10方バルブ，1イン6アウトバルブなどがある．カラムスイッチングを導入するとルーチン分析を大幅に合理化できるうえ，固相抽出などで問題となる試料成分の回収効率を向上させることができる．

(1) デュアルカラム分析法

同じ充填剤を詰めた短いカラムと長いカラムを用いて，切り換えて分析する．たとえば，短いカラムで保持の強い成分を，また長いカラムで保持の短い成分をそれぞれ分離・検出する．

(2) バックフラッシュ法

カラムに対して正方向で分離した後，溶出方向を逆転させて，入り口付近にトラップされた保持の強い成分をより溶出力の強い移動相に代えて溶出し，別のカラムで分離する．

(3) ハートカット法

分析カラムでテーリングするような夾雑成分が多量に含まれると，目的成分の測定が難しい．ショートカラムで目的成分が溶出する画分だけをバルブを切り替えて分析カラムに導くことで妨害の少ない分離が得られる．

(4) プレカラム濃縮法

試料成分が希薄で，大量の試料溶液を導入したい場合，目的成分を保持できる濃縮カラムに多量の試料溶液を導入して成分を特異的に濃縮した後，移動相を代えて分析カラムへと溶出させる．

(5) オンライン除タンパク質

除タンパク質カラムに血漿などの試料を導入すると，薬物などを保持して血漿成分が溶出する．その後流路を切り替えて目的成分を別の分析カラムで分離する．

3.3.9 データ処理

クロマトグラム上の溶出時間から成分を同定し，そのピークの面積または高さから濃度を計算する．HPLCシステムの多くはポンプや検出器の制御，定量解析に加え，理論段数やシンメトリー係数なども自動的に計算する．

(1) ピーク面積の算出

自動モードでピーク面積が得られないとき，パラメータの見直しが必要となる．代表的なパラメータとしてはWidth, Slope, Drift, Minimum areaがある．Width（ピーク幅）を大きくとると，その値に満たない幅の狭いシグナルはピークから除外される．Slope（傾斜）はピークの検出感度の基準であり，1000 μV/minに設定すると1分間あたり1 mVを超える信号だけをピークとして検出する．また，Driftはベースライン変動の閾値であり，多くの場合，ピークの出ていない場所を任意の幅で選択することで自動計算される．Minimum areaを設定すると，その値に満たない面積のピークはリストから削除される．これ以外にも，目的成分のピークが現れない時間範囲を計算対象外にするなどの機能を利用することもできる．

ピークの分離が悪い場合は，積算プログラムの設定を見直してベースラインを引くか，あるいは画面上で個々にピークを指定して計算させる．ピークが接近している場合，未分離ピークが出終わる最後のピークの終端までをベースラインとして，垂直分割，あるいはテーリング処理によってピーク面積を算定する．

(2) 定量操作

定量分析には次の三つの方法のいずれかを用いる(図 3.16)．

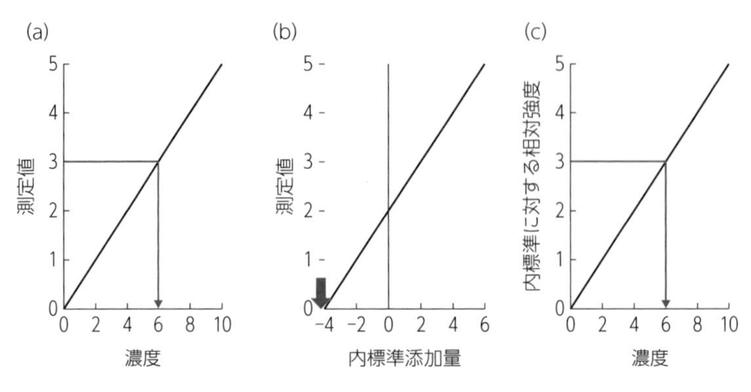

図 3.16　定量分析用操作法の種類
(a)絶対検量線法，(b)標準添加法，(c)内標準法．

①絶対検量線法：分析試料の標準品の混合物を段階的に希釈して分析し，検量線を作成(濃度とピーク面積の関係をプロット)する．同時に試料を分析し，ピーク面積を先の検量線にあてはめると濃度や量が算定できる．

②標準添加法：試料に規定量の標準品を段階的に添加して検量線を作成し，添加濃度 0 の時の濃度を外挿することで，試料成分の濃度を求める．

③内標準法：試料と物性が似ていて(保持時間が試料成分に近く，検出波長が近い)，試料成分と完全に分離する物質を内標準物質に選ぶ．段階的に希釈した被検成分標準品に内標準物質を添加し，得られた各成分のピーク面積の内標準品のピーク面積に対する比を相対強度として算出する．試料に内標準物質を添加して分析し，相対強度比から試料中の各成分の濃度を求める．

実際の測定では室温の変動などに応じて検出感度が変化する．そこで，内標準法や絶対検量線法における被検成分標準品のクロマトグラムを試料分析と組み合わせて測定し，「試料–標準品–試料–試料–標準品–試料」のように測定する．少なくとも，一連の測定の最初と最後に標準品データを採取する．

3.4　分離の評価

高速液体クロマトグラフィーのように試料の分離と定量を目的とした分析法では，分離の性能を評価・管理することが求められる．図 3.17 を参考に分離分析における評価パラメータを示す．

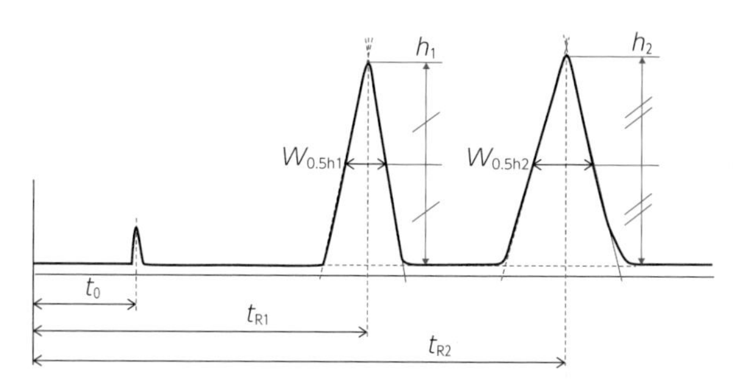

図 3.17　クロマトグラムと各種パラメータ
t は保持時間，h は高さ，W は幅，0.5 はその 1/2 であることを示す。

3.4.1　保持の強さ

試料中の成分は固定相への保持力の差に応じてそれぞれの成分に分離される．保持の程度は k で定義される．

$$k = \frac{\text{固定相に存在する量}}{\text{移動相に存在する量}} \tag{3.1}$$

カラムに全く保持されない成分，たとえば試料の溶媒はカラムに保持されることなく，すぐに溶出される．この時間を t_0 とする，試料の保持時間（溶出時間）を t_R とすると，t_0 がカラム中の移動相の量，$t_R - t_0$ は成分が固定相に留まっていた割合に相当する．そこで，保持の強さを，次式で定義する．

$$k' = \frac{t_R - t_0}{t_0} \tag{3.2}$$

k' は質量分布比や分配係数と呼ばれ，保持の強さの尺度となる．

3.4.2　ピークの広がり

分離能はカラムを構成する分離の基本単位である段の数によって決まる．すなわち，より短いカラムで多くの段をもつ固定相を用いると，より高い分離能が得られる．以下の式に従ってその段の数を定義する．得られる値を理論段数(N)という．

$$N = 5.54 \times \frac{{t_R}^2}{{W_{0.5h}}^2} \tag{3.3}$$

理論段数は固定相の量やカラムの長さに依存するので，充填剤の絶対的な評価とはなり得ない．そこで，より精密な「バンドの広がり」を定義するために，一理論段あたりのカラムの長さである理論段高(H)が定義される．

$$H = \frac{L}{N} \tag{3.4}$$

ここで，L はカラムの長さ(mm)である．

3.4.3 ピークの分離

試料成分のそれぞれのピークがどれだけ分離したかを表すパラメータとして，分離係数と分離度が定義されている．

分離係数 α はピーク相互の保持時間の関係を示す．二つのピークがそれぞれ t_{R1} および t_{R2} という保持時間を示したとすると，次式で定義される．ただし，$t_{R1} < t_{R2}$ である．

$$\alpha = \frac{t_{R2} - t_0}{t_{R1} - t_0} \tag{3.5}$$

分離度（Rs）は，ピーク相互の保持時間とピーク幅からピークがどれだけ分離されているかを示すもので，次式で示される．ただし，ピーク 1 および 2 のピークの高さの中点におけるピーク幅を $W_{0.5h}$ とする．

$$Rs = 1.18 \times \frac{t_{R2} - t_{R1}}{W_{0.5h1} + W_{0.5h2}} \tag{3.6}$$

Rs 値が 1.5 以上のとき，完全に分離したという(図 3.18)．

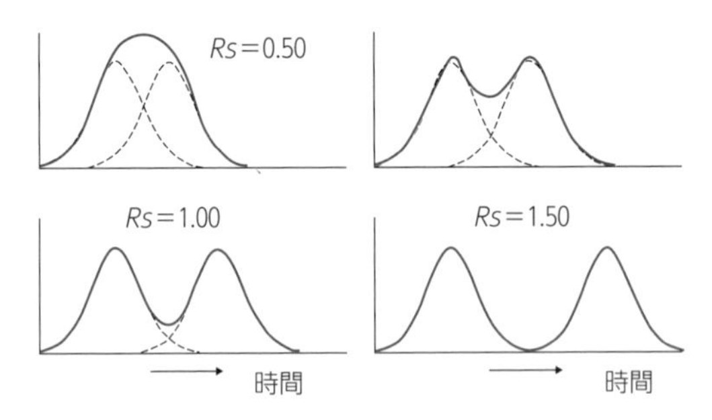

図 3.18 分離度とピークの重なり

3.4.4 ピークの対称性

クロマトグラム上のピークの対称性の度合いはシンメトリー係数（S）で定義される．対称性はピーク高さの 1/20 の位置でピーク幅とピークの前半の幅（f）を測定して求める(図 3.19)．

$$S = \frac{W_{0.05h}}{2f} \tag{3.7}$$

完全に左右対称のピークでは $S = 1$ となる．また，テーリング(tailing)したピークの S 値は 1 以上，リーディング(leading)ピークでは 1 以下となる．

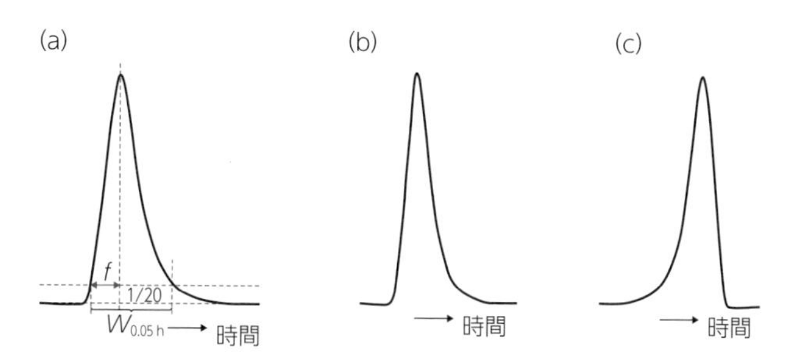

図 3.19　シンメトリー係数
(a)を参照．頂点から垂線を下ろし，ピーク高さの 1/20 の高さにおけるピーク前半の幅を f とする．(b)はリーディングしたピーク，(c)はテーリングピーク．

3.5　装置の性能と保守

装置メーカーからは保守のためのさまざまな情報が提供されている．点検とプランジャーシールなどの消耗部品の交換を定期的に実施する必要がある．

3.5.1　送液トラブル

入口側のポンプヘッドの両端に取りつけられているチェックバルブに気泡や異物がたまると流速が乱れる．チェックバルブはルビー製ボールとサファイア製台座からなる非常にデリケートな部品である．ドレインバルブ，あるいはポンプヘッドに吸引用の注射器を取りつけて吸引することで汚れを取り除く．

プランジャー，インジェクター，配管部からの液漏れを確認する．プランジャーの動作不良(ポンプヘッドに触れると振動でわかる)の可能性もある．

3.5.2　ポンプからの液漏れ

ポンプから液が漏れる場合は，プランジャーシールの交換が必要である．所定の手順に従って治具を用いて交換する．プランジャーシールをあらかじめイソプロパノールなどで湿らせてから装着する．移動相にあった材質のプランジャーシールを用いる．プランジャーシールは溶媒によって膨潤・収縮することがあるので，溶媒系を大きく変更したときに液漏れが発生しやすい．プランジャーシールは消耗部品なので，定期的に交換する（図 3.20）．

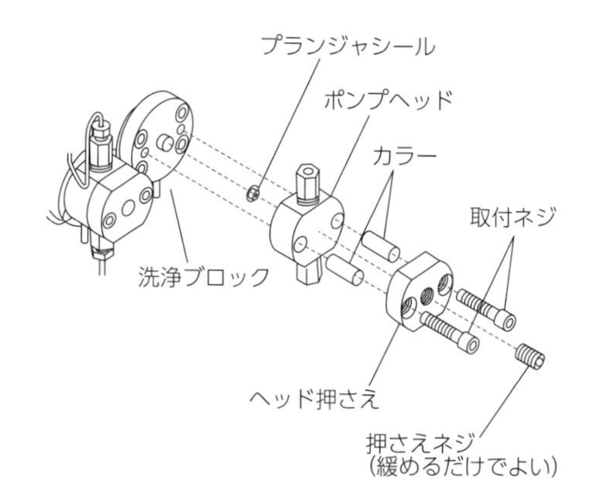

図 3.20　ポンプヘッドの構造とプランジャーシール
出典：TOSOH BIOSCIENCE.

3.5.3　装置内部の汚れ

移動相に緩衝液を用いる場合は，停止する前に水に置換する．高い塩濃度でポンプヘッドから液漏れが起こると結晶ができて，プランジャーを傷つけることがある．脂溶性物質の汚れは2-プロパノールで拭きとる．金属イオンは0.1% EDTA2Naを送液して洗浄する．

3.5.4　インジェクターからの液漏れ

試料注入口からの液漏れは主にローターシールの損傷による．ローターシールを交換する．ローターシールは消耗性部品である．カラム圧が高いとローターシール側で漏れることがある．耐圧性が落ちている場合は，マニュアルに従って耐圧調節を行う．

3.5.5　カラムの洗浄

インジェクターを切り替えるだけでピークが現れる，ピークがブロードになり，カラム圧が上昇する，ベースラインが上がるなどの症状が現れた場合は，カラムの洗浄を検討する．どのような成分が吸着しているかを考えて対応を決める．

逆相系ならアセトニトリル，メタノール，イソプロパノールなどで洗う．ただし，水溶性の高い成分を使用している場合は，水–アセトニトリル，水–メタノールなどを用いる．塩基性化合物の吸着が疑われる場合は1%程度のリン酸や酢酸を溶媒に加える．特に圧力が高くなっている場合は，逆向きに洗浄する．洗浄によってカラムの劣化が進むこともある．試料の汚染が予想されるときは，最初からガードカラムを用いるなどの対策が重要である．

3.5.6　ベースラインが安定しない

流量や圧力を確認する．液漏れならプランジャーシールを交換する．圧力が変動するときはチェックバルブに空気が絡んでいることが多い．逆止弁ドレインバルブを開けて流速を上げ，エアーを取り除く．注射器で減圧するものよい．

検出器内のフローセルが汚れたり，空気が入ると，ベースラインが不安定になる．ポンプを止めて安定するようであれば，アスピレーターや注射器を使って出口から減圧し，空気を取り除く．それでも安定しない場合は，セルの洗浄やランプ交換を検討する．移動相の脱気不足による可能性もある．

3.5.7　ピークのテーリング

塩基性の官能基を持たないにもかかわらずテーリングする場合は，カラム中の金属の影響が考えられる．移動相にEDTAを加えると軽減されることがある．

【参考文献】

1) 中村洋 監，『誰にも聞けなかったHPLC　Q&A』シリーズ，筑波出版会．
2) 第17改正日本薬局方，一般試験法，2.01　液体クロマトグラフィー．
3) 日本薬局方参考情報，G1理化学試験関連，システム適合性．
4) 日本薬局方参考情報，G1理化学試験関連，分析法バリデーション．
5) 欧州薬局方，2,2,46 Chromatographic separation techniques.
6) 米国薬局方，621 Chromatography.
7) 国際標準化機構(ISO)の定める分析法．
8) "AOAC International" が定める規格中の分析法．

4 薄層，カラムクロマトグラフィー

楠川隆博（京都工芸繊維大学大学院工芸科学研究科）

4.1 はじめに

混合物を分離する手段として，蒸留や再結晶は安価であり，工業的にも広く利用されている．しかし，高沸点化合物や結晶性をもたない化合物などには，これらの方法を用いることができない．クロマトグラフィーは，これらの方法に比べて適用範囲が広く，種々の化合物の分離に利用されている．

4.2 薄層クロマトグラフィー

薄層クロマトグラフィー（Thin Layer Chromatography，TLC）は有機化合物の分析の最も簡単な方法であり，幅広く利用されている．最近は主に市販の TLC プレートが使われており，自作することは少なくなった．

4.2.1 TLC の概要

TLC では，担体（固定相，吸着剤）を支持させた板の上に分離する混合物の試料を塗布し，毛管現象による溶媒(移動相)の展開を利用して，試料の吸着力の違いにより分離・検出する方法である(図 4.1)．

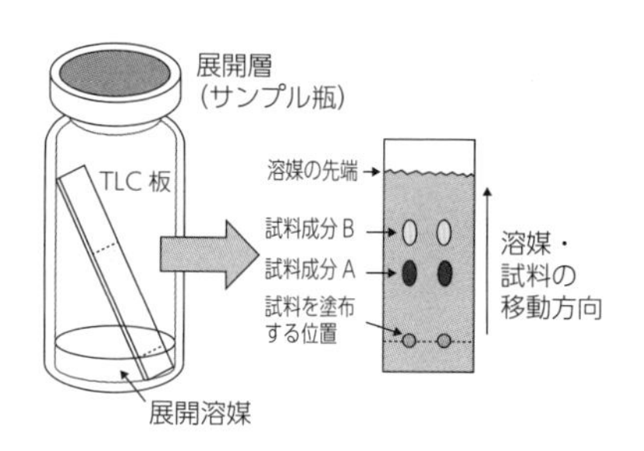

図 4.1　TLC の概要

4.2.2 TLC の種類と選択

市販されている TLC 用のプレートは，一般分析用（TLC），高性能分離用（HPTLC），分取用(PTLC，PLC)に分けられ，分離成分の種類に応じてシリカゲル，アルミナ，セルロース，化学修飾シリカゲルが担体(吸着剤)として用いられる(表 4.1)．これらの担体が塗布されている支持板としては，ガラス板・プラスチック板・アルミ板の 3 種類が販売されている(表 4.2)．

市販の TLC 板用のシリカゲルは 10 μm 程度の粒子径のものが用いられており，シリカゲルの平均細孔径は 60 Å である．たとえば，MERCK 社から販売されているシリカゲル 60 の「60」という数値は平均細孔径を示す．また，紫外線を吸収する化合物を分析する際には蛍光剤入りの TLC 板を用いる．シリカゲル 60 F_{254} という表記は，

表 4.1　主な担体(吸着剤)とその特徴

担体(吸着剤)	適応する試料	特　　徴
シリカゲル	酸性・中性・弱塩基性の試料	シリカゲル自身が酸性を示すため，塩基性の試料が吸着されやすく，分析が困難な場合がある．酸性条件下で容易に分解する試料の分析には用いることができない．
アルミナ	中性・塩基性の試料	アルミナには中性アルミナと塩基性アルミナがあり，シリカゲルに強く吸着してしまう塩基性の試料や，酸性条件で分解してしまう試料の分析に使用可能である．一般的にシリカゲルに比べて高価であるため，シリカゲルで分析不可能な場合に用いる場合が多い．
セルロース	高極性の試料	アミノ酸，カルボン酸，核酸などの分離に用いられることがある．
化学修飾シリカゲル	シリカゲルに強く結合する試料	シリカゲル表面のヒドロキシ基に化学修飾を施したシリカゲル．試料の極性が高く，展開溶媒に水を混合する必要がある場合などに用いる．HPLC の逆相カラムに対応しており，HPLC 分析前の予備分析などにも用いられる．

表 4.2　支持板とその特徴

支持板	特　　徴
ガラス板	試料の分離能力は最もよく，結果の再現性も高い．ガラスカッターで切断する必要があり，慣れないと切り損じが多く生じる．ガラスを使用しているため発色剤使用時に加熱することができる．
プラスチック板	カッターナイフで切断可能である．発色剤使用時に加熱することができない．ガラスに比べて担体(吸着剤)が剥がれやすい．
アルミ板	カッターナイフで切断可能である．発色剤使用時に加熱することができる．ガラスに比べて担体(吸着剤)が剥がれやすい．

254 nm の紫外線で蛍光を発する蛍光剤(マンガン活性化ケイ酸亜鉛)が含まれていることを示す(4.2.11 項参照)．

4.2.3　試料の吸着力と溶媒の選択

有機化合物のシリカゲルへの吸着力はおおむね以下の順である．

吸着力小
アルカン＜アルケン＜ジエン＜芳香族炭化水素＜エーテル
＜エステル＜ケトン＜アルコール＜酸（カルボン酸）
吸着力大

官能基別ではおおむね次の順である．

吸着力小
$Cl < H < OCH_3 < NO_2 < N(CH_3)_2 < COOCH_3 < OCOCH_3$
$< C=O < NH_2 < NHCOCH_3 < OH < CONH_2 < COOH$
吸着力大

試料を分離するためには，分離する試料のシリカゲルに対する吸着力と展開溶媒（移動相）の溶出力を考えて溶媒を選択する．シリカゲルへの吸着力の小さい試料を分離する場合には溶出力の小さい溶媒を使用し，シリカゲルへの吸着力の大きい試料を分離する場合には溶出力の大きい溶媒を選択する．溶媒の溶出力はおおむね以下の順であり，溶媒の極性が高くなるほど溶出力が大きくなる．

溶出力小（極性小）
ヘキサン<トルエン<クロロホルム～ジクロロメタン<ジエチルエーテル
<酢酸エチル<アセトン<アルコール<水
溶出力大（極性大）

単一の溶媒でうまく分離できない場合は，2または3種類の溶媒の混合溶媒を用いる．溶媒の選択時には，溶媒の極性だけでなく，試料の溶解性についても考慮する必要がある．試料が溶解しない溶媒で展開しても試料は原点に残ってしまう．

4.2.4　試料の調製と塗布方法

TLCで分析するための試料はごく少量で十分である．キャピラリー（毛細管）で溶液を吸い出し，TLC板に短時間接触させて試料を塗布する．試料が十分に分離するためには，スポットを図4.2①のように，できるだけ小さくする(1 mm以下)．キャピラリーをTLC板に接触させる時間が長いと，図4.2②のようにスポットが大きくなりすぎ，展開後に試料の分離が悪くなる．スポットが小さくても，サンプルがTLCの分離能力以上の高濃度になると，図4.2③のように展開後に試料がテーリングしてしまう．テーリングしてしまった場合には試料の濃度を下げる必要がある．

希薄溶液を塗布する場合には，スポットが大きくならないようにして，複数回塗布す

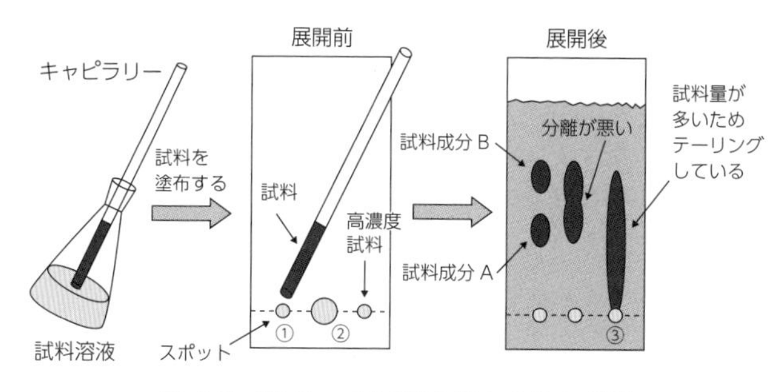

図4.2　TLCへの試料の塗布方法と分離

る．紫外線を吸収する試料を分離する場合には，展開前に紫外線を照射して（4.1.11 項参照）十分な試料が塗布されているか確認することができる．

4.2.5　展開槽の使い方

TLC 板の大きさに応じて，サンプル瓶や角形の展開槽（図 4.3(d)）を使用する．展開槽に入れる溶媒量は，TLC 板に塗布した試料の位置よりも下になるようにする（図 4.3(a)）．溶媒量が多すぎると試料が溶媒中に拡散してしまうので注意が必要である．

4

なお，TLC 板を展開槽のどの位置に立てかけるかで（図 4.3(a), (b)），溶媒を同じ位置まで展開したときでも，試料の位置がやや異なることがある．自分でどの方法を使用するかを決めておく．展開槽に蓋（ふた）がされていないと，TLC 板を上昇した溶媒が上部から気化してしまい，TLC 板の上端まで溶媒が上昇するのに長時間を要する．試料も本来の位置よりも上部に現れ，再現性のある結果が得られない（図 4.3(c)）．再現性のある結果を得るためには，展開槽にしっかりと蓋をする必要がある．

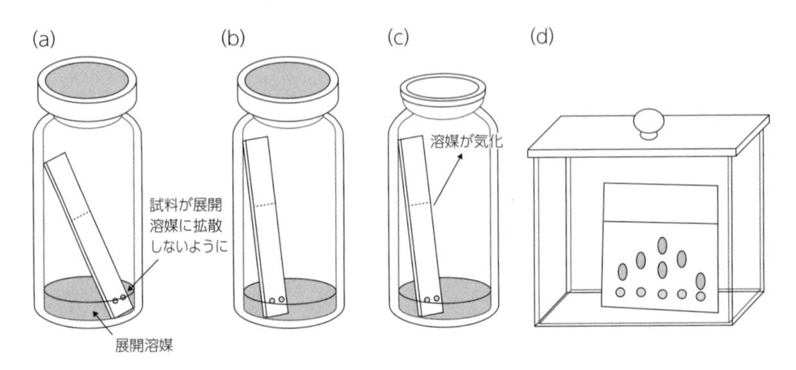

図 4.3　展開槽の種類と使用方法

4.2.6　試料を塗布する位置

展開溶媒は TLC 板上を湾曲した形で上昇するため，TLC 板の左右の両端に近い部分に試料を塗布すると，同じ試料でも中央部分のスポットよりも高い位置に現れることがある（図 4.4(a)）．再現性の高い結果が得られないので注意が必要である．また，ガラスカッターで切断する際に湾曲してしまった TLC 板を用いた場合もスポットの位置がずれてしまうため，注意が必要である（図 4.4(b)）．

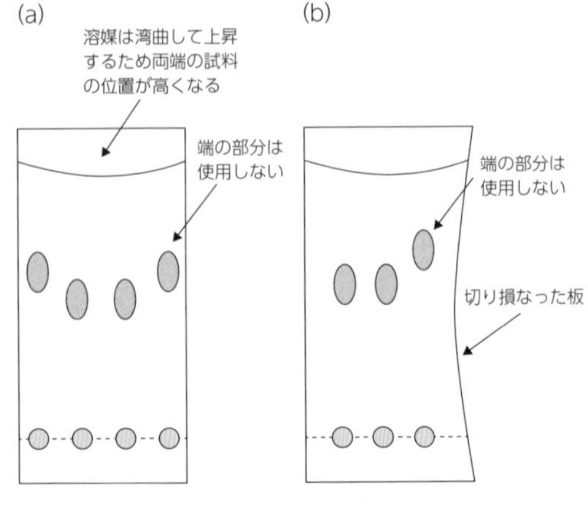

図 4.4　TLC 板上での試料の展開

4.2.7　混在する極性化合物の影響

合成反応の進行を追跡するために，TLC による分析がしばしば用いられる．合成反応に極性の高い溶媒や試薬を使用している場合には，反応溶液をそのまま塗布して展開すると，本来の位置よりも高い位置にスポットが現れることがある（図 4.5(a)）．合成反応の出発物質が消失したと勘違いして反応を停止し，NMR 測定から出発物質の回収が確認されることが多々ある．TLC の結果は種々の条件により変化するため，初心者は十分注意する必要がある．高極性の溶媒や試薬が試料に含まれる場合には，試料を塗布した TLC 板を枝つき試験管に入れ，数十分程度真空ポンプで乾燥させることで，再現性の高い結果が得られることがある（図 4.5(b)）．合成反応の追跡の際には慎重に結果を観察する必要がある．

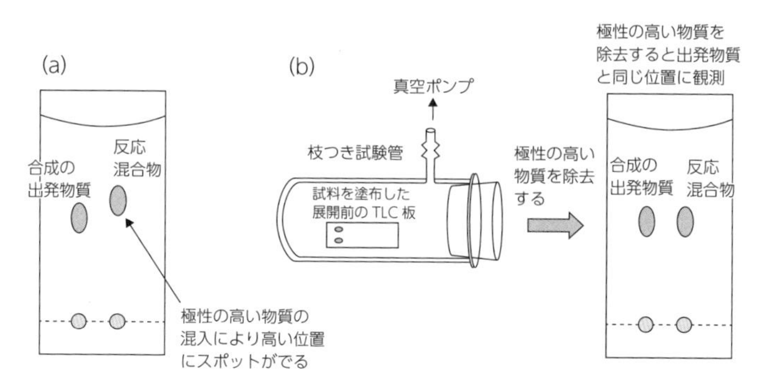

図 4.5　高極性化合物の影響について

4.2.8　スポットが近接している場合の確認方法

薄層クロマトグラフィーでは，異なる試料が近接して観測されることがしばしばある．たとえば，合成反応の場合に出発原料が残っていると判断したため加熱反応を続けたが，他の分析方法により分析したところ，出発原料はすでに消失しており，観測されていたのは生成物のスポットであったことが後に判明することがある．スポットの位置が近接した異なる試料の判別方法として，重ね打ち（図 4.6(a)）が知られている．

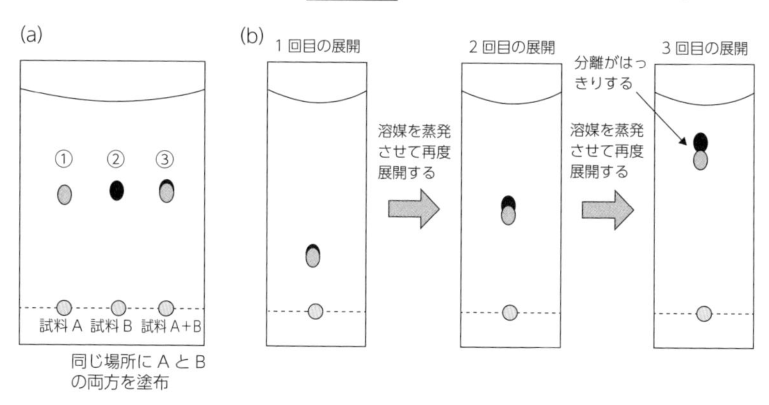

図 4.6　スポットが近接している場合の確認方法

図 4.6(a)で，①(試料 A)と②(試料 B)のスポットが近接している．右端の部分には試料 A を塗布した後，その上から試料 B も塗布する．これを展開すると③の部分に試料 A と試料 B のスポットがわずかに異なる位置に出ることがわかる．判断に迷う場合にはこの重ね打ちを試してみるとよい．

また，図 4.6(b)のように近接したスポットが観測される場合は，1 回目の展開の終了後，TLC 板を展開槽から取り出して風乾する．溶媒が蒸発した後，再度，展開槽に入れて展開する．これを繰り返すことで近接していたスポットが分離することがある．なお，後者の方法は，スポットが TLC 板の半分以下の高さに観測される場合のみ可能である．

4.2.9 TLC 分析で使用するスポットの位置

TLC 分析では中央付近の高さにスポットが上がるように展開溶媒の極性を調節するのがよい．スポットの位置が高すぎたり低すぎたりすると，間違った分析結果が得られることがあるので注意が必要である．図 4.7(a)では，合成反応の出発物質①と目的生成物の標品②を用いて反応混合物の TLC 分析を行ったところ，目的生成物と同じ位置にスポットが観測された③．しかし，同じ反応混合物の TLC 分析を展開溶媒の極性を下げて行ったところ，目的生成物が含まれていないことが判明した(図 4.7(b)，③)．

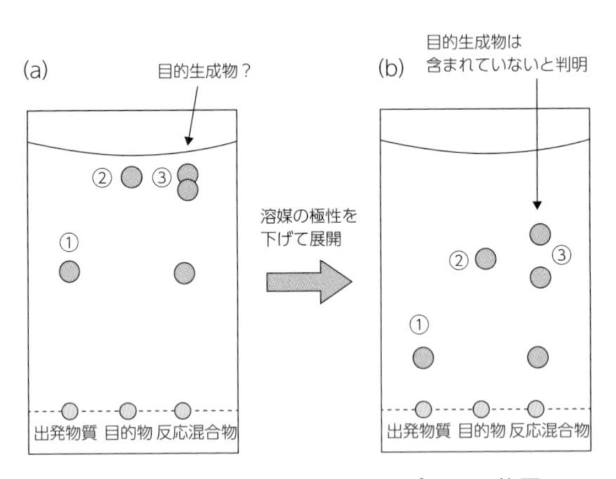

図 4.7 TLC 分析で使用するスポットの位置

4.2.10 R_f 値

TLC では，試料成分の同定に R_f 値(移動率，rate of flow)を用いる．R_f 値は試料成分の移動距離（A，B cm）と溶媒の移動距離（C cm）を測り，両者の比(1 以下の数値)で表す(図 4.8)．R_f 値は吸着剤や溶媒の種類と混合比率により変化するため，R_f 値を実験ノートや論文に記載する場合は，これらの条件を記載する必要がある．

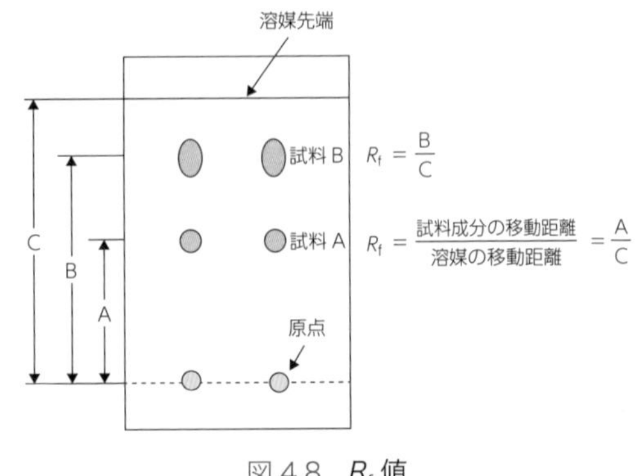

図 4.8 R_f 値

4.2.11 TLC 板上の試料の検出方法

TLC 板で分離した試料の検出方法には，紫外線(UV)ランプを使用する方法と発色剤を使用する方法がある．

(1)紫外線による検出

F_{254} と表記された蛍光剤（マンガン活性化ケイ酸亜鉛）を含む TLC 板では，254 nm の紫外線を当てると，TLC 板全体が緑色に発光する（図 4.9）．この TLC 板上に芳香族化合物などの 254 nm の紫外線を吸収する試料のスポットがあると，蛍光剤にまで紫外線が届かないため，スポットの部分が暗くなる．これを利用すれば，試料成分の数や分離の様子が観測できる．なお，TLC 板を展開溶媒で展開した後は，溶媒の上端の位置とスポットの輪郭を鉛筆で TLC 板上になぞっておく（図 4.9）．溶媒の展開は TLC 板の上端まで行ってもよいが，溶媒が上端に達したらすぐに展開槽から出さなければならない．展開槽から出すのを忘れると，信頼性のない結果となってしまうので注意が必要である．

TLC 板に紫外線を照射する場合には，暗所で行うほうが結果を観察しやすい．箱の中が黒塗りになった紫外線照射箱が市販されているが，高価なので自作してもよい（図 4.10）．サンプル瓶などのガラスは 254 nm の紫外線を透過しないため，展開槽の外から紫外線を照射しても TLC 板上のスポットの分離状況を観測できない（図 4.10(b)）．なお，紫外線が直接目に入らないよう十分注意すること．

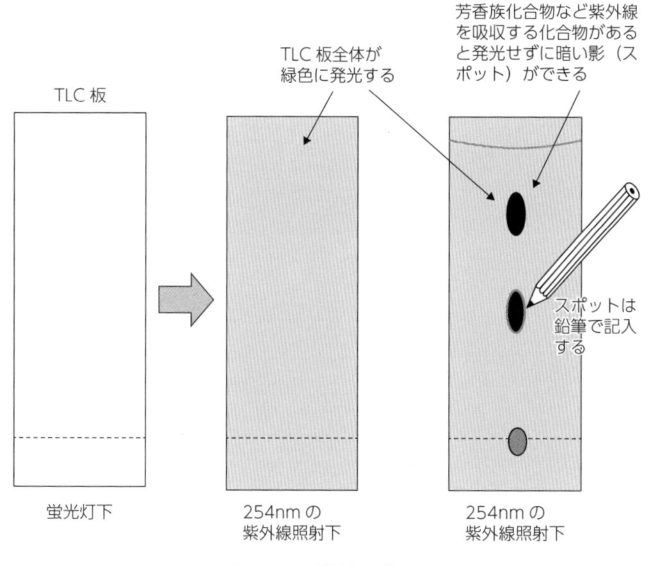

図 4.9 試料の検出

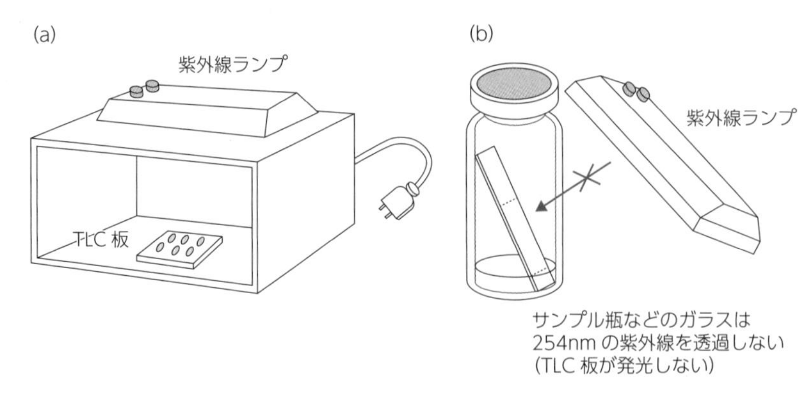

図 4.10　紫外線ランプによるスポットの検出

(2) ヨウ素による検出

ヨウ素は有機化合物と錯体を形成して着色することが知られており，TLC における試料スポットの検出に応用されている．紫外線ランプで検出できない試料に応用可能な場合がある．ヨウ素によるスポットの検出には，TLC 板とヨウ素(数個)のみ，またはヨウ素と少量のカラムクロマトグラフィー用シリカゲルをサンプル瓶に入れる．後者の場合にはサンプル瓶を回転させ，ヨウ素が吸着したシリカゲルを TLC 板上に広げる（図 4.11）．スポットが観測されない場合は，1 時間程度放置してみる．ヨウ素が吸着したスポットはヨウ素の昇華によりすぐに消失してしまうので，サンプル瓶から出してすぐに鉛筆でスポットの位置を記入する．

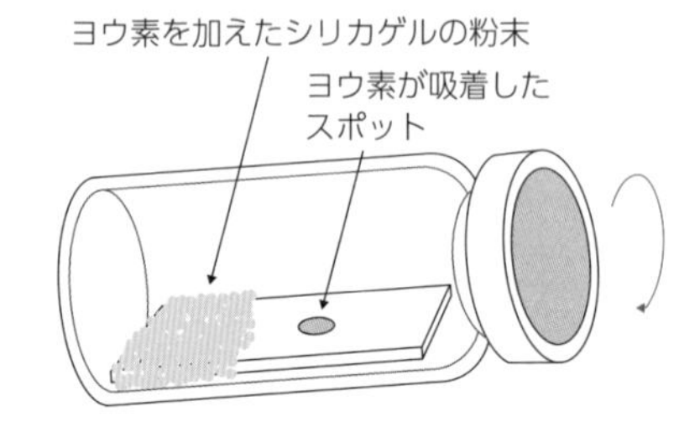

図 4.11　ヨウ素によるスポットの検出

(3) 発色剤による検出

発色剤の選択については MERCK 社が発行した「Dyeing Reagents for Thin Layer and Paper Chromatography」が参考になるが，入手が困難である（年配の先生に，おもちでないか尋ねてみるとよい）．MERCK 社がこの書籍の復刻版を作成しており，無料で配布されたものもある．これらの書籍には 300 種類以上の発色剤調製のレシピが掲載されており，官能基別の索引が利用できる．以下に発色剤の例を紹介する．

・リンモリブデン酸エタノール溶液(万能型)

12 モリブド(VI)リン酸 n 水和物をエタノールに溶解して 5 ～ 10% 溶液を調製する．展開が終了した TLC 板を風乾させた後，調製液に浸す，余分な液をキムワイプなどで拭き取り，ホットプレートで加熱する(120 ℃程度)．TLC 板の背面は黄色くなり，青いスポットが観測される．なお，TLC 用のスプレーが市販されている．

・リンモリブデン酸(改良型)

蒸留水 50 mL に 85% リン酸 0.75 mL と濃硫酸 2.5 mL を加える．その後，1.2 g の 12 モリブド(VI)リン酸 n 水和物を溶解する．

展開が終了した TLC 板を風乾させた後，調製液に浸す，余分な液をキムワイプなどで拭き取り，ホットプレートで加熱する(120 ℃程度)．TLC 板の背面は白くなり，青いスポットが観測される．スポットの濃さは温度により変化するので，加熱後しばらく冷却して観察する．TLC 板の背面が白いので，上記のリンモリブデン酸エタノール溶液より結果が観測しやすい場合がある．

発色剤を用いたスポットの検出方法を図 4.12 に示す．発色剤は広口の褐色瓶に保存し，TLC 板はピンセットを使用して発色剤の溶液に浸す（図 4.12(a)）．余分の発色剤はキムワイプなどで拭き取り（図 4.12(b)），ホットプレートで加熱する（図 4.12(c)）．発色剤では指紋も発色してしまう場合があるので，TLC の展開時にも TLC 板の表面には手で触れないように注意する．また，発色剤には毒性を示すものがあるので，ホットプレートでの加熱はドラフト内で行うのがよい．ガラスの TLC 板の場合には裏面(ガラスの面)から観察するほうが結果がわかりやすい場合がある．

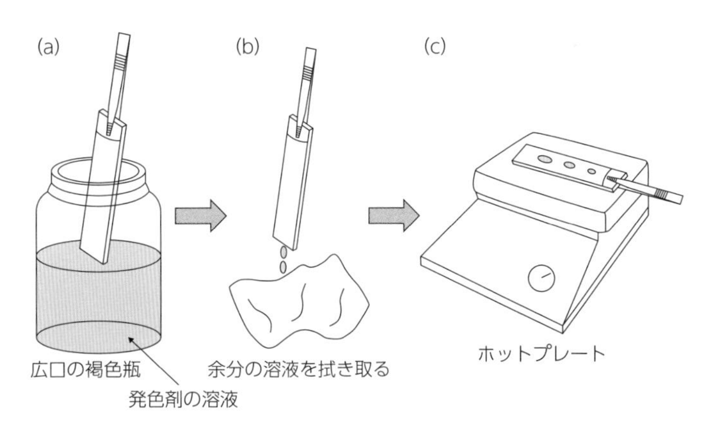

図 4.12　発色剤によるスポットの検出

4.2.12　二次元展開法

TLC の二次元展開法は，分離が困難な試料に対して行われることがある．ここでは，TLC での分析に再現性が得られないなど，TLC の展開中に試料が分解している可能性がある場合の確認方法について説明する．

まず，TLC 板の左端に試料を塗布して 1 回目の展開を行う（図 4.13(a)）．展開後の板を風乾させて，左に 90° 回転させて 2 回目の展開を行う（図 4.13(b)）．試料が TLC 板上で分解しない場合は 2 回目の展開の出発点にはスポットが観測されないはずであるが，出発点にスポットが観測されたり，1 回目の展開時とは異なる位置（R_f 値）にスポットが観測される場合は，TLC 板上で試料が分解している可能性が高い．

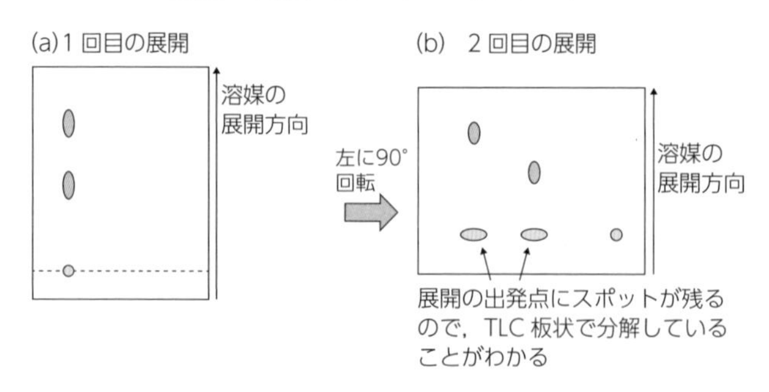

図 4.13　二次元展開法

4.3　分取 TLC

分取 TLC（Preparative TLC，PTLC，PLC）は，分離したサンプルを NMR や質量分析などの他の分析法で分析したり，反応生成物の収量・収率を求めるために利用する．分離する成分数が多い場合には，カラムクロマトグラフィー（4.4 節参照）で分離すると，目的の生成物を見失ってしまう場合があるため，すべての成分を試験管に分取する必要がある．一方，PTLC の場合には，複数の成分があっても，ガラス板上のシリカゲルを必要に応じて順次かき取って，試料を溶出することができるため便利である．原点付近にとどまる極性の高い試料は，シリカゲルごとかきとった後，極性の高い溶媒で溶出することができる．

PTLC（PLC）用の板は，MERCK 社などからガラス板に担持したもの（層厚 0.5 〜 2 mm，20 cm×20 cm）が販売されている．PTLC（PLC）用の板 1 枚（層厚 0.5 〜 2 mm，20 cm×20 cm）で分離できる試料は 10 〜 100 mg 程度である．

PTLC による試料の分離の手順を図 4.14 に示す．

①まず，パスツールピペットの先をバーナーで細めたピペットを作る（太めのキャピラリーでもよい）．このピペットを使用して PTLC 板上に試料を塗布する．左右の端での溶媒の上昇速度が異なるため，試料を塗布する際に左右は 2 cm 程度あける．なお，分離をよくするためには，試料を塗布する際に幅が広くならないよう注意する．また，100 mL 以上の展開溶媒が必要となるため，試料を塗布する位置は PTLC 板の下から 2 cm 程度あける必要がある．試料の粘度が高く塗布が難しい場合は，溶媒で薄めた溶液を塗布する．この際，1 回で塗布できない場合は，上からもう一度塗布してもよいが，上下方向のバンド幅が広くなりすぎないように注意する．

②試料の塗布が終わったら，展開槽に入れて展開する．溶媒や展開槽の大きさにもよるが，展開には 1 〜 2 時間要する．展開溶媒を追加する必要が生じた場合，溶媒は展開槽の壁をつたわせてゆっくりと加えること．

③展開が終了したら，溶媒を気化（風乾）させる．事前に観測した TLC の分析結果と比較し，UV ランプで試料の分離状況を確認する．分離が十分であれば，PTLC 板上の試料の位置(外周)に大きめのスパチュラなどで印をつけ，試料が吸着したシリカゲルをガラスからかきとる．シリカゲルは四つ折りにした紙などに集める．市販の PTLC 板のシリカゲルは堅いため塊となるが，集めたシリカゲルはできるだけ粉末状態にする．

④カラム管(コックはなくてもよい)に脱脂綿(またはグラスウール)をつめて，試料が吸着したシリカゲルを入れる．PTLC 用のシリカゲルはカラムクロマトグラフィー用よりも微粉末であるため，綿を通過してしまうので，注意が必要である．特に，溶出の際に加圧するとシリカゲルが綿を通過しやすい．綿の重しとして海砂を入れるのもよい．

⑤試料が吸着したシリカゲルをカラムにつめたら，溶媒を加えて抽出する．一度に大量の溶媒を加えると試料が溶媒中に拡散してしまうので，最初は少量の溶媒を加えて溶出し，試料がカラムの下方向に移動したら，カラム管の上部まで溶媒を加えてもよい．溶出に使用する溶媒は展開溶媒と同じである必要はないので，試料のシリカゲルへの吸着力の強さ(どこの位置からかきとったシリカゲルか)を考えて選択するとよい．

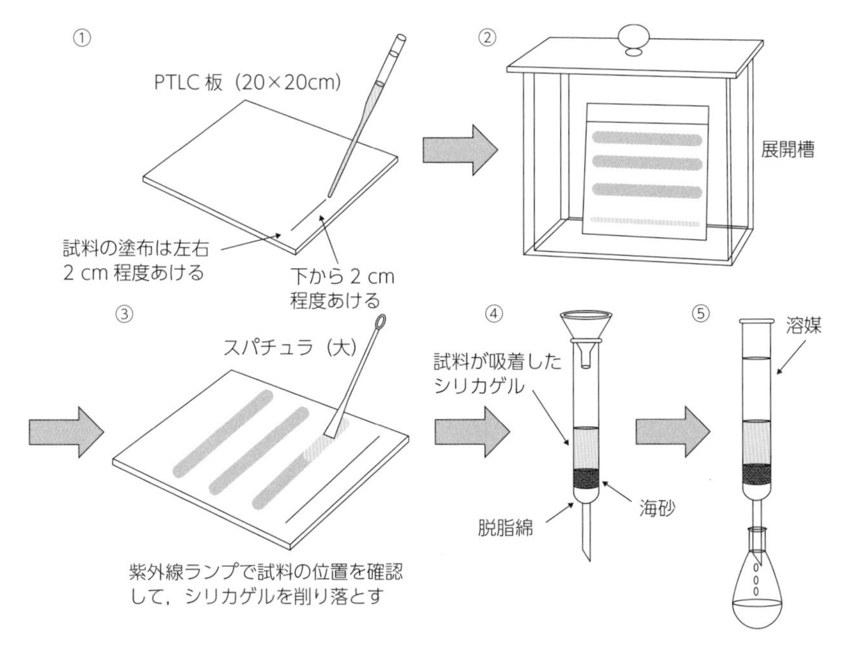

図 4.14　PTLC による試料の分離

4.4 カラムクロマトグラフィー

4.4.1 カラムクロマトグラフィーによる化合物の分離

カラムクロマトグラフィーによる有機化合物の分離方法を以下に示す(図 4.15)．

①クランプ 2 本を用いてカラム管をスタンドや実験台に垂直に固定する（クランプを強く閉めすぎてカラム管を割らないように注意する)．少し離れた位置から正面・左右からも垂直になっていることを確認する(以後，図中でクランプは省略)．

②ガラス棒を用いてカラム管に脱脂綿(またはグラスウール)をつめる．海砂を入れるまで，ガラス棒を重しとしてカラム管に入れたままにしておく（注：綿を固くつめすぎると，展開溶媒の流出が遅くなり，分離に長時間を要する)．

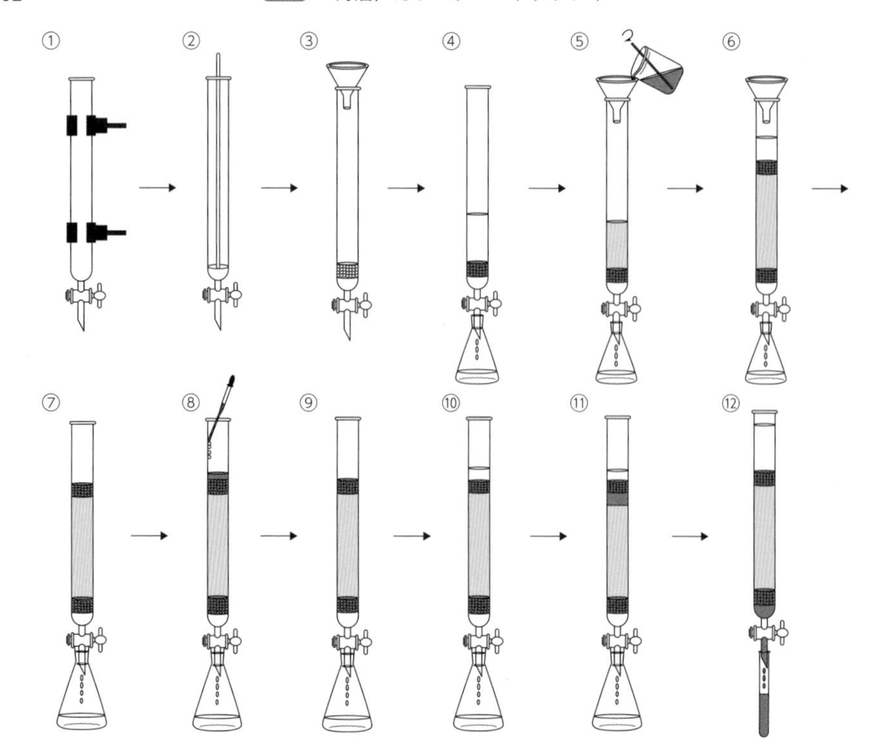

図 4.15　カラムクロマトグラフィーの準備と有機化合物の分離

③粉末ロートを用いて海砂を高さ 1 cm 程度入れて，ガラス棒を抜く．

④コックを閉じ，カラムの全長の 1/3 程度まで分離に使用する展開溶媒を加える．コックを開いて溶媒を流したり，カラム管を軽くたたいて，脱脂綿と海砂部分に残っている気泡を抜く（たとえば，気泡を抜くために耐圧ゴム管でカラム管を軽くたたく．カラム管にヒビが入らないよう注意すること）．最終的に海砂の上面が平らであることを確認する．

⑤ビーカーまたは三角フラスコに吸着剤(シリカゲルなど)を量りとり，展開溶媒を加えてスラリー状にする．この際，気泡が発生したり，溶媒の種類によっては発熱したりする．このスラリーをガラス棒などでよく攪拌して気泡を抜き，10 分程度静置する．使用する吸着剤と展開溶媒は 1：3（体積比）程度の比率で混合する．スラリーが堅すぎると，吸着剤がつまってしまい，均一に充填できない．また，溶媒が多すぎると，吸着剤をつめるのに長時間を要する（注：シリカゲルの重さを量り，重さと使用したカラムのサイズを実験ノートに記録しておくと，同じ実験を繰り返すときに便利である．吸着剤の秤量にはキッチン用の天秤を用いる）．静置しておいたスラリー(充填剤)をガラス棒などでかき混ぜながらカラムにつめる．このとき，あらかじめカラム内に全長の 1/3 程度の溶媒が入っていないと(クッションとして働く)，海砂が舞い上がり，吸着剤と海砂が混合した部分が生じてしまう．次にテフロンコックを開いて溶媒を流出させ，吸着剤をカラムにつめる．再度この流出した溶媒を用いて残りの吸着剤をカ

ラムにつめる．つねに溶媒が充填剤よりも上の位置にあるようにし，カラムを乾かさないように注意する．

⑥吸着剤をカラムにつめ終わったら，吸着剤の上部に海砂を高さ 1 cm 程度加え，海砂の上部が平らであることを確認する．

⑦分離する試料が展開溶媒に拡散しないよう，コックを開き，海砂の上部が少し見えるまで展開溶媒を流出させる（溶媒を流しすぎて，吸着剤の部分にヒビが入らないよう注意する）．

⑧分離する試料の溶液を，パスツールピペットなどを用いてカラムの壁面をつたわせて海砂の上部に加える（試料は展開溶媒に溶解させるのが一般的であるが，溶解させるのに用いる溶媒の量によって分離の効率が変化する．試料を大量の溶媒に溶解させた場合には，薄層クロマトグラフィーで予備的に観測したような分離が望めない．分離に使用した充填剤の量，使用したカラムの大きさ，試料の重さ，溶解するのに用いた溶媒の量を実験ノートに記録しておくと，同じ実験を繰り返し行う際に便利である）．

⑨コックを開き，海砂の上部が少し見えるまで展開溶媒を流出させる．

⑩カラム管上部の壁面に付着した試料を展開溶媒で洗浄しながら，海砂の上部に 1 cm 程度の溶媒を加える（1 回目の操作では，試料の入っていた容器を少量の展開溶媒で洗浄し，この洗浄液を加える）．再度コックを開き，海砂の上部が少し見えるまで展開溶媒を流出させる（分離する試料を加えた後は，コックを完全に閉じず，常に展開溶媒を流し，加えた溶媒への試料の拡散を避けることが望ましい．この作業中は溶媒の流出速度を下げるなど工夫が必要である．コックを完全に閉じる場合は短時間にすること）．

⑪試料がシリカゲルの上部に完全に吸着されるまで，⑩の操作を 3 回程度繰り返す（海砂は試料を吸着しないので，海砂部分の試料がシリカゲルに吸着するまでこの作業を繰り返す．着色した試料を扱うと，この作業が理解しやすい）．

⑫分離する試料がシリカゲルに吸着したら，展開溶媒をカラムの上部まで加える（最初は海砂の上面が乱れないように，パスツールピペットで溶媒を壁面を伝わせて加え，溶媒量が増えてきたら，ロートで溶媒を加えてもよい）．分離されて出てきた試料を含む溶液は試験管などの受器で受ける．

通常のカラムクロマトグラフィーでは，複数の受器に溶出液を収集する（図 4.16(a)）．試験管などの受器（フラクション，Fr.）には番号を振り，それぞれの受器中の溶液を TLC で分析する（図 4.16(b)）．カラムクロマトグラフィーでは，吸着剤への吸着力の小さい成分から先に溶出する．すなわち，図 4.16(b) に示すように，TLC の上方部分から成分 A，B，C の順に溶出する（TLC とカラムクロマトでは上下逆であることに注意）．カラムクロマトグラフィーでは，扱う試料量が TLC に比べて多いため，分離前の TLC では観測できなかった成分が観測されることが多々ある．分離前の混合物を少量保存しておき，分離後の TLC 分析の際に同時に展開すると，カラムによる分離の結果を分析する際に便利である（図 4.16(b)）．

4.4.2 吸着剤の使用量とカラムの大きさ

カラムクロマトグラフィーを行う際の吸着剤の使用量の決定には経験が必要であるので，経験者に相談するのが望ましい．予備的な TLC 分析で，分離する試料のスポット

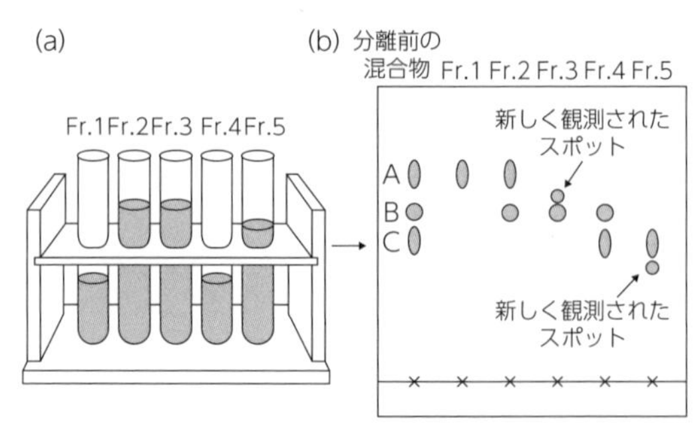

図 4.16 試験管に受けた分離後の溶液(a)と TLC の分析結果(b)

が十分に分離しており，試料の展開溶媒への溶解性が高い場合には，試料の重量の約 30 ～ 50 倍の重量の吸着剤を用いることを一つの目安にするとよい．ただし，試料の展開溶媒への溶解性が低く，試料を充填する際の溶媒量が多くなってしまう場合には，より多くの吸着剤が必要となる．

吸着剤の量とカラム管のサイズを選ぶ前に，試料を展開溶媒に溶解させるのが望ましい．カラム管に吸着剤を充填してから，試料の溶解性が低いことに気づいても，吸着剤や溶媒が無駄になるので，注意が必要である．また，事前の TLC 分析で試料のスポットが近接している場合には，より多くの吸着剤が必要となる．一般に，予備分析の TLC で分離する成分のスポットが近接している場合には，長い（展開距離の長い）カラムを選択する（図 4.17(a)）．一方，分離する成分のスポットが十分離れている場合には，時間と溶媒量を節約するために太いカラムを用いて展開距離(吸着剤の高さ)を短くする．

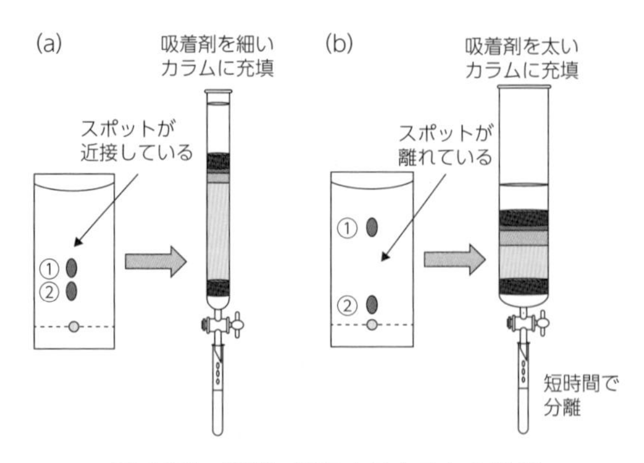

図 4.17 分離に使用するカラムの選択

4.4.3 展開溶媒の選択

展開溶媒の選択はカラムクロマトグラフィーの結果に大きく影響を与えるため，慎重に行うべきである．図 4.18(a)に示すように，TLC 板の上部（$R_f > 0.5$）で成分①と②が分離する展開溶媒を選択した場合には，カラムクロマトグラフィーによる分離後に成分①と②が分離されていないフラクション(Fr.2，Fr.3)が生じてしまうことがある．一

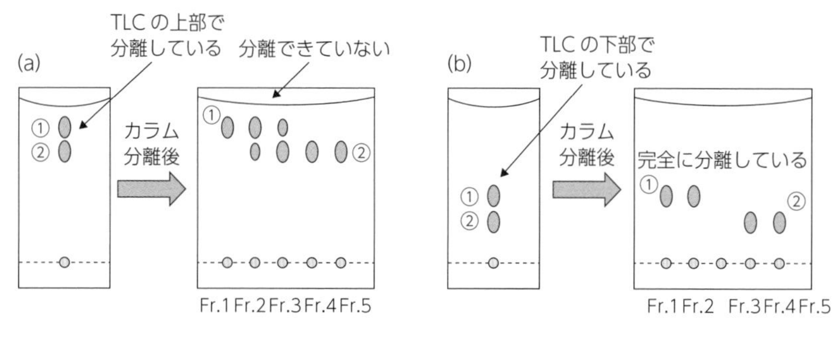

図 4.18　分離前の TLC の結果と分離後の TLC の結果

方，図 4.17(b)のように TLC 板の下部 ($R_f < 0.5$) で成分①と②が分離する展開溶媒を選択した場合には，完全に分離される可能性が高い．カラムクロマトグラフィーで使用する展開溶媒の選択については，試料成分の吸着力(保持時間)も考慮する必要がある．

一例として，クロロホルムおよびメタノールへの溶解性が著しく低い化合物がクロロホルムとメタノールの混合溶媒に容易に溶解する場合がある．固体状態で水素結合を形成する化合物はメタノールなどのプロトン性溶媒を少量混合することで，極性の低い溶媒への溶解性を上げることができる．また，クロロホルムとジクロロメタンは同じハロゲン溶媒であるが，両者で分離の効率が著しく異なる場合があるので，両方の溶媒で試してみるとよい．

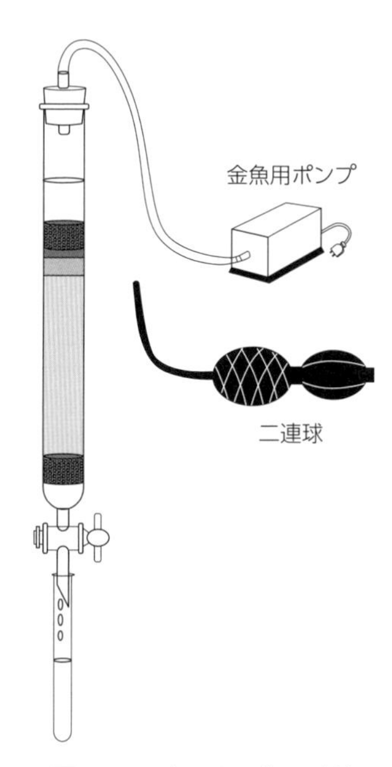

図 4.19　カラムの加圧方法

4.4.4　カラム管の加圧

カラムクロマトグラフィーを行う際，目的成分の吸着力が強く溶出に時間がかかる場合や，細長いカラム管(外形 15 mm 程度)を使用しているため展開溶媒が流れにくい場合には，カラム管の上部から加圧することがしばしばある．カラム管を加圧しすぎて破損させないよう注意すること．なお，常時加圧しながら分離するフラッシュクロマトグラフィーでは，専用の肉厚のカラム管が使用される．加圧方法としては，金魚用のエアーポンプや二連球などが用いられる（図 4.19）．

【参考文献】

1）泉　美治，小川雅彌，加藤俊二，塩川二郎，芝　哲夫 監修，「機器分析のてびき 第 2 版　第 2 集」，化学同人(1996)．
2）後藤俊夫，芝　哲夫，松浦輝男 監修，「有機化学実験のてびき(1)」，化学同人(1988)．
3）渡辺　正 編著，「化学ラボガイド」，朝倉書店(2001)．
4）J. W. ズブリック著，上村明男 訳，「研究室で役立つ有機実験のナビゲーター」，丸善(2006)．
5）飯田　隆，澁川雅美，菅原雅雄，鈴鹿　敢，宮入伸一 編，「イラストで見る化学実験の基礎知識　第 3 版」，丸善(2009)．

5 キャピラリー電気泳動

末吉健志（大阪府立大学大学院工学研究科）・大塚浩二（京都大学大学院工学研究科）

5.1 はじめに

電気泳動とは，溶液中で帯電している分子・物質が，溶液に印加された電圧によって形成される電場勾配中を移動（泳動）する物理現象である．電気泳動を利用した分析法の一つとして知られているキャピラリー電気泳動（capillary electrophoresis，CE）は，緩衝液が充填された毛細管（キャピラリー）内で電気泳動に基づく分離を行う分析法である．CE の特徴として，高い分離性能，短い分析時間，少ない必要試料量・試薬量に加えて，液体クロマトグラフィー（liquid chromatography，LC）が苦手とするタンパク質類や核酸などの分離分析においても高い分離性能を示すなどの点があげられる．そのため近年，CE は高い注目を集めている．本章では，CE およびその装置に対する基礎的な理解を深めるため，最も一般的な分離モードであるキャピラリーゾーン電気泳動（capillary zone electrophoresis，CZE）に基づくイオン性試料の分離について，主に解説する．

5.2 CE の概要

CE 装置の基本的な構成要素として，①キャピラリー，②泳動液，③溶液リザーバー，④高圧電源および電極，⑤検出器の 5 点が必須である（図 5.1）．以下で，CE の原理を学ぶために必要な，基本的な装置構成と基礎知識についてまず解説する．

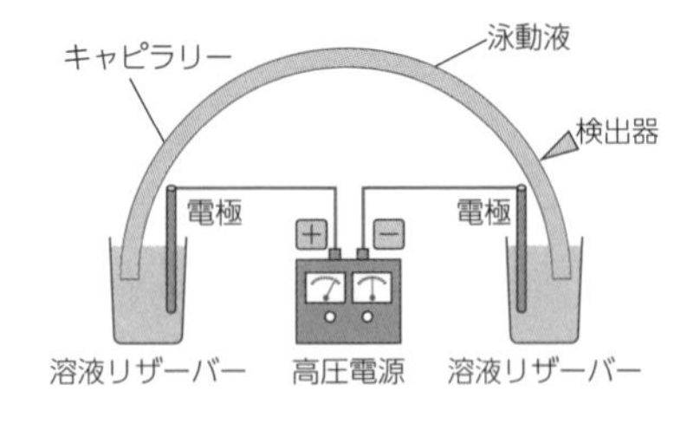

図 5.1　CE 装置の基本構成

●キャピラリー（細管）

一般に，外径 350 〜 400 μm 程度，内径 50 〜 100 μm 程度のフューズドシリカキャピラリー（溶融石英製細管）が用いられている．ただし，フューズドシリカキャピラリーは非常に脆く折れやすいため，外表面がポリイミド被覆された状態で市販されている．ポリイミド被覆されたキャピラリーは歪曲にも強く，取り扱いも容易である．

●泳動液

電気泳動は，電場を駆動力とした，溶液中における物質輸送に関する物理現象である．したがって，実際に分子が泳動する場となる溶液は，CE において最も重要な構成要素となる．一般的には，この溶液を「泳動液」と呼ぶ．

CE 分析の際，水溶液に電圧を印加すると，水の電気分解が生じる．電気分解による泳動液の pH 変化は，泳動液中を電気泳動している試料分子の状態も変化させるため，CE 分析の結果や再現性に大きな影響を与えてしまう．それを防ぐために，CE 分析のための泳動液として，一般的には各種 pH 緩衝液が選択される．

●溶液リザーバー

内径 100 µm 以下のキャピラリーに対する溶液の直接導入や電圧の直接印加は，技術的に非常に困難である．そのため，溶液が満たされたリザーバー（バイアル）にキャピラリー両端を浸漬し，両リザーバーを介して溶液導入操作や電圧印加を行う．

●高圧電源および電極

CE 分析では，数百 V cm^{-1} 程度の電場をキャピラリー内に形成させ，電気泳動に基づく分離を行う．一般的には，長さ数十 cm 程度のキャピラリーを用いることが多く，上記の電場強度を得るためには 10 〜 20 kV 程度の高電圧印加が可能な直流高圧電源が必要となる．CE 分析の際，キャピラリー両端が浸漬された各リザーバーに対して電極を挿入し，リザーバー内の溶液を介してキャピラリーに電圧を印加する．電極素材としては，化学変化や耐薬品性に優れる白金が利用される場合が多い．

●検出器

市販 CE 装置に搭載されている検出器としては，紫外・可視吸光検出器が主流である．オプションとして，レーザー励起蛍光検出器や質量分析装置との接続が可能な機種もある．また，非接触型電気伝導度検出器が併用される場合もある．自作 CE 装置の場合は，上記の他に電気化学検出器や化学発光検出器など，工夫次第でさまざまな検出器と接続できる．測定試料の特性にあわせた最適な検出器の選択は，CE 分析における感度の観点からも非常に重要である．

CE 装置で光学検出を行う場合，分離場となるキャピラリーをそのまま検出場としても用いる「オンキャピラリー検出」となる．これは分離場と検出場が別々の装置で構成されている「オフカラム検出」の LC と比べて，カラム外効果による分離能低下を受けない点で分離分析として有利である．しかし市販キャピラリーの多くは，前述の通りポリイミドで被覆されており，そのままでは光学検出を適用できない．そこで，検出部のポリイミド被覆を除去し，検出窓を形成する必要がある（形成手順については 5.3 節で述べる）．

5.3 キャピラリーゾーン電気泳動（CZE）

5.3.1 分離原理の概略

CE 分析では，さまざまな原理に基づく分離（分離モード）が選択できる．本節では，CE 分析において最も基本的な分離モードであるキャピラリーゾーン電気泳動（CZE）について，これまでに紹介してきた CE の構成要素を基本として，その概略を紹介する（図 5.2）．

CZE では，泳動液が充填されたキャピラリー内に試料溶液を短いゾーン（プラグ）として注入後，溶液リザーバーを介してキャピラリー両端に電圧を印加する．このとき，試料分子自体の「電気泳動」と，管内の溶液全体の流れである「電気浸透流（electroosmotic flow，EOF）」が，試料の分離・検出にそれぞれ重要な役割を果たす．また，分離された各試料ゾーンは，下流の検出窓で検出され，データ処理される．

CZE に基づく高効率な分離を実現するためには，電気泳動と EOF について正しく理解する必要がある．以下，電気泳動と EOF について，それぞれ紹介する．

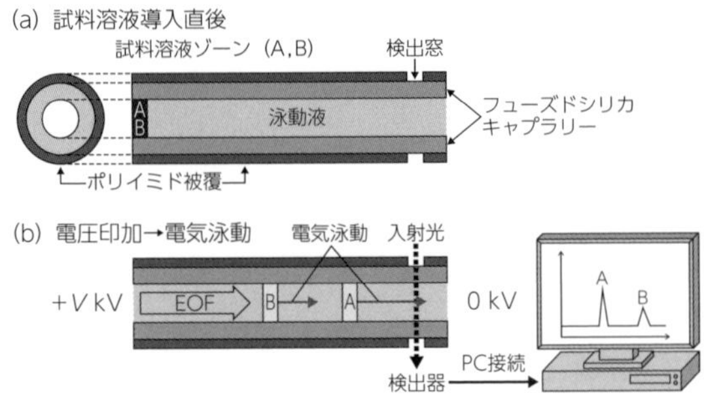

図 5.2　CZE の概略図

5.3.2　試料分子の電気泳動とその速度

泳動液が充填されたキャピラリー両端に電圧が印加されると，キャピラリー内に電場が形成される．このとき，キャピラリー内に存在するカチオン性分子は陰極側へ向かって，アニオン性分子は陽極側へ向かって，それぞれ電気泳動する(中性分子は電気泳動しない)．その際，各試料分子の電気泳動速度（v_{ep}）は以下の式で表される．

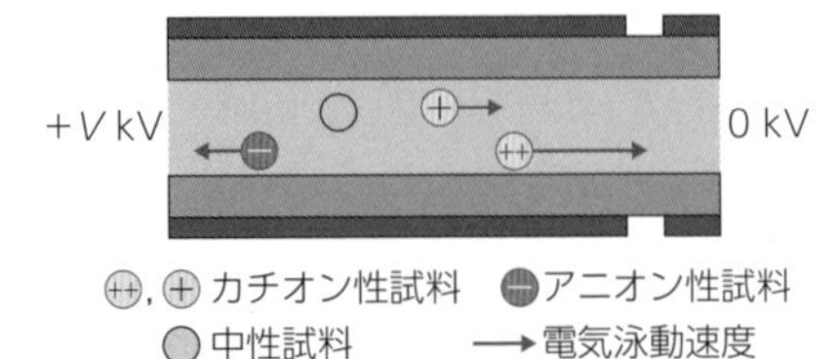

図 5.3　電気泳動の概略図

$$v_{ep} = \mu_{ep} \times E \tag{5.1}$$

ただし，陽極から陰極に向かう向きを正として定義する．ここで，E はキャピラリー内に形成された電場強度(単位 $\mathrm{V\ cm^{-1}}$ または $\mathrm{V\ m^{-1}}$)であり，印加電圧 V とキャピラリー全長 L_{total} を用いて，$E = V / L_{total}$ と表される．また，μ_{ep} は試料分子の電気泳動移動度(単位 $\mathrm{cm^2\ V^{-1}\ s^{-1}}$ または $\mathrm{m^2\ V^{-1}\ s^{-1}}$) である．一見するとわかりにくい単位系であるが，単位電場強度あたりの電気泳動速度($\mathrm{cm\ s^{-1} / V\ cm^{-1}}$) と考えればわかりやすい．

電気泳動移動度について，一般的には以下の式で表される．

$$\mu_{ep} = \frac{q}{6\pi \eta r} \tag{5.2}$$

ここで，q は試料分子の電荷，η は溶液の粘性率，r は分子半径である．したがって，大きな電荷をもつ分子や，分子量が小さい分子は電気泳動移動度が大きく，泳動速度が速くなることがわかる．

このように，電気泳動移動度は試料分子固有のパラメータである．そのため，キャピラリー内で同じ電場に置かれたとしても，試料分子によって異なる電気泳動速度を示すことになる．たとえば，カチオン性試料の電荷として正の値を，アニオン性試料の電荷として負の値をそれぞれ代入すると，電気泳動移動度の値はそれぞれ正および負となる．これを式(5.1)に代入すると，電場中でカチオン性試料は陰極側へ向かって(正の向き)，アニオン性試料は陽極側へ向かって（負の向き)，それぞれ電気泳動する点と合致する．また，中性分子は電荷ゼロ＝電気泳動移動度ゼロとなるため電気泳動しない点とも合致する．

以上のように，キャピラリー内に電場が形成されると，混合試料溶液ゾーン中の各イオン性分子はそれぞれの電気泳動移動度に従って電気泳動し，各試料ゾーンに分離される．これが，CZEの基本的な原理である．

5.3.3 EOFとその速度

CE分析において，試料の電気泳動と並んで重要なものが，キャピラリー内の溶液全体の流れであるEOFである．以下，EOFについて解説する．

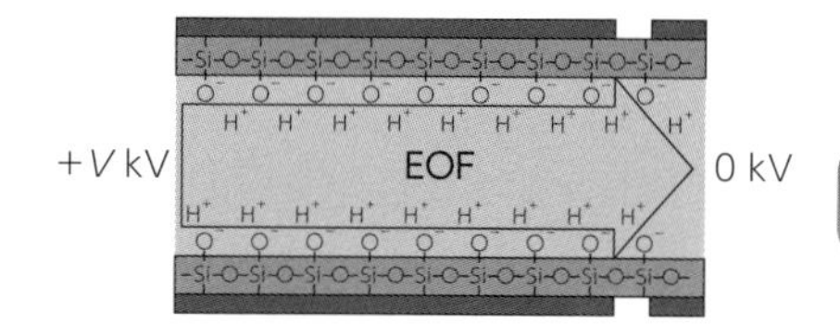

図5.4 EOFの概略図

フューズドシリカキャピラリー内表面には，多くのシラノール基（–SiOH）がある．キャピラリー内がシラノール基の酸解離定数（pK_a 5〜6程度）よりも高いpHの泳動液で満たされた場合，その解離によって内表面に負電荷（–SiO$^-$）が固定される．一方，内表面近傍の溶媒中に過剰の正電荷（H$^+$）が放出され，電気二重層を形成する．この状態でキャピラリーに電圧が印加されると，電気二重層近傍に存在する過剰の正電荷が，溶媒を引き連れるようにして電気泳動する．その結果，溶液全体の流れとしてEOFが生じる．

EOF速度(v_{eo})は以下の式で表される．

$$v_{eo} = \mu_{eo} \times E \tag{5.3}$$

ただし，μ_{eo}を電気浸透移動度(単位 cm^2 V^{-1} s^{-1} または m^2 V^{-1} s^{-1})とし，電気泳動と同様に陽極から陰極に向かう向きを正として定義する．また，μ_{eo}は以下の式で定義される．

$$\mu_{eo} = -\frac{\varepsilon\zeta}{\eta} \times E \tag{5.4}$$

ここで，εは溶媒の誘電率，ζはキャピラリー内表面のゼータ電位，ηは溶媒の粘性率である．このように，EOFは内表面のゼータ電位に依存して増減し，内表面が負に帯電しているときは陽極側から陰極側に向かって(正の向きに)流れる．

EOFの特徴として，LCにおける圧力流のような層流（パラボラ型）の流速分布をとらず，栓流(プラグ型)のほぼ均一な流速分布をもつ点があげられる．その特徴から，試料ゾーンの歪みによるピーク広がりがLCと比較して生じにくく，鋭いピークが得られやすい．このことは，CEの高い分離性能の一要因となっている．

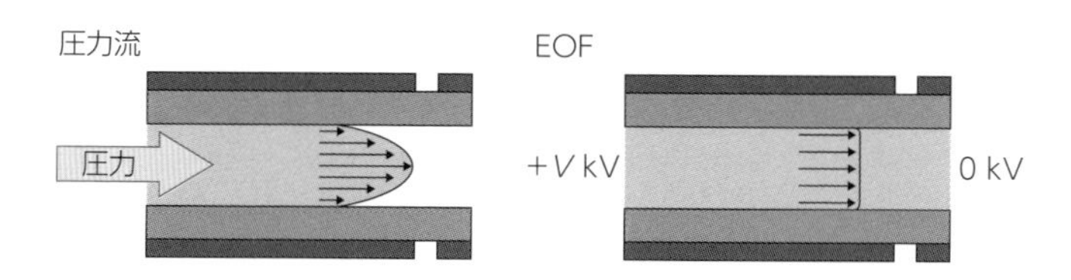

図5.5 圧力流(層流)とEOF(栓流)の流速分布の違い

5.3.4 EOF 速度と電気泳動速度の測定

CE で一般的に用いられているフューズドシリカキャピラリーでは，中性〜塩基性泳動液を用いた際に，陽極側から陰極側に向かう速い EOF が生じる．この速い EOF を利用すれば，本来は陽極側へと泳動するはずのアニオン性試料も，陰極側に設置された検出器を用いて測定可能となる．結果として，LC で得られるクロマトグラムと類似したピーク形状を示すグラフ（エレクトロフェログラム）が得られる（図 5.6）．このとき，中性試料（EOF マーカー）の CZE で得られた検出時間（t_0）から，下記の計算によって μ_{eo} を算出できる．

$$v_{eo} = L_{eff} / t_0 \tag{5.5}$$
$$v_{eo} = \mu_{eo} \times E = \mu_{eo} \times (V / L_{total})$$

よって，
$$\mu_{eo} = \frac{L_{eff}}{t_0} \cdot \frac{L_{total}}{V} \tag{5.6}$$

ここで，L_{eff} はキャピラリーの試料導入部側末端から検出部までの有効分離長を示す．このように，比較的簡単な実験および計算から，ある電気泳動条件における EOF を測定・評価できる．

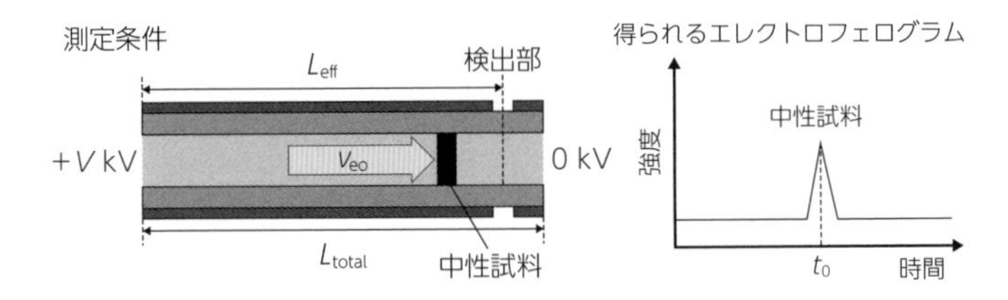

図 5.6　電気浸透移動度測定の概略

また CZE 分析では，EOF によってキャピラリー内の溶液全体が正向きに流れている中で，試料分子が電気泳動する．したがって，外部から観察した場合，試料のみかけの速度 v_{app} は EOF 速度と電気泳動速度の和となる．

$$v_{app} = v_{eo} += v_{ep} = (\mu_{eo} + \mu_{ep}) \times E \tag{5.7}$$

測定の際，試料溶液に EOF マーカーを添加しておけば，式（5.6）とあわせて，イオン性試料の検出時間 t（または t'）から電気泳動移動度を算出できる（図 5.7）．

$$v_{app} = L_{eff} / t \tag{5.8}$$

よって
$$\mu_{ep} = \frac{L_{eff}}{t} \cdot \frac{L_{total}}{V} - \frac{L_{eff}}{t_0} \cdot \frac{L_{total}}{V} = \frac{L_{eff} \cdot L_{total}}{V}\left(\frac{1}{t} - \frac{1}{t_0}\right) \tag{5.9}$$

式 (5.9) より，カチオン性試料では $t < t_0$ となるため電気泳動移動度は正に，またアニオン性試料では $t' < t_0$ となるため電気泳動移動度は負になる．

以上のように，電気泳動移動度の差に基づいた分離を行い，EOF による送液によっ

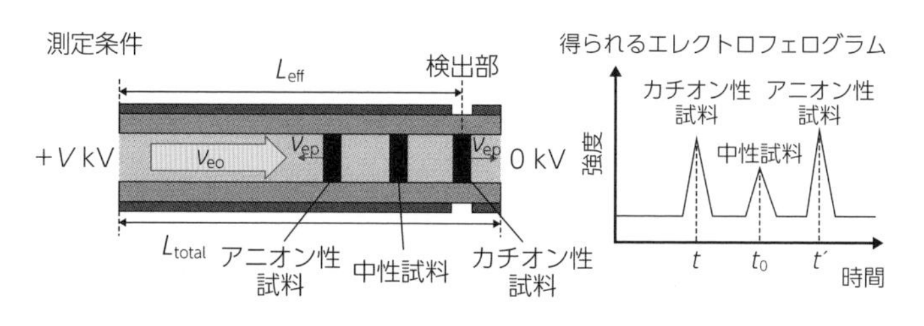

図 5.7 電気泳動移動度測定の概略

5

て検出するのが CZE の基本となる．

5.3.5 測定対象

CE の最も基本的な分離モードの一つである CZE は，試料の電気泳動移動度の差に基づく分離分析法であり，その測定対象はイオン性試料に限られる．一方，中性試料や光学異性体など，電気泳動移動度がゼロの試料や移動度差が無い試料も多く存在するが，これらの試料については，そもそも CZE に基づく分離はできない．しかしながら，そのような「電気泳動分析の限界」を超えるため，ミセル動電クロマトグラフィーやキャピラリー電気クロマトグラフィー，アフィニティ CE など，ゾーン電気泳動とは分離原理を異にする応用技術(分離モード)が開発されてきた．本章では他の分離モードの説明は省略するが，章末に挙げた参考書[1, 2] に詳しく説明されているので，興味のある方はそれらをご覧いただきたい．

5.4 CE 測定の手順

これまで紹介した基本的な構成および原理を基に，本章では CE 装置を用いた測定の準備および手順について，具体例を交えながら紹介する．

5.4.1 溶液調製

(1)泳動液調製

泳動液の組成や pH は，試料の帯電状態やキャピラリー内表面のシラノール基解離状態に大きな影響を与える．いい換えると，泳動液の組成・pH 調整によって，試料分子の電気泳動速度やキャピラリー内を流れる EOF 速度がコントロールできる．したがって，ある試料溶液の CZE に基づく分離分析を行う場合，求める分離性能を得るためには泳動液の組成や pH を調整すればよい．以下，溶液調製のポイントを解説する．

●泳動液組成(種類と塩濃度)

CE 分析の際，キャピラリー両端が浸漬された溶液リザーバーを介して，キャピラリーに高電圧を印加する．先述した通り，両リザーバー内での電気分解による pH 変化を防ぐため，泳動液には各種緩衝液を用いるのが一般的である．代表的な緩衝液として，リン酸塩，ホウ酸塩等を用いた無機塩緩衝液，Tris 塩基や HEPES などを用いた有機塩緩衝液があげられる．緩衝液の種類や作製法については参考書[3]に詳しい．以下，CE における各緩衝液の特徴について簡単に紹介する．

無機塩緩衝液の特徴として，測定波長(特に紫外域)における吸光度が小さいものが多く，測定試料の検出を妨害しにくい点があげられる．その反面，電気伝導度が大きく電流が流れやすいため，ジュール熱の発生による試料バンド広がりが生じ，分離性能が低下する場合がある点に留意する必要がある．一般には，塩濃度 10 ～ 50 mM の緩衝液を用い，100 μA 以下の電流値となるように印加電圧を設定して CE 分析を行う場合が多い．

有機塩緩衝液の特徴としては，電気伝導度が小さいものが多いため，ジュール熱の発生を抑えられる点があげられる．また，HEPES，MES などの good buffer と呼ばれる有機塩類は，pK_a が異なるさまざまな種類の試薬が市販されており，設定したい緩衝 pH にあわせて多様な緩衝液を調製することが可能である．反面，測定波長 (紫外域) に吸収をもつものも多く，測定試料によっては検出の妨害となる可能性があるため，その種類を慎重に選択する必要がある．

●泳動液 pH

泳動液 pH は，試料の電気泳動速度と EOF 速度の両方に大きく影響する．まず，試料の電気泳動速度について，有機酸のように酸解離定数 (pK_a) をもつ試料の場合，pK_a より低 pH 側ではプロトンが付加された中性状態であるのに対して，高 pH 側ではプロトンが脱離して負に帯電する．また，アミノ酸やペプチド，タンパク質のように等電点 (pI) をもつ試料は，pI の前後で正，中性，負と帯電状態が変化する．したがって，ある pH で分離できなかった試料が，泳動液の pH 変更によって分離できる場合がある．

【例】ある有機化合物 A (pK_a 6.1) と B (pK_a6.5) の CZE 分析を行った際，pH 7.0 の緩衝液を泳動液に用いた場合には，電気泳動移動度の値が同程度となり分離できなかった．そこで，pH 6.3 の緩衝液に変更したところ，B の解離が抑制されて電気泳動移動度が大きく低下し，A と B の分離が達成された．

また，キャピラリー内表面に存在するシラノール基の pK_a 値は 5 ～ 6 程度であるため，pH 4 以下の酸性条件では，シラノール基はほとんど解離せず，EOF が中性～塩基性条件(～ 10^{-4} cm^2 V^{-1} s^{-1} オーダー)と比較して 1/5 ～ 1/10 程度(～ 10^{-5} cm^2 V^{-1} s^{-1} オーダー)まで抑制される．カチオン性試料の CE 分析の際，EOF 速度が速すぎて分離前に検出されてしまうような場合には，EOF 抑制条件で分離が改善される場合がある．

●有機溶媒の添加

水溶性が低い (疎水性が高い) 試料の CZE 分析の際，分析中に析出した試料分子が内表面に付着し，EOF の不安定化やキャピラリー閉塞による再現性の低下を招く場合がある．このような問題が生じた場合，メタノールやアセトニトリルなどの有機溶媒を泳動液に添加することで，試料の溶解性が向上し，分離性能や再現性が改善されることがある．ただし，有機溶媒の添加は電気浸透移動度や試料の電気泳動移動度にも影響を与えることに留意しなければならない．

このように，キャピラリー内に充填される溶液の最適化のみで分離性能を調整可能な点は，CE の大きな利点である．また，キャピラリー内空間の体積は数百 nL ～数 μL 程度であり，使用する試薬量や使用後の廃液量が非常に少なく（数 mL/day），低コストである点も，実分析において有用である．

(2) 試料溶液調製

● EOF マーカーおよび内標準物質の添加

原理でも説明した通り，外部から観察できる見かけの速度は，EOF 速度と試料の電気泳動速度の和となる．キャピラリー内表面との相互作用がない中性分子を EOF マーカーとして試料溶液に添加すれば，分析結果から EOF 速度および試料の電気泳動速度をそれぞれ算出できる．EOF マーカーとしては，チオ尿素やメタノールなどがよく用いられている．

LC における圧力流とは異なり，EOF 速度はキャピラリー内表面状態に左右されるため，測定結果として得られるピークに対して，検出時間で数 % の誤差を生じることがある．一方，試料の電気泳動速度は溶液に依存するため，一定条件での測定であればその誤差は非常に小さい．したがって，EOF マーカーとは別にイオン性分子を内標準物質として予め添加し，EOF マーカーと内標準物質の検出時間を用いて測定試料のピーク検出時間を補正すれば，測定誤差を最小限に抑えることができる．

固体試料から試料溶液を調製する場合には，泳動液を用いて溶解させるのが一般的である．仮に試料溶液と泳動液との組成や電気伝導度が大きく異なる場合，キャピラリー内の試料溶液ゾーンと泳動液ゾーン間で不均一な電場が形成される．このとき，試料ゾーンの歪みや試料拡散が生じ，分離に悪影響を与える場合がある（不均一電場を利用した電気泳動技術も存在する[1, 2]）．分離性能の低下を防ぐためにも，泳動液と試料溶液の組成や電気伝導度は可能な限り同じにするとよい．

溶液試料の CE 分析の際，測定対象が検出に十分な濃度であれば，泳動液で 10 倍程度希釈してから分析すれば，上記の溶液のミスマッチによる分離性能低下を最小限に抑えることができる．また，血液などの固形成分を含むような試料の場合，予めフィルタリングなどの前処理を行い，キャピラリー閉塞の原因となり得る固形成分の導入を防ぐとよい．

また，有機溶媒があらかじめ添加された泳動液を用いて疎水性試料を溶解させる場合，うまく溶解できないことがしばしばある．このようなときには，最終濃度を計算したうえで，有機溶媒に溶解させた疎水性試料を泳動液に添加して試料溶液を調製するとよい．

必要な試料溶液量について，溶液リザーバーを介してキャピラリー内に溶液を導入する CE 装置の仕様上，微量分析用バイアルを利用しても 50 ～ 100 μL 程度は必要である．ただし，1 回の CE 分析においてキャピラリー内に導入される試料量は数十 nL 程度と極微量であるため，測定毎に試料溶液を調製する必要はほとんどない．

5.4.2　キャピラリー

(1) キャピラリーの選択

多くの CE 分析においては，市販されている内表面未処理フューズドシリカキャピラリーを用いれば問題ない．しかし，一部の試料においては，分析の際に問題が生じることがある．たとえばタンパク質分析の際，未処理フューズドシリカキャピラリーを用いると，内表面へのタンパク質の非特異的吸着が生じ，分離性能および再現性が低下する場合がある．このような試料を分析する際には，親水性・中性ポリマーで内表面修飾されたキャピラリーを用いれば，非特異的吸着の抑制によって分析結果が改善される場合がある．修飾キャピラリーは未処理キャピラリーと比較して高価なので，測定試料に合わせて使い分けるとよい．

(2)キャピラリーの長さ調整

CE 分析に用いるためには，実験条件や測定装置に合わせてキャピラリーの長さおよび検出窓の位置を設定する必要がある．長いキャピラリーを切断して長さを調整する際には，専用のキャピラリーカッターを用いることが望ましい．専用カッターが無ければ，汎用ガラスカッターや鋭利なセラミクス端面を利用してキャピラリーを軽く傷つけ，そこから折るようにして切断してもよい．切断面が大きく歪むと分離に悪影響を及ぼす場合があるので，できるだけきれいに切断することが大事である．また，メーカーから市販されている CE 分析用キャピラリーキットには，長さ調整が不要で，そのまま CE 分析に利用できるものもある．

(3)検出窓の作製(光学検出時)

キャピラリー長さが決まったら，次に検出窓を開ける．前述の通り，市販のフューズドシリカキャピラリーはポリイミド被覆された状態で市販されており，そのままではオンキャピラリーでの光学検出に用いることができない．そのため，一部の被覆を剥離させ，検出窓を開ける必要がある．カッターナイフなどの刃物で物理的に剥離させる方法や，バーナー・ライターなどを用いて燃焼・剥離させる方法，熱濃硫酸を用いて化学的に剥離させる方法などがあるが，それぞれ一長一短あり，必要最小限の検出窓を開けるためには多少の習熟が必要である．一方，多少高価ではあるが，検出窓があらかじめ開けられたキャピラリーも市販されている．いずれの場合も，被覆が剥がされた部位は非常に脆いので，検出窓作製後のキャピラリーの取扱いには注意が必要である．また，オフキャピラリーでの検出となる質量分析装置を利用する場合や，オンキャピラリーでも被覆をはがさずに測定可能な非接触型電気伝導度検出器を利用する場合は，検出窓作製は不要である．

【例】検出器にあわせて，切り出したキャピラリー（全長 40 cm）の片方の末端側から 10 cm の位置を検出部位(有効分離長 30 cm)として，マーカーで 1 ～ 2 mm の印をつけた（検出器にあわせて調整）．検出部位の前後をアルミ箔で保護し，バーナー（またはライター）の炎先端部で，キャピラリーが赤熱するまで加熱した．放冷後，アルミ箔を外してから，炭化したポリイミド被覆をアルコール洗浄によって除去すると，透明なフューズドシリカキャピラリー本体が露出した．

キャピラリー内空間は，その内径(＝光路長)が 50 ～ 100 μm と非常に短い．したがって，検出窓を通して内空間に正確に入射光を照射し，透過光を検出するためには，精密な光軸調整が必要となる．そこで，ほとんどの市販装置には，検出窓の位置を固定するためのカートリッジが付属している．これらの装置では，分離用キャピラリーをカートリッジにセットした後，カートリッジを本体の光学検出ユニットに挿入するだけで，難しい光軸調整が省略可能となる．また，短い光路長に起因する低い濃度感度がしばしば問題となることがある．本章では紹介しないが，CE では「オンライン試料濃縮」による濃度感度の改善が可能である．これら応用技法の原理・手法については，参考文献[1, 2]に詳しい．

5.4.3　キャピラリーの洗浄・コンディショニング

(1) キャピラリーの洗浄

購入直後のキャピラリー内表面状態は未知であり，そのまま CE 分析に利用すると，不安定な EOF や内表面汚れによる系の乱れが生じ，CE 分析の再現性に大きく影響する場合がある．したがって，キャピラリーの洗浄およびコンディショニングは，CE 分析の前準備として非常に重要である．洗浄手順・方法も試料や実験条件によって調整する必要があるが，ここでは一般的に行われている洗浄操作を紹介する．

・有機溶媒(メタノール，アセトンなど)を用いた有機物汚れ洗浄
　疎水性相互作用によって非特異的吸着している分子を取り除く．
・酸性溶液(0.1 M 塩酸水溶液など)を用いた洗浄
　酸性条件で溶解しやすい分子を取り除く．また，キャピラリー内表面に存在するシラノール基の解離を抑制することで，静電相互作用によって吸着していた分子を取り除く．
・塩基性溶液(0.1 M 水酸化ナトリウム水溶液など)を用いた洗浄・内表面活性化
　塩基性条件で溶解しやすい分子を取り除く．また，シラノール基の解離を促進し，その後の CE 分析条件における EOF の安定化を図る．

上記洗浄操作は，脱着後の分子の再吸着を防ぐため，そして常に洗浄溶液を新鮮に保つため，通液状態で行うことが望ましい．ただし，通液時間や条件は，実際の測定にあわせて調整する必要がある．また，キャピラリー内における洗浄溶液の混合を避けるため，各操作の間に脱イオン水洗浄を行うことが望ましい．

通液・洗浄を手操作で行う場合，市販のシリンジおよびシリンジポンプを用いるとよい．その際，キャピラリーとシリンジを接続する手段として，ポリテトラフルオロエチレン(PTFE)チューブ(内径 300 ～ 350 μm)などを用いると便利である．CE 装置を用いて洗浄する場合，送液プログラムを利用した自動洗浄が可能である．CE 装置を用いた洗浄操作の一例を示す．

【例】検出窓作製後のキャピラリーをカートリッジに固定後，CE 装置に設置して下記の洗浄操作を行った．
(1)　メタノール通液（50 mbar，10 min）後，脱イオン水洗浄（> 900 mbar，1 min）
(2)　0.1 M 塩酸水溶液通液(50 mbar，10 min)後，脱イオン水洗浄(同上)
(3)　0.1 M 水酸化ナトリウム水溶液通液(50 mbar, 10 min)後, 脱イオン水洗浄(同上)

なお，上記はあくまでも一例である．たとえば酸性条件で CZE 分析を行う場合，上記手順の (2)，(3) 番目を入れ替えるなど，実際の実験条件にあわせて適宜変更するとよい．また，市販の修飾キャピラリーを用いる場合は，内表面修飾が剥がれてしまうのを防ぐため，仕様書に書かれている手順に従うとよい．

(2)キャピラリーのコンディショニング

これらの洗浄操作の後，実際に測定に用いる泳動液でキャピラリーのコンディショニングを行う．泳動液の通液状態を 15 〜 30 分間程度保ち，キャピラリー内表面を分析条件にあらかじめ順応させることで，その後の CE 分析の再現性が向上する．

5.4.4 実験条件設定

本項では，一般的な構成の CE 装置(検出：紫外可視吸光)を用いた分析を行う際の実験手順や注意点について，簡単に紹介する．

(1)測定準備

洗浄済みのキャピラリーを装置に設置した後，毎回の測定条件を揃えるため，測定ごとに泳動液を用いて洗浄・コンディショニングする．検出時間が安定しない，徐々に遅くなるなどの問題が生じた場合は，塩基性溶液洗浄や有機溶媒洗浄などの操作を簡略化して，毎測定前に行うとよい．

【例】キャピラリー洗浄およびコンディショニング
(1)泳動液コンディショニング(50 mbar，5 min)

【例】キャピラリー洗浄およびコンディショニング(洗浄あり)
(1)メタノール通液(50 mbar，5 min)後，脱イオン水洗浄(> 900 mbar，1 min)
(2)0.1 M 塩酸水溶液通液(50 mbar，5 min)後，脱イオン水洗浄(同上)
(3)0.1 M 水酸化ナトリウム水溶液通液(50 mbar，5 min)後，脱イオン水洗浄(同上)
(4)泳動液コンディショニング(50 mbar，5 min)

(2)試料溶液導入

試料溶液をキャピラリー内に導入する手法は，大きく分けて 3 種類ある．

①圧力注入法

試料溶液リザーバーに一定圧力を一定時間加え，試料溶液を短いプラグとしてキャピラリーに導入する．市販 CE 装置のほとんどに圧力ポンプが装備されており，簡単なプログラムで正確な体積の試料を導入できる．

②電気的注入法

キャピラリーの試料導入部側末端を試料溶液リザーバーに，検出部側末端を廃液（泳動液）リザーバーに，それぞれ浸漬して電圧を一定時間印加し，EOF または試料の電気泳動によってキャピラリー内に導入する．圧力注入の場合とは異なり，試料溶液組成が電気泳動によって変化することに留意する必要がある．

③落差法

圧力ポンプが利用できない自作 CE 装置や一部の市販 CE 装置では，落差法が用いられている．キャピラリーの試料導入部側末端を試料溶液リザーバーに，検出部側末端を廃液（泳動液）リザーバーにそれぞれ浸漬した後，試料導入部側のリザーバーを一定高さ・一定時間もち上げた際に，両リザーバー間の液面高さの差によって発生する圧力を利用して試料溶液を注入する．

【例】圧力注入（50 mbar，5 s），電気的注入（5 kV，5 s），落差法（10 cm，30 s）など

(3) 分離時の印加電圧

電気泳動分離の駆動力となる電場をキャピラリー内に形成するため，キャピラリー両端に泳動液バイアルを介して電圧を印加する．一般的な CE 装置ではプラスマイナス 20 ～ 30 kV までの高電圧が印加できる．ただし，電流値が 100 μA を超えるような場合，発生するジュール熱によるピークのブロード化が生じることがあるため，その場合には泳動液の塩濃度を下げる，有機塩系緩衝液を用いるなどの工夫が必要となる．

(4) 測定時間

CE における測定時間（泳動時間）は，電圧印加開始を 0 として計測するのが一般的である．プログラムによる全自動測定の際には，設定した測定時間終了後に次の測定準備に入るため，測定対象が検出されるのに十分かつ無駄のない測定時間を設定する必要がある．予備実験を行い，測定対象の泳動時間をあらかじめ確認しておけば，自動連続測定の際に効率的な CE 分析プログラムを設定できる．

(5) 検出条件

紫外可視吸光検出の場合，測定対象の吸収スペクトルにあわせて，測定波長を選択・設定する必要がある．また，フォトダイオードアレイ型検出器が装備されている装置であれば，吸収スペクトルの経時変化も測定できる．したがって，あらかじめ測定対象の吸収スペクトルを測定していれば，分離されたピークのスペクトル形状から物質同定がある程度可能となる．

5.4.5 実験結果と解析法

先述の通り，CZE によって得られるエレクトロフェログラムは，LC における分析結果であるクロマトグラムと似たものとなる．したがって，一般には LC と同様の解析法によって，分離性能に関する泳動時間，分離度・段数などのパラメータ，そして定量分析に関するピーク強度・ピーク面積などのパラメータが算出される．以下，図 5.8 を参考に，各パラメータの解析法について簡単に紹介する．

●段数 N と段高 H

段数と段高は，もともとクロマトグラフィーにおける段理論に基づく分離性能を示すパラメータであるが，CE においても同様に適用できる．このとき，それぞれのパラメータは下記の式で示される．

$$N = 16\left(\frac{t}{W}\right)^2 \tag{5.10}$$

ここで，t は泳動時間，W はベースラインにおけるピーク幅である．また，CE 分析の結果から得られるピークは非常に狭く，W の算出が難しい場合もある．このような場合，ピーク半値全幅（$W_{1/2,\mathrm{A}}$，$W_{1/2,\mathrm{B}}$）を用いて計算するとよい．

$$N = 5.54\left(\frac{t}{W_{1/2}}\right)^2 \tag{5.11}$$

一般には，「段数が大きい＝ピーク幅が相対的に狭い」ことを示すので，その分離系における分離性能は高いことになる．CE は，その段数が数万～数十万段と非常に高い分離性能を示す分離分析法である．

また，段高は以下の式で計算される．

$$H = L_{\mathrm{eff}} / N \tag{5.12}$$

段数とは逆に，段高は，小さいほどその系における分離性能が高いことを示す．

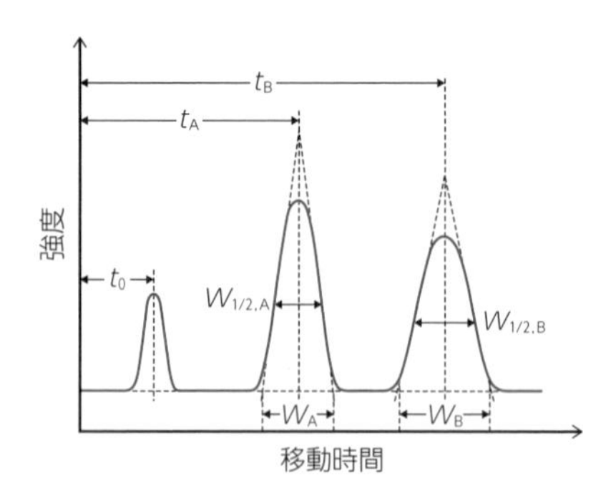

図 5.8 混合試料の CE 分離模式図
t_0：EOF マーカの泳動時間
t：測定試料の泳動時間
W：ベースラインでのピーク幅
$W_{1/2}$：ピーク半値での全幅

●分離度 R_S

分離度とは，検出された二つのピークがどれくらい分離されているのかを表す尺度である．一般的な LC と同様に，分離度は下記の式で算出される．

$$R_\mathrm{S} = \frac{2(t_\mathrm{B} - t_\mathrm{A})}{W_\mathrm{A} + W_\mathrm{B}} \tag{5.13}$$

また，段数と同様に，$W_{1/2}$ を用いて下記のようにも算出できる．

$$R_S = \frac{1.18(t_B - t_A)}{W_{1/2,\ A} + W_{1/2,\ B}} \tag{5.14}$$

分離度の値について，$R_S = 1.0$ では二つのピークの重なりは約 4%，$R_S \approx 1.5$ では 0.3% となる．一般的には，$R_S > 1.5$ が完全分離の目安として用いられる．

これらのパラメータを基として実験条件の最適化を行えば，複雑な混合試料に対しても，短時間・高分離能な分離分析が実現可能である．ただし，すべての試料が一定の流速で検出装置を通過する LC とは異なり，検出時間が異なる(＝泳動速度が異なる)ピークの幅や面積を CZE では直接比較できない点に気をつける必要がある．

5.5 おわりに

本章では，近年大きく発展してきた CE について，イオン性試料の CZE に絞って解説してきた．一方，本章では詳しく触れなかった「動電クロマトグラフィー」，「アフィニティ CE」，「電気クロマトグラフィー」など，他の分離モードを適用すれば，中性試料や複雑な生体由来分子，光学異性体などの分離も可能となる．また，近年では，平板内に作製された微小流路を用いて電気泳動分析を行うマイクロチップ電気泳動[4]についても多くの装置が市販されており，従来の分離分析法では非常に困難な数 μL オーダーでの迅速分離分析も可能となっている．今後 CE は，極微量の生体試料に対する分離分析法として，重要な役割を担うことが期待される．

【参考文献】

1) 本田進，寺部茂編，『キャピラリー電気泳動 基礎と実際』，講談社サイエンティフィク(1995)．
2) 北川文彦，大塚浩二著，『分析化学実技シリーズ 機器分析編・11 電気泳動分析』，共立出版(2010)．
3) D. D. Perrin，B. Dempsey 著，辻啓一訳，「緩衝液の選択と応用 水素イオン・金属イオン」，講談社サイエンティフィク(1981)．
4) 北森武彦，馬場嘉信，藤田博之，庄子習一編，『マイクロ化学チップの技術と応用』，丸善出版(2004)．

6 ゲル電気泳動

石田由加・藤生弘子・久保田英博（アトー株式会社）

6.1 はじめに

アガロースやポリアクリルアミドなどの高分子ポリマーを用いて水溶性高分子を分離する手法はゲル電気泳動と呼ばれ，特定のタンパク質の分離および濃度や分子量の推定，DNA 断片の分離，PCR 産物のチェックなどに利用されている．ゲル電気泳動では，泳動槽と電源装置があれば，数 μL の試料を分析でき，その中に含まれている成分が pg ～ ng の微量でも検出できる．

タンパク質の検出には，求める検出感度によって色素染色法と銀染色法が選択できる．核酸（DNA，RNA）は，変異原性があって取扱いには注意が必要だが，エチジウムブロマイド（EtBr）のような蛍光性の試薬を用いて容易に検出できる．ただし蛍光検出には，紫外線や青色 LED のような蛍光物質に適した励起光源と暗箱（遮光できる箱）または暗室，それにカメラが必要である（図 6.1）．

また，電気泳動後のゲル中の分離成分を PVDF 膜（Poly Vinylidene Di-Fluoride）やニトロセルロース膜などに写すブロッティングという手法がある．この手法によって，核酸の場合は膜上に写った特定の配列をその相補鎖を利用して検出でき，タンパク質の場合はある特定タンパク質の発現を抗体を利用して特異的に検出できる．このように微量でも解析できるゲル電気泳動は，ブロッティングとの併用で，生体高分子の解析に欠かせない方法になっている．

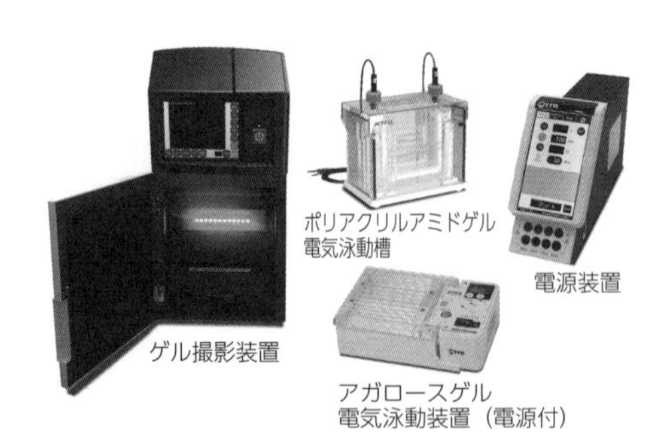

図 6.1　ゲル撮影装置（左）と一般的なゲル電気泳動装置（右）

ゲル撮影装置には白色光源と蛍光撮影用の励起光源および長時間露光ができるカメラが組み込まれている．

6.2 ゲル電気泳動の歴史と分離原理

6.2.1 ゲル電気泳動法の概要

溶液中の荷電物質が，直流の電場の下で，それらがもつ電荷に応じて，陽極または陰極に向かって移動する現象を電気泳動と呼ぶ．そのときの移動速度が電気泳動移動度（移動度）であり，特定の条件下では物質により固有の値をもつ．核酸（DNA，RNA）はリン酸基によって均質な電荷密度をもち，溶液中では大きさ（分子量）に関係なく，ほぼ同じ移動度を示すため電気泳動による分離はできない．しかしゲルを利用すれば小さなDNA断片は速く移動し，大きな断片ほどゲルの分子篩効果により移動しにくくなるため，分子量の違いにより分離できるようになる．DNA断片の分子量の対数と相対的な移動度との間には特定の範囲で直線関係が得られる．よって電気泳動をする場合は，分離したいDNAの分子量に適した濃度のアガロースゲルやポリアクリルアミドゲルを調製すればよい．DNAのゲル電気泳動は制限酵素の発見以降，急速に普及していったが，タンパク質のゲル電気泳動がそのベースになっている．

6.2.2 ゲル電気泳動法の歴史

タンパク質の電気泳動はスウェーデン・ウプサラ大学のTiseliusの1930年代の研究に遡る．1937年にTiseliusは，ゲルを用いない自由境界電気泳動法で血清中のアルブミンとα，β，γグロブリンの分離に成功している．また，寒天ゲル電気泳動を行っていたというTiseliusの1929年のノートは発見されているが，ゲル電気泳動がしばしば登場するようになるのは1960年代になってからである．

今日よく利用されるタンパク質の分離分析法には，タンパク質が持つ固有の電荷を利用して分離するものと，タンパク質の大きさで分離するものがある．前者の代表的な手法には分子篩効果の少ないゲルを用いる等電点電気泳動があり（詳しくは6.7節参照），後者にはゲルの分子篩効果を利用するSDS–ポリアクリルアミドゲル電気泳動（Sodium Dodecyl Sulfate–Poly Acrylamide Gel Electrophoresis，SDS–PAGE）がある（6.3節参照）．SDSはドデシル硫酸ナトリウムまたはラウリル硫酸ナトリウムと呼ばれる身近な陰イオン性の洗剤（界面活性剤）である．SDSの界面活性剤としての働きを利用すると，水に溶けにくい疎水性の膜タンパク質やリポタンパク質であっても，SDSが結合したコンプレックス（ミセル）を形成するため，容易に可溶化できる．

SDS–PAGEの実験では1970年のLaemmliの論文[1)]がよく引用されている．新しいディスク電気泳動法（ガラス管内に調製された円柱状のゲルを用いた電気泳動）に関する論文だが，分離結果を示した写真の横にわずか16行のプロトコルが記載されただけの簡単なものである．それまでディスク電気泳動といえば，OrnsteinとDavisの二つの論文[2, 3)]を指していた．これらはタンパク質のポリアクリルアミドゲル電気泳動法の原理と手法を解説したもので，SDSは使われていない．Ornsteinが試料ゲルと濃縮ゲル（2–アミノ–2–ヒドロキシメチル–1,3–プロパンジオール（以下トリスと略す）– 塩酸 / pH6.7）中でのタンパク質試料の濃縮と，分離ゲル（トリス–塩酸 /pH8.9）中でのタンパク質分離に関する理論を提唱し，Davisが実際に電気泳動装置を作製して，血清タンパク質が鮮明に分離できることを実証した．

6.2.3 ポリアクリルアシドゲル電気泳動の分離原理

OrnsteinとDavisにより報告されたゲル電気泳動によるタンパク質の分離に関する原理を図6.2に簡単に示した．タンパク質試料は試料ゲルとともにゲル化されて調製される．試料ゲルと濃縮ゲルには分子篩効果がなく，ゲルと電極緩衝液に含まれる陽イオンのトリスイオンは濃度が異なるが，分離には直接関係しない．電気泳動中，陽極に向かって移動するのはゲル中の塩素イオンと電極緩衝液中のグリシンである．グリシンは

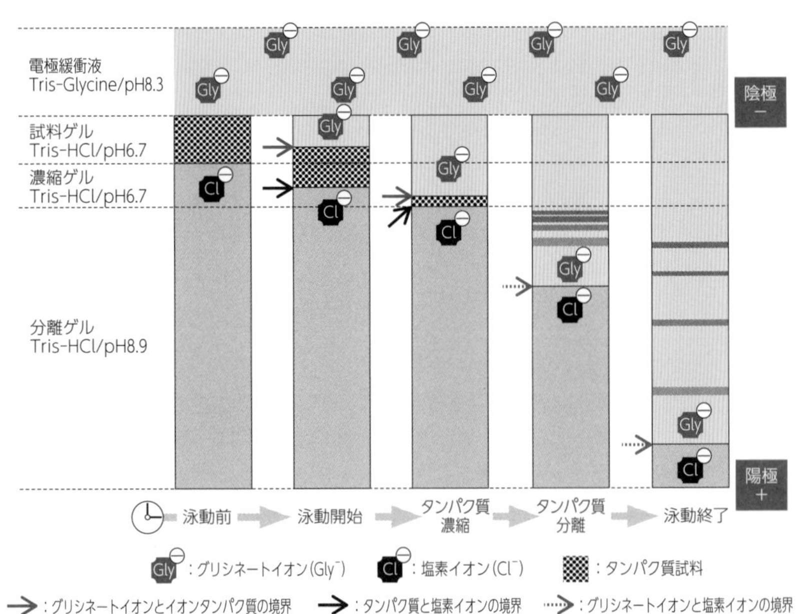

図 6.2　タンパク質の濃縮と分離の原理モデル図

試料は試料ゲル内にゲル化されている．通電が開始されるとタンパク質はいったん濃縮され，分離ゲルに入ると分子量の大きいものから小さいものへ分離される．

両性電解質 (酸解離定数 $pK_2 = 9.58$) のため，周囲がアルカリ性になると負に荷電してグリシネートイオンになり，陽極に移動するようになる．

電気泳動を開始すると，まずゲル中の塩素イオンが陽極に向かって移動する．ゲルの主成分であるトリスを中和していた塩素イオンが抜けるため，結果的にゲルの pH が上昇する．ゲルの pH が 8 以上になると血清タンパク質のほとんどが陽極に泳動され始める．ゲルの pH がさらに上昇して，グリシンの pK_2 前後になると，電極緩衝液中のグリシンが負に荷電してグリシネートイオンになり，タンパク質の後を追うように陽極への移動を開始する．

一方，塩素イオンが抜けた部分のゲルの抵抗値は高くなり，電圧が上昇し，タンパク質の移動速度は速くなるが，前方の塩素イオンより前には移動できない．その結果，試料ゲルと濃縮ゲル中のタンパク質は塩素イオンとグリシネートイオンの間で濃縮される．

塩素イオンとタンパク質の移動境界(泳動先端)は，タンパク質よりも移動度が速いブロモフェノールブルー (BPB) などの酸性色素により色素ラインとして目視できる．タンパク質が分離ゲルに到達すると，ここで初めてゲルの分子篩効果による分離が始まる．ゲルの分子構造は網目状になっており，高分子タンパク質ほどゲルの網目をすり抜けにくく，移動度が小さくなり，網目を自在にすり抜けられるグリシネートイオンに追い越される．このように分離ゲル中では，溶液中でのタンパク質の電荷(移動度)と大きさ(分子量)の二つの要素によって分離が始まる(いわゆる Native-PAGE)．

既述した Laemmli の SDS-PAGE は，この Ornstein と Davis の方法に SDS を添加した電気泳動法である．SDS-PAGE では，タンパク質は DS（ドデシル硫酸）イオ

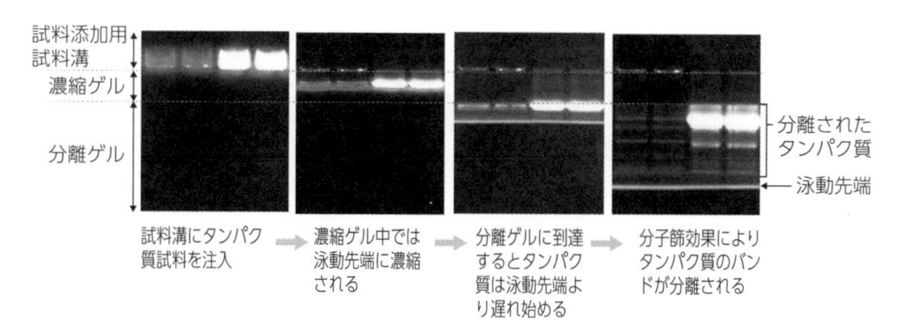

図 6.3　蛍光標識タンパク質の Laemmli 法による SDS-PAGE
試料　左 2 レーン：分子量マーカー，右 2 レーン：血清タンパク質．
蛍光標識剤：EzLabel FluoroNeo.

ンとグリシネートイオンの間に濃縮される．陰イオン性界面活性剤の SDS が 1.2 ～ 1.5：1 の比で結合したタンパク質は，マイナス電荷密度を等しくもつようになる．そのためタンパク質固有の電荷に関係なく，分離ゲルのもつ分子篩効果によって大きさ(分子量)順に分離される．図 6.3 に蛍光試薬であらかじめ標識した分子量マーカーと血清が SDS-PAGE で電気泳動される様子を示した．櫛状の凹の個所に添加された試料が，濃縮され，分離ゲルで分離されていく様子が確認できる．

1967 年に Shapiro らによりタンパク質の分子量と相対移動度の間に相関があることが示唆され[4]，次いで 1969 年には Weber と Osborn により 10,000 ～ 70,000 ダルトンの 37 種類のタンパク質は分子量の対数と相対移動度の間に直線関係があり，移動度から推定される分子量は実際の分子量とほとんど差がないことが示された[5]．したがって SDS-PAGE では，分子量既知のタンパク質（分子量マーカー）と一緒に電気泳動することにより，未知のタンパク質の分子量を簡単に推定できる．電気泳動により得られるタンパク質の分子量情報は，ウエスタンブロッティング(6.5 節参照)でのタンパク質の特定や発現タンパク質の設計などに欠かせない有用な情報である．

6.3　ポリアクリルアミドゲル電気泳動

ヒトの体は 60%が水分，約 20%がタンパク質，残りが脂肪やミネラル，炭水化物などでできている．特にタンパク質は生命体の構造を形作り，ホルモンや酵素，免疫などの代謝機能を司る重要な成分である．

SDS-PAGE は，前述の通り，タンパク質の大きさ(分子量)の違いを利用して電気で分離する手法の一つであり，その簡便さからよく用いられている．タンパク質は基本的にはアミノ酸が連なったポリペプチドと呼ばれる鎖状のポリマーである．しかし，実際にはアミノ酸がジスルフィド結合（S-S 結合）などによって結合し，交差して複雑な形状になり，リン酸化や糖鎖修飾を受けることや，タンパク質どうしが結合して複合体を形成することもあり，そのままでは解析が難しい(図 6.4)．

そこで，SDS-PAGE では，まずタンパク質の複雑な形状をほぐして鎖状にするための前処理(試料調製)を行う．陰イオン性界面活性剤(SDS)と還元剤(ジチオトレイトールなど）との熱処理によって，タンパク質コンプレックスはバラバラになり，鎖状のポリペプチドへと変性され，同時に負電荷の SDS が付加されて負に荷電される（図 6.4)．

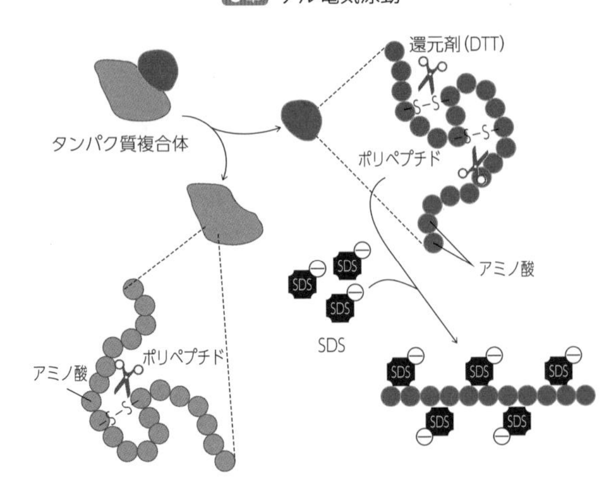

図 6.4 タンパク質の前処理(模式図)
SDS と還元剤処理によりタンパク質複合体が乖離してペプチド鎖になり，S–S 結合が切断されて SDS が付加する様子を示す．

負に荷電したタンパク質(ペプチド鎖)をポリアクリルアミドゲルに乗せて電気を流すと，タンパク質はゲル内部を陽極に向かって移動する．小さい分子ほどゲルの網目内を速く移動できるため，結果的にゲル上から下に向かってタンパク質は分子量の大きいものから小さいものへ順番に並んで分離される．一方，タンパク質を変性させないで，タンパク質固有の電荷と大きさを利用して電気泳動を行う方法（Native-PAGE と呼ばれている)もあり，分離原理は前節に記した Ornstein と Davis の電気泳動と同様である．

ポリアクリルアミドゲルはアクリルアミド(モノマー)と *N,N'*–メチレンビスアクリルアミド（ビス）が共重合したポリマーからなる無色透明なゼリー状の物質で，SDS–PAGE では厚さ 1 mm 前後のシート状にして使用する．重合開始剤としてペルオキソ二硫酸ナトリウム(APS)と *N, N, N', N'*–テトラメチルエチレンジアミン(TEMED)が添加されると，発生するラジカルによりラジカル重合連鎖反応が開始され，重合したアクリルアミドのポリマーはビスの部分で分岐して網目構造のゲルとなる．アクリルアミドとビスの混合比は目的タンパク質を分画する分子量範囲に応じて，一般的に 19：1，29：1，37.5：1 の溶液が使用される．ビスの量比が多い溶液ほど低分子側の，また少ないほど高分子側の分画範囲が広がる．

次に，最もよく使用されているポリアクリルアミドゲル（Laemmli 法[1]）の作製および電気泳動法を簡単に紹介する．

6.4 ポリアクリルアミドゲル電気泳動の実験方法

6.4.1 機器・器具など

以下が必要である．

・ゲル作製器(ガラスプレート，コウム，スペーサーなど)
・電気泳動装置(上部槽，下部槽，電極，リード線など)
・電源(300 V，500 mA，24 W 以上の出力が望ましい)

6.4.2　電気泳動試料の調製

以下の手順で試料を調製する．

① 40 μL の試料に 10 μL の試料調整溶液（250 mM トリス–塩酸緩衝液（pH6.8），8% SDS，0.1% ブロモフェノールブルー（BPB），40% グリセリン，100 mM ジチオトレイトール）(DTT)を加えて混合する．

② ①の混合液を 95 ℃で 5 分間加熱(もしくは熱湯中で煮沸)する．調製した試料は–20 ℃で保存できる．

6.4.3　ゲルの作製

以下のようにしてゲルを作る．

①ゲルを作製する場合は下記の試薬が必要になる．ゲル作製器の組立て方法はメーカーにより異なるため省略する．

・30% アクリルアミド / ビス（29：1）：29 g のアクリルアミドと 1 g の N,N'-メチレンビスアクリルアミドを蒸留水に溶解して 100 mL にする．アクリルアミドは劇物指定薬品のため取扱いに注意する．

・濃縮ゲル緩衝液：0.5 M トリス–塩酸緩衝液(pH 6.8)

・分離ゲル緩衝液：1.5 M トリス–塩酸緩衝液(pH 8.8)

・10%APS：0.1 g の APS を 1 mL の蒸留水に溶解する．使用時調製

・TEMED（原液のまま使用する）

②ゲルの組成表（表 6.1）に従い，分離ゲルと濃縮ゲルのゲル溶液を作製する（APS と TEMED 以外の溶液を混合する）．ゲル濃度は分画する分子量範囲に応じて選択する．

③ ②の分離ゲル溶液に APS と TEMED を添加し，泡立てずに混合し，ガラスプレートに分離ゲル溶液を流し込む．界面を乱さないように，少量の蒸留水を重層する．

④ ③を室温で 30 分以上静置して，分離ゲルを重合させる．重合が完了するとゲルの界面が明瞭に見えてくる．

⑤蒸留水をペーパータオルなどで除き，APS と TEMED を添加した濃縮ゲル溶液を分離ゲルの上に重層する．

⑥コウムを差し込み，室温で 30 分以上静置して重合させる．作製したゲルは長期保存ができないため即日使用する．長期保存が可能な電気泳動用のプレキャストゲルが各社から販売されているので，それを利用してもよい．

表 6.1　分離ゲルと濃縮ゲルの組成表

	分離ゲル				濃縮ゲル
ゲル濃度	7.5%	10 %	12.5%	15%	4.5%
分画範囲	40 ～ 400 kDa	25 ～ 300 kDa	10 ～ 250 kDa	5 ～ 200 kDa	–
蒸留水	5 mL	4.2 mL	3.3 mL	2.5 mL	3 mL
30 % アクリルアミド・ビス混合液	2.5 mL	3.3 mL	4.2 mL	5 mL	0.75 mL
ゲル緩衝液	2.5 mL	2.5 mL	2.5 mL	2.5 mL	1.25 mL
10% APS	0.075 mL	0.05 mL	0.05 mL	0.05 mL	0.05 mL
TEMED	0.005 mL	0.005 mL	0.005 mL	0.005 mL	0.003 mL

ミニゲル 1 枚(85 × 90 × 1 mm の大きさ)あたりに必要な容量を示す

6.4.4 電気泳動

続いて，電気泳動の手順を解説する．

①下部槽に泳動緩衝液(25 mM トリス，192 mM グリシン，0.1% SDS)を入れる．
②ゲルを電気泳動装置にゲル下端に空気が入らないように注意してセットする．
③コウムを抜き，上部槽に泳動緩衝液を入れ，1 レーンあたり 5 ～ 10 μL の試料，および目的タンパク質の分子量範囲に適した分子量マーカーを試料溝に入れる（精製タンパク質では 100 ng ～ 1 μg/lane，抽出液では 1 ～ 50 μg/lane が適当量)．
④ 150 V の定電圧で通電を開始し，BPB 色素(泳動先端)がゲル下端に到達したら通電を終了する(60 ～ 80 分間)．

6.4.5 ゲル染色(クーマシーブリリアントブルー（CBB)染色法)

本項で説明する CBB 染色法は安価で簡便な方法であり，定量的に染色されるため (1 ng ～ 100 ng)，最もよく使用される．他に，高感度 (100 pg ～ 1 ng) な銀染色法や蛍光染色法，タンパク質以外が染色されるネガティブ染色法などがある．

①染色液(0.25%CBB，40% メタノール，10% 酢酸)を容器に注ぎ，電気泳動直後のゲルを浸漬して，室温で 6 時間～一晩，振とうしながら染色する．
②染色液を廃棄してゲルを蒸留水で軽くすすぎ，十分量の脱色液（40% メタノール，10%酢酸)を加えて 4 ～ 6 時間以上脱色する．
③脱色後のゲルはゲル撮影装置やスキャナーで画像を取り込み，データを保存する．

6.4.6 分子量および定量解析

ゲル画像からは，画像解析ソフトにより目的タンパク質の分子量推定や定量解析などが可能である．まず分子量マーカーの各バンドの分子量を Y 軸（対数）に，分離ゲル内の相対移動度を X 軸にプロットして検量線を作成する．この検量線を利用すると，目的タンパク質の相対移動度から分子量を推定できる (図 6.5)．また目的タンパク質のバンドの濃さの比較により，タンパク質量を相対的に評価することができる．

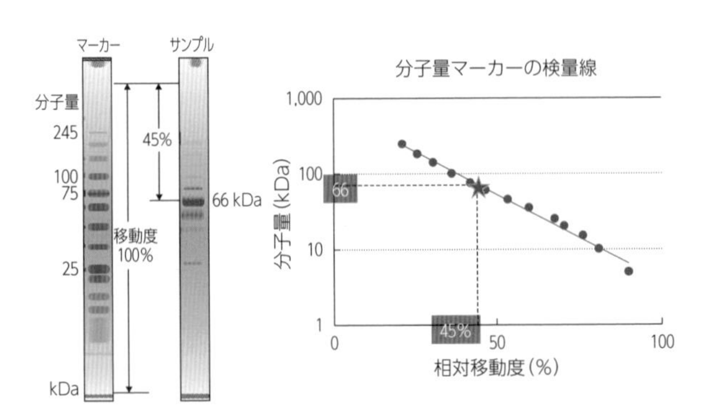

図 6.5 分子量の推定
分子量マーカーの各バンドの移動度から目的タンパク質の分子量を推定できる．

6.5　ウエスタンブロッティング

6.5.1　ウエスタンブロッティングの概要

ウエスタンブロッティングは試料中に含まれる特定のタンパク質量を調べる方法の一つである．目的タンパク質のバンドを，発光反応を触媒する酵素や蛍光物質が標識された抗体との抗原抗体反応を利用して検出する．抗体は特異性が非常に高いので，別のタンパク質とは反応しない．たとえばインフルエンザワクチンをうったにもかかわらず，インフルエンザにかかることがあるが，これはワクチンのウイルス型に対する抗体ができても，別の型のインフルエンザウイルスには効かないためである．

ウエスタンブロッティングは，まず電気泳動により分離されたタンパク質を電気的にゲルから引っ張りだしてタンパク質に吸着性の高いPVDF膜などに写すことから始まる．いわばゲルで分離したバンドパターンの丈夫なコピーを作る．次に膜表面に他のタンパク質(抗体や検出用酵素含め)がベタベタと結合しないようにブロッキング処理を施す．その後，膜と目的タンパク質に対する抗体を反応させ，さらに酵素や蛍光で標識された抗体を使用して可視化する(図6.6)．

ウエスタンブロッティングには転写溶液中に浸漬するタンク式と，より簡便なセミドライ式がある．ここではセミドライ式の手法を簡単に紹介する．

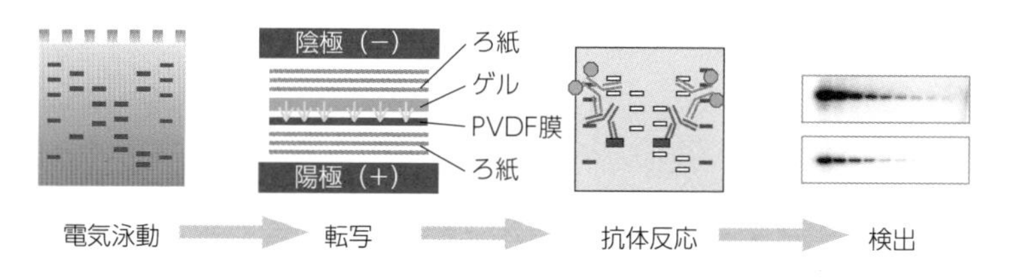

図6.6　ウエスタンブロッティングの流れ
電気泳動で分離されたタンパク質は，電気的に引っ張られてPVDF膜に転写される(↓)．
目的タンパク質と反応する抗体との反応後，酵素反応による発光で可視化される．

6.5.2　ウエスタンブロッティングの実験方法

(1)機器・器具など

・セミドライ式ブロッター（上部電極，下部電極，リード線など）
・電源(300 V，500 mA，24 W以上の出力が望ましい)
・PVDF膜(もしくはニトロセルロース膜)
・ブロッティング用ろ紙(厚手で丈夫なもの)

(2)膜への転写

①ウエスタンブロッティングには下記の試薬が必要である．
　・転写溶液A：300 mMトリス，5% メタノール
　・転写溶液B：25 mMトリス，5%メタノール
　・転写溶液C：25 mMトリス，40 mM 6-アミノカプロン酸，5%メタノール
　・洗浄液：0.01% Tween 20，25 mMトリス，150 mM塩化ナトリウム，pH 7.4
　・ブロッキング溶液：3%スキムミルク含有洗浄液

・抗体(一次抗体，HRP 標識二次抗体)
・市販の HRP 検出試薬(発光：ルミノール系，発色：テトラメチルベンジジンなど)
②直接手を触れないように清潔な手袋を着用し，ゲルサイズに合わせて PVDF 膜を 1 枚と，ろ紙を 6 枚（あわせて 6 mm 以上の厚さになる枚数）切る．PVDF 膜は汚れやタンパク質を吸着しやすいので取扱いに注意する．
③ PVDF 膜をメタノールに浸して親水化処理し（5 秒），転写溶液 B に浸漬し平衡化する(30 分以上振とう．ニトロセルロース膜の場合は親水化処理が不要)．
④電気泳動後のゲルを転写溶液 B で洗浄し，ブロッターの陽極側にろ紙 3 枚(転写溶液 C に浸す)，PVDF 膜，ゲル，ろ紙 1 枚(転写溶液 B に浸す)，ろ紙 2 枚(転写溶液 A に浸す）の順に空気が入らないように重ねる．空気は専用ローラー（試験管を転がして代用可)を使って押し出し，ろ紙，膜，ゲルを密着させる(図 6.6)．
⑤ブロッターを組み立て，電源に接続し，12 V の定電圧で 30 ～ 60 分通電する．
⑥転写後の PVDF 膜をブロッキング剤に浸漬し，室温で 30 分振とうする．
⑦洗浄液で希釈した一次抗体と PVDF 膜を室温で 1 時間振とうして反応させる．
⑧抗体溶液を捨て，PVDF 膜を洗浄液で 5 分間 × 3 回振とうして洗浄する．
⑨洗浄液で希釈した HRP 標識二次抗体と PVDF 膜を室温で 1 時間振とうして反応させる．
⑩抗体溶液を捨て，PVDF 膜を洗浄液で 5 分間 × 3 回振とうしながら洗浄する．
⑪ PVDF 膜を HRP 検出試薬に浸漬して反応させ，発光撮影装置で画像を撮影する．

6.6 等電点電気泳動

6.6.1 等電点電気泳動の概要

タンパク質・ペプチドを構成するアミノ酸はアミノ基（$-NH_2$）やカルボキシ基($-COOH$)などをもつ両性電解質であり，これらの電荷の総和がゼロになる pH の値を等電点（Isoelectric Point，IP）という（図 6.7）．両性電解質は溶解されている溶液の pH により正と負の電荷数が変わり極性が変化する．

pH 勾配中で電気泳動を行うと，各タンパク質は固有の電荷に応じて陰極(−)陽極(＋)に引かれて移動し，等電点に達して正と負の電荷数が等しくなると移動しなくなる．このように各タンパク質・ペプチド固有の等電点を利用して分離する方法を等電点電気泳動という．

pH 勾配は両性担体(アンフォライト)という物質を用いてゲル中に作製する．両性担体には通電することで自由に移動し pH 勾配を作るアンフォラインのようなものと，イモビラインというゲル作製時に混合して固定化された pH 勾配を作るもの(Immobilized pH Gradient，IPG 法)がある．ゲルにはアガロースやポリアクリルアミドが利用されるが，分子篩(分子量)による分離要因を排除するため，ゲル濃度を低くしてポアサイズ(穴径)を大きくする．試料溶液は pH 勾配作成に影響を及ぼす塩や電荷のあるものを含まない組成にする．

等電点電気泳動の装置は平板型と縦型に分かれる（図 6.7）．平板型が主であるが，これは等電点電気泳動では高電圧の付加により発熱し，ゲル濃度が低く物理的強度も弱いため，ゲルを冷却板上に寝かせた状態で泳動するからである．等電点電気泳動は理論上，正と負の電荷数がほぼ等しくなる状態になる．つまり電流がほとんど流れない状態で通

等電点（PI:Isoelectric point）とは

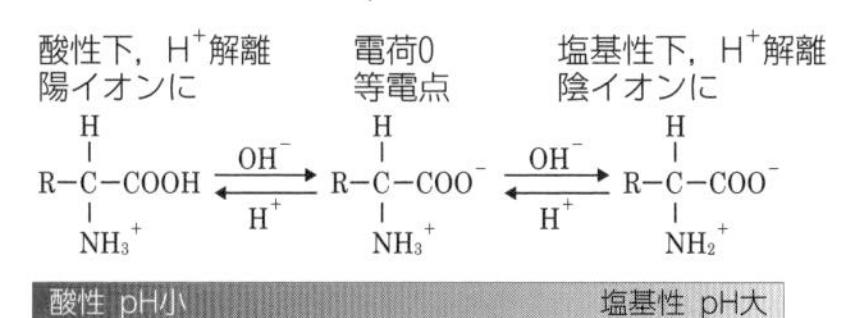

陽イオンになる官能基（アミノ基など）と
陰イオンになる官能基（カルボキシ基など）の
両方をもつアミノ酸などは，pH条件によって電荷が変化し，
電荷の総和が0（ゼロ）になるpHの値が等電点である．

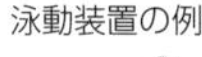

Ettan IPGphor 3, Cytiva

DiscRun Ace, ATTO

図 6.7　タンパク質の等電点と等電点電気泳動装置

電するので，高い電圧が必要になる．電源装置は数 μA のわずかな電流でも出力でき，かつ高電圧出力ができる仕様のものを準備する．縦型のものはガラス管の中にゲルを作製するディスク型といわれるものや，ガラス板での矩形型のものがあるが，これらは二次元電気泳動を行う際の一次元目の等電点電気泳動に利用することが主である．ゲルは pH 勾配を作製するアンフォライト（アンフォライン，イモビライン等）が含まれたポリアクリルアミドやアガロースが用いられる．いずれも既製ゲルが販売されている．

6.6.2　等電点電気泳動の実験方法

等電点電気泳動はとても精緻な泳動方法なので，試薬や水などは純度の高いものを用意する．電気泳動用の試料は十分に溶解されていることが大事である．したがって，固形物からの調製や構造タンパク質・膜タンパク質のように難溶性の物質が対象の場合は，変性剤や界面活性剤で溶解する．ただし等電点電気泳動の場合はイオンの存在が泳動の乱れの要因になるので，電荷をもつ薬剤の含有は避ける．たとえば界面活性剤では，非イオン性のもの（TritonX-100 など）や両性のもの（CHAPS など）を用いる．また，塩も含まないようにし，緩衝液は 50 mM 以下の濃度にする．試料注入前には遠心分離を行って上清を使用する．ここでは既製ゲルを利用した平板型とディスク型の操作方法について説明する．ゲルを作製する場合は各製品の取扱説明書を参照いただきたい．

(1) 平板型等電点電気泳動

①試薬・機器など

・等電点電気泳動用既製ゲル（ドライストリップなど）長さ，pH 勾配各種あり
・ドライストリップ膨潤溶液
・等電点（ドライストリップ）用電気泳動装置
・電源装置（5000 ～ 10,000 V 程度の出力および数 μA の出力可能な仕様）：電源搭載型・泳動装置の場合は不要
・冷却装置：冷却機能搭載型泳動装置の場合は不要

②サンプル調製・ゲル準備

試料は不要物や電荷をもつイオン性の物質が含まれていないことが重要である．塩，酸性物質，塩基性物質を含まないこと．また，ドライストリップの長さや pH 勾配や手

法によって試料(タンパク質)の添加量が大きく変わる．

試料のアプライは膨潤溶液と混合し，ドライスリップの膨潤時に含ませる方法が一般的である．ドライスリップの長さやpH勾配範囲は，タンパク質や分離目的によって選択する．

・膨潤溶液の例：8 M Urea，2% CHAPS，0.5% IPGBuffer，0.002% BPB，7 mg/2.5 mL DTT

ストリップホルダーに試料を含んだ膨潤溶液を入れ，ドライスリップを浸ける．10時間以上膨潤させた後，通電を開始する．

③電気泳動

通電条件はpH勾配やストリップ長で異なるが，主にスタート時は300～500 Vの低い電圧で通電し，徐々に電圧を上げて最終的には5000～10,000 Vで泳動し，トータル6～36時間泳動を行う（ドライスリップが長いと時間を要する）．Ettan IPG phor 3のような装置では，膨潤時間・通電条件・温度などがプログラムできる．

④検出

泳動後はCBB染色での検出が可能である(6.4節のゲル染色を参照)．

泳動パターンは等電点の順に並び，pH勾配はほぼ距離と比例する．等電点電気泳動用マーカーのバンドと比較して目的バンドの等電点を求めるとよりわかりやすい．

(2)縦型(ディスクゲル)等電点電気泳動

①機器・器具・試薬など

・等電点電気泳動用既製ディスクゲル(アガーゲルなど)
・電極液：陽極は10 mMリン酸溶液，陰極は0.2 M NaOH
・重層液：2 M尿素
・等電点用電気泳動装置(ディスクゲル用)
・電源装置：300 V以上および数μAの出力可能な仕様．電源搭載型泳動装置の場合は不要

②タンパク質試料の調製

不溶物，塩などを含まない試料溶液を用意する．必要であればDTTによる還元反応(–S–S–の切断)およびヨードアセトアミドなどでの–SH基の修飾反応を実施し再結合を防ぐ．電極液中のゲル上端に試料を注入するので尿素やグリセリンで比重をつける．

・試料溶液の例：5 M尿素，1 Mチオ尿素，1%CHAPS，1%Triton–X．50 mMトリス–塩酸pH 8.8

③電気泳動

・下部槽に陽極用電極液を注ぐ．
・上部槽にゲル管の上端をはめ込み，ゲル管の下端を下部槽に入れる．
・ゲル管に気泡を入れないようにタンパク質試料を注入し，さらに重層液を重層する．
・上部槽に陰極用電極液を注ぐ(下部槽に入らないように注意する)．

・安全カバーをして，泳動槽と電源を接続し，300 V の定電圧で 150 ～ 210 分通電する．
・電源を切った後，電極液を排液しゲル管を取り出し蒸留水で軽く洗う．
・ゲル管からゲルが落ちないように注意しながら取り出し，固定液に浸す．

④検出

CBB 染色や銀染色による検出が可能だが，ゲルのポアが大きく試料が拡散しやすいので，泳動後はまず固定する．またアンフォライト自体が染色されバックグラウンドの要因になるため，固定後水洗浄し染色する方法もある．二次元電気泳動に用いる場合はその方法に従う．

⑤解析

泳動結果(パターン)は陽極側から酸性のタンパク質試料が陰極に向かって等電点順に並ぶ．等電点マーカーが市販されているのでこれらを参照にする．マーカーだけ，試料だけ，マーカーと試料を混ぜての 3 種類の試料を用意してゲルに注入・泳動すると結果がわかりやすい．さらに正確にゲルの pH を計測するには，泳動後のゲルを数ミリずつ切って切片とし，純水にこのゲル片を入れて実際の pH を測る．この方法をとる場合は，同じ試料を注入したゲルを 2 本以上用意し，一つは染色して泳動結果の検出用に，一つは pH 計測用にする．

6.6.3　二次元電気泳動の実験方法

等電点電気泳動の応用として，二次元電気泳動がある (図 6.8)．二次元電気泳動は泳動法を二つ組み合わせて名前の通り平面上(二次元)に展開する．二つの要因で分離する手法であるが，一般的には一次元目を試料固有の電荷(等電点)で分ける等電点電気泳動，二次元目は分子量で分ける SDS-PAGE の方法が用いられる．この場合の等電点電気泳動は泳動後の一次元目のゲルを二次元目のゲルに乗せるために矩形や円柱形にするのが一般的である．

二次元電気泳動の原法といわれる O'Farrell の論文には，大腸菌のタンパク質を約 3000 に分離したと報告されており，この分離能の高さから，二次元電気泳動は時間も

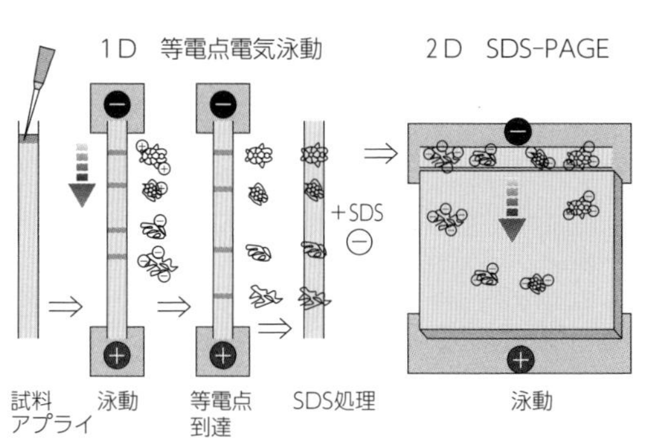

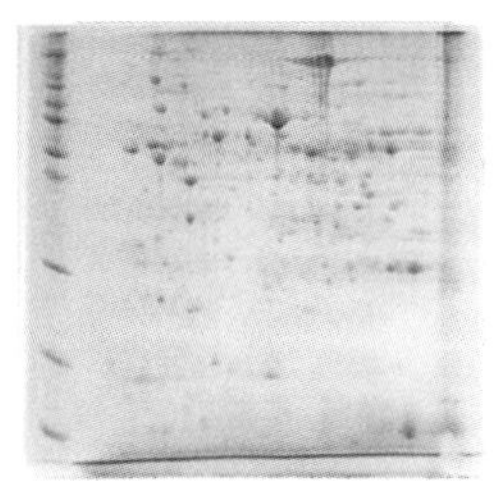

図 6.8　二次元電気泳動の原理

手間もかかるにもかかわらず利用されている．たとえば病変部位と正常部位の，あるタンパク質の発現や変異の有無や量の変化などの検出のために，双方の試料を二次元電気泳動し，パターンを比較するのに利用される．また，おおむね1スポット＝1タンパク質に相当するとして，近年ではこのスポットからタンパク質を抽出し，さらに質量分析用の試料として利用することが常法となっている．ここでは一次元目にアガーゲルを使用したときの二次元電気泳動法について説明する．

①試薬・機器など

・一次元目に用いる等電点電気泳動は前項(6.6.2 項)を参照．
・二次元目に用いるポリアクリルアミドゲル：SDS–PAGE に関しては 6.2 節を参照．
・ゲルは一次元目のゲル長より大きい試料溝幅あるいは平らな上端であることが必要．
・固定液：2.5% トリクロロ酢酸(一次元目にアガーゲルを使用した場合)
・SDS 平衡化溶液の例：50 mM トリス–塩酸，2%SDS，0.001%BPB
・接着用アガロース溶液の例：1% アガロース溶液

②操作

基本的には，等電点電気泳動後のゲルを SDS 溶液に浸漬して，ゲル内のタンパク質試料に SDS を結合させ，それを二次元目のゲル上端に乗せて SDS–PAGE を実施する．等電点電気泳動にアガロースゲルを用いた場合は，トリクロロ酢酸固定液に 3 分間浸漬してゲルを固定後，水で洗浄してゲル内部のアンフォライトを除き，その後 SDS 平衡化溶液に浸して SDS 処理する．

二次元目のゲル上に一次元目のゲルを乗せる際は，ゲルの間に溶液や気泡が入らないように心がけ完全密着する．一次元目と二次元目のゲルの境に接着用アガロース溶液を垂らして，気泡や液を排除しつつ，ゲルを接着する．SDS–PAGE を実施し，泳動後のゲルを CBB 染色や銀染色にてスポットを検出する．

③解析

複数の異なる試料を泳動した複数のゲルの間でスポットの違いを比較する場合は，染色したゲルを撮影装置やスキャナーなどで画像として取り込み，画像解析ソフトで解析する．2 種類の異なる試料をそれぞれ異なる蛍光色素を用いて標識して，1 枚のゲルで共泳動して比較する方法もある．

④質量分析

質量分析の試料とする場合は「in gel digestion（ゲル内消化）」といわれる方法が一般的である．対象とするタンパク質のスポットがある部分を切出し，アセトニトリルなどを含んだ緩衝液で CBB 色素を取り除き，トリプシンを加えてタンパク質を分解する．試料調製時には操作者からのケラチンなどの汚染に十分気をつける．また，泳動前に還元・アルキル化していない場合は二次元目の泳動前や消化前に実施する場合もある．

6.7　アガロースゲル電気泳動

6.7.1　アガロースゲル電気泳動の概要

ゲル電気泳動の支持体としてよく用いられる，ポリアクリルアミドゲルとアガロースゲルの使い分けの主な理由は，ゲルのポアサイズ(穴径)である．アガロースゲルはポリアクリルアミドゲルよりポアが大きいので，大きな分子量の物質，高分子のタンパク質や核酸(DNA，RNA)を試料とした電気泳動に用いる(図 6.9)．

アガロースは寒天の主成分である多糖類で，精製して電気浸透（電圧により液体が移動する現象）を極力なくしたものである．粉末を緩衝液と混合して過熱すると溶解し，温度が下がると固化する．このようにゲル調製が容易であるが，天然物からの精製物なので価格がやや高く，完全に透明ではないので検出時にバックグラウンドが高く見にくいこともある．

ゲル濃度の選択

ゲル濃度	分画範囲
0.6%	1 ～ 30 kbp
0.8%	0.6 ～ 20 kbp
1.0%	0.3 ～ 10 kbp
1.2%	0.2 ～ 8 kbp
1.5%	0.1 ～ 6 kbp
2.0%	0.6 ～ 3 kbp

アガロースや緩衝液の種類によって分画範囲は変わる

泳動データの例

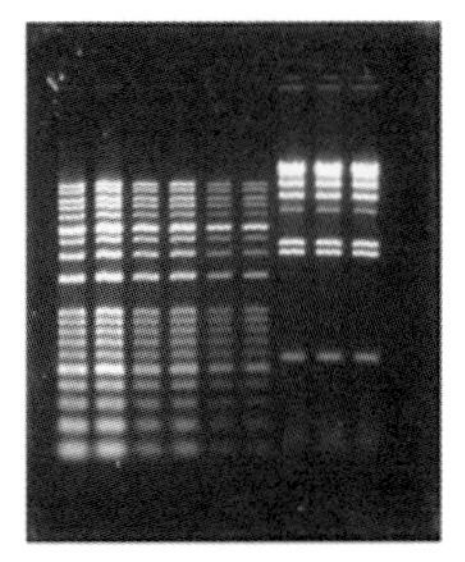

図 6.9　アガロースゲル電気泳動の実験例

試料：DNA マーカー（100 bp ～ 10 kbp)他
電気泳動装置：電源搭載型
ゲル：1%　54 mm×60 mm　4 mm 厚
緩衝液：TAE（40 mM Tris，40 mM 酢酸，1 mM EDTA・2Na）
通電：C. V 100 V　30 min
染色：蛍光染色剤　EzFluoroStain DNA
検出：撮影装置　プリントグラフ
　　　励起光　青色 LED
※ DNA マーカー，電気泳動装置，TAE，蛍光染色剤，撮影装置(アトー社製)

6.7.2　アガロースゲル電気泳動の装置

アガロースゲル電気泳動の多くは核酸の分離に利用される水平型あるいはサブマリン型とも呼ばれる電気泳動槽を使用する．陽極(＋)陰極(－)緩衝液槽の間にゲルを水平に置き，そのゲルが沈む程度に緩衝液を満たした状態で泳動する．

PCR 産物の確認のようにバンド数（核酸の断片数）が少ない場合には，泳動距離は短くて小さい泳動槽でもよいが，RFLP（Restriction Fragment Length Polymorphism, 制限酵素断片長多型）解析のようにバンドが多い場合には，泳動距離が長くて大きい泳動槽を選択する．非常に大きな（数十 kbp）DNA の場合は PFGE（pulsed-field gel electrophoresis）という特殊な電場専用の装置で泳動する方法もある．タンパク質を試料とした場合，免疫電気泳動は薄いゲルでの平板型，等電点電気泳動はガラス管の縦型(ディスク型)，ポリアクリルアミドとの混合ゲルでのガラス板の縦型(スラブ型)などもある．

6.7.3 アガロースゲル電気泳動の実験方法

例として，DNA のアガロースゲル電気泳動の手順を示す．

(1) 試薬・機器など

・アガロース(核酸電気泳動用)
・TBE 緩衝液：89 mM トリス，89 mM ホウ酸，2 mM EDTA・2Na
・または TAE 緩衝液：40 mM トリス，40 mM 酢酸，2 mM EDTA・2Na
・ローディング溶液:30% グリセリン，0.05%BPB，0.05% XC（キシレンシアノール）
・染色試薬：0.5 μg/mL EtBr 染色溶液
・アガロースゲル電気泳動用泳動装置，ゲル作製器
・電源装置(100 mA，500 V 程度の出力可能な仕様)電源搭載型泳動装置の場合は不要

(2) 試料の調製

DNA 試料と比重や色素を含んだローディング溶液を 4：1 ～ 5：1 の割合で混合する．

(3) 緩衝液・ゲルの作製

①緩衝液(TBE，TAE，TPE，MOPS など)を調製する．
②アガロースを 0.6 ～ 4.0%の濃度になるよう秤量して，加熱可能な容器に入れる．
③緩衝液を加え，湯煎による煮沸もしくは電子レンジで突沸しないように加熱し，十分に溶解する．
④ 50 ～ 60 ℃に冷めたら，コウムを挿したゲルトレイ（作製器）に流し込み，固まるまで 30 ～ 60 分間静置する．

(4) 電気泳動

①ゲルのコウムを抜いて試料溝が陰極側になるように泳動槽にセットする．
②泳動用緩衝液を注ぐ．ゲルがかぶるくらいの量に調整する．
③ゲルの溝に試料を注入する．
④ 50 ～ 200 V の定電圧で BPB，XC 色素が陽極側に移動するまで通電する．ゲル濃度，緩衝液，目的バンドの分子量などによって異なる．
⑤電源を切った後，ゲルトレイを取り出し，染色液にゲルを浸漬する．

(5) 検出

DNA は高感度検出可能な有色色素がないため，EtBr のような蛍光色素での染色が一般的であり，検出用の光源(紫外線，LED)やゲル撮影装置が必要になる．EtBr は発がん性が高いため手袋を着用して取り扱い，紫外線照射光源は直視しないように注意する．

①泳動後のゲルを蛍光色素の染色溶液に漬けて，20 ～ 30 分間振とうする．
②緩衝液で濯ぎ，脱色して余分な色素を抜く．

③ゲルをゲル撮影装置や光源照射装置にセットし，蛍光色素に適した励起光(近)紫外線，青色 LED，シアン色 LED などを照射して，検出用フィルターや専用のゴーグルを介してバンドを確認し，カメラで撮影して画像を保存する．

6.8　おわりに

紙面の関係で記述できなかったが，タンパク質のゲル電気泳動法として，タンパク質の変性が少ない Blue Native PAGE，低分子の分離に適した Tricine–SDS–PAGE，BisTris を用いた中性ゲル電気泳動法，高分子タンパク質分離用のアガロース–アクリルアミド混合ゲルなどさまざまな方法が紹介されているので，興味のある方は論文を検索し，参照していただきたい．

上で述べてきたように，ゲル電気泳動は手軽に実験できる点で非常に有用な方法ではあるが，ゲル作製，試料調製，染色，ブロッティング，特異検出と操作工程が多い方法でもある．自動化が望まれているが，装置が大掛かりで高額であり，あまり普及していないのが現状である．自動化を阻害している主な要因はコストだが，特にウエスタンブロッティングへの展開を低コストで実現することは難しい．そのようななか，膜を使わずに電気泳動から特異検出までを自動化した装置や二次元電気泳動を自動化した装置などが製品化されていて，少しずつ省力化が進んでいる．今後の進展に期待したい．

6

【参考文献】

1) U. K. Laemmli, *Nature*, **227**, 680 (1970).
2) L. Ornstein, *Ann. N.Y. Acad. Sci.*, **121**, 321 (1964).
3) B. J. Davis, *Ann. N.Y. Acad. Sci.*, **121**, 404 (1964).
4) A. L. Shapiro, *et.al., Biochem. Biophys. Res. Comm.*, **28**, 815 (1967).
5) K. Weber, M. Osborn, *J. Biol. Chem.*, **244**, 4406 (1969).

7 動的光散乱法(DLS)

稲山良介(大塚電子㈱計測粒子開発部)

7.1 はじめに

コロイド化学では，その大きさが nm オーダーから μm オーダーまでの粒子を対象としている．コロイド溶液でも特に，分散媒中に分散している分散質が固体の場合を「サスペンション」，液体の場合を「エマルション」という．

洗剤，化粧品，食品，塗料，繊維，医薬・農薬，ゴム・プラスチック，土壌，金属，環境・エネルギー，電子材料などはすべてコロイド化学の研究対象であり，粒子径測定は多くの産業分野で一般的に行われている．粒子径は，製品の特性や機能性，また，ナノ材料毒性などに大きく影響することから，その評価は研究開発や品質管理において重要である．これらの大きさを測定する方法として，動的光散乱法（Dynamic Light Scattering, DLS）は，今や一般的な方法として用いられている．光散乱法とは「光散乱」現象を利用して大きさなどを求める方法で，動的光散乱法は溶液中で運動している粒子から発せられる散乱光強度の変動を測定し，その大きさや動きの速さを知る手段である．

7.2 動的光散乱法の原理

7.2.1 ブラウン運動

分散媒中に分散している粒子は，分散媒分子の熱運動によって絶えずランダムに動き回っている．これが「ブラウン運動」である．小さな粒子ほど活発にブラウン運動をする，規則性がない，粒子どうしが接近しても相互作用を示さない，粒子の濃度・組成によって影響されない，分散させる溶媒の種類がどのようなものであっても見られその粘性が小さいほど活発になる，温度が高いほど活発である，経時的減衰は認められない，粒子どうしの衝突が原因ではない，光や磁場の影響を受けない，という性質がある[1]．

7.2.2 散乱光の時間的変動

コロイド溶液にレーザー光を照射すると，分散媒と粒子の濃度，密度揺らぎにより光が散乱する．ブラウン運動している粒子からの散乱光は，光が照射されている領域で数が変動するため，その強度（散乱光強度または散乱強度）は絶えず揺らいでいる．その時間的な揺らぎを観測し，解析することで粒子径を求める．図 7.1 に動的光散乱法の概念図を示す．

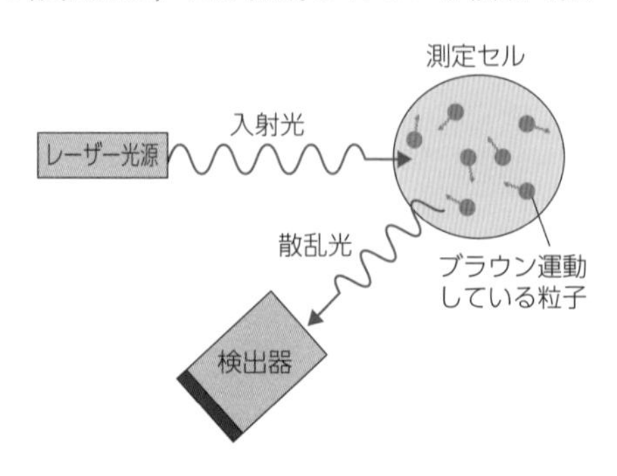

図 7.1　動的光散乱法の概念図

7.2.3 光子相関法

動的光散乱法には，光子相関法と周波数解析法と呼ばれる二つの解析手法があり，ここでは光子相関法について詳細に説明する．粒子からの散乱光強度は，粒子のブラウン運動

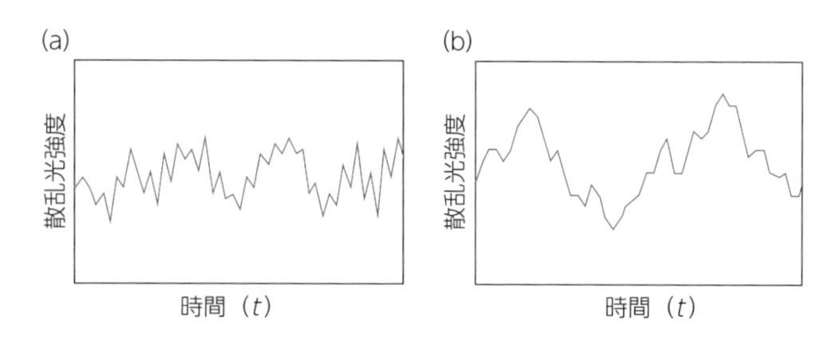

図 7.2　粒子からの散乱光強度の揺らぎ
(a) 小さな粒子からの散乱光強度揺らぎ，(b) 大きな粒子からの散乱光強度揺らぎ．

による，粒子径に依存した揺らぎをもつ．その散乱光強度の揺らぎをある測定角度（散乱角度）で μs ～ s の間隔で検出する．そのとき得られる散乱光強度は，個々の粒子からの散乱光の和となる．散乱光強度の揺らぎは，図 7.2 のように，小さな粒子は激しく変動し，大きな粒子は緩やかに変動する情報が観測される．この情報を相関計で処理し時間相関関数(自己相関関数)として算出する．この解析手法を光子相関法という．

自己相関関数は，任意の時間 (t) における散乱光強度 $I(t)$ を基準とし，(τ) 時間後の散乱強度 $I(t+\tau)$ についての相関を次式で表す．

$$G^{(2)}(\tau)=\frac{\langle I(t)I(t+\tau)\rangle}{\langle I(t)\rangle^2} \tag{7.1}$$

ここで，〈　〉はアンサンブル平均(ある測定位置での平均)を表す．この自己相関関数は時間(τ)のみに依存し，測定開始時間(t)には依存しない(図 7.3)．

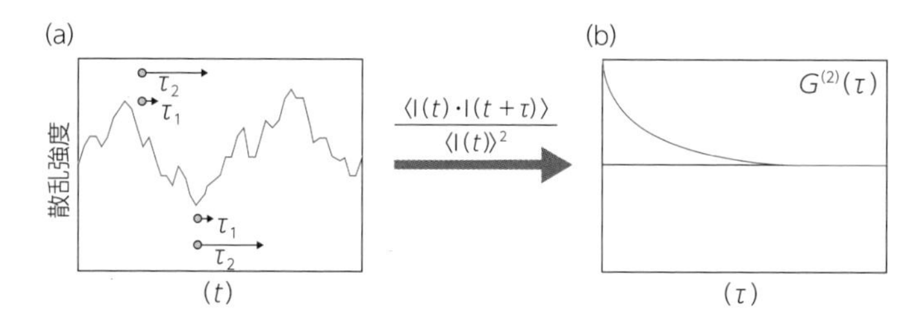

図 7.3　散乱光強度のゆらぎと自己相関関数
(a) 散乱光強度の時間変動，(b) 自己相関関数．

散乱光強度の自己相関関数 $G^{(2)}(\tau)$ と散乱電場の自己相関関数 $G^{(1)}(\tau)$ (一次の自己相関関数)にはシーゲルトの関係があり

$$G^{(2)}(\tau)=1+\beta|G^{(1)}(\tau)|^2 \tag{7.2}$$

と表される．ここで，β は干渉性因子で，光の干渉性度合いや装置の光学系に依存した定数である$(0<\beta<1)$．

自己相関関数の表す意味について説明する．粒子は図 7.4 のようにブラウン運動によりその位置を変えている．自己相関関数は，ある基準時間での粒子の位置と τ_1, τ_2, τ_3, …

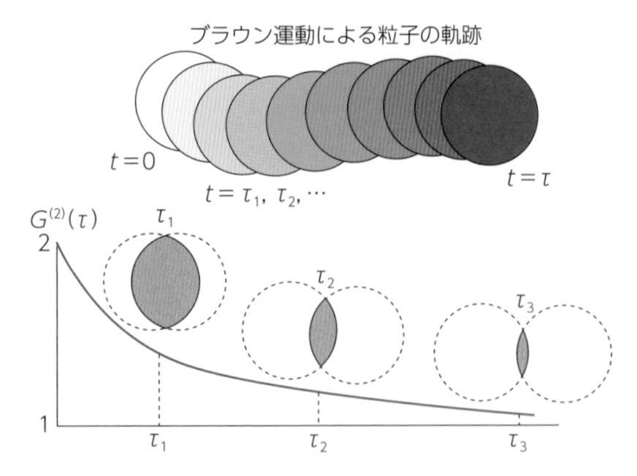

図 7.4　自己相関関数の概念図

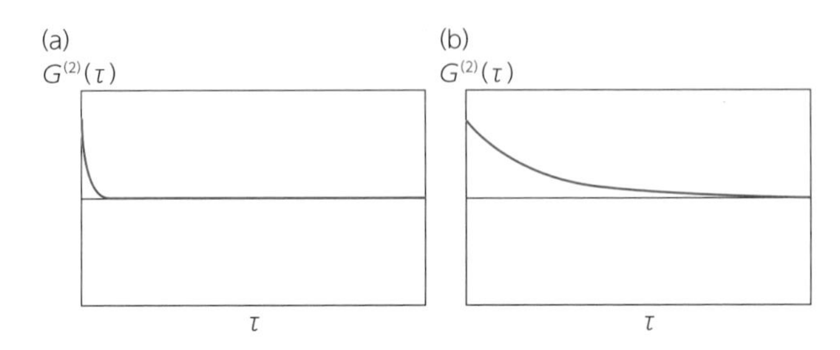

図 7.5　小粒子，大粒子から得られる自己相関関数
(a)小さな粒子の自己相関関数，(b)大きな粒子の自己相関関数

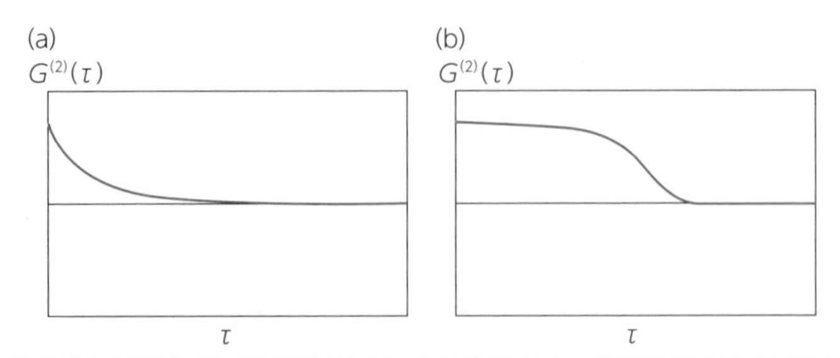

	(a) Linear 相関計	(b) Log 相関計
測定条件設定	サンプルの粒子径によって，最適な測定条件設定が必要．	測定条件は固定．そのため粒子径の大小に関わらず，設定を変えずに測定できる．
測定時間	自己相関関数の収束が早い小粒子は短時間で測定できる．逆に収束の遅い大粒子を精度良く測定しようとすると，測定に長時間を要する場合がある．	粒子の大小に関わらず，一定時間でデータを取り込むことができる．
微粒子の測定精度	測定条件を細かく設定することで，微粒子の粒子径，粒子径分布の精度を高くすることができる．	測定条件が固定値なので，数ナノ程度の微粒子に対して Linear 相関計ほど精度は得られない．

図 7.6　Linear 相関計と Log 相関計の自己相関関数とその特長
(a) Linear 相関計，(b) Log 相関計．

時間後の粒子の位置との重なる度合いを時間の関数として表している．その結果，時間が経つにつれ重なり度合いは少なくなるため，自己相関関数 $G^{(2)}(\tau)$ は時間とともに減衰する．τ が小さい場合は，粒子はわずかしか移動していないため，散乱強度の変化は小さく高い相関を示すが，τ が大きくなるにつれて粒子は元の位置から離れていくため，相関はほとんど見られなくなる．このため，得られた自己相関関数は指数関数的な減衰曲線となる[2]．小粒子から得られる自己相関関数は，ブラウン運動が激しいため，短い相関時間で減衰し収束するのに対し，大粒子はブラウン運動が穏やかなので，長い相関時間で減衰し収束する（図 7.5）．相関計算法には図 7.6 に示す二つの計算方法があり，市販の装置の多くは Log 相関計が使用されている．

7.2.4 単分散系

単分散の粒子が分散している場合，$G^{(1)}(\tau)$ は単一指数減衰曲線となり次式で表される（図 7.7）．

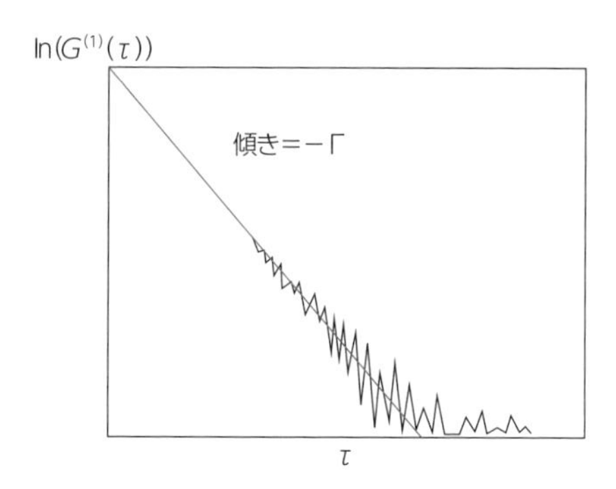

図 7.7 一次の自己相関関数

$$G^{(1)}(\tau) = \exp(-\Gamma\tau) \tag{7.3}$$
$$\ln(G^{(1)}(\tau)) = -\Gamma\tau \tag{7.4}$$

Γ は減衰定数と呼ばれ，拡散係数 D を用いて次のように表される．

$$\Gamma = Dq^2 \tag{7.5}$$

q は散乱ベクトルと呼ばれ

$$q = \frac{4\pi n}{\lambda}\sin\left(\frac{\theta}{2}\right) \tag{7.6}$$

と表される（図 7.8）．λ は光の波長（nm），n は溶媒の屈折率，θ は散乱角度である．粒子間距離が十分にあり相互作用がなく均一に分散している場合，拡散係数から以下に示すストークス・アインシュタインの式より粒子径（流体力学的半径 R_h）が求まる．

$$R_\mathrm{h} = \frac{kT}{6\pi\eta D} \tag{7.7}$$

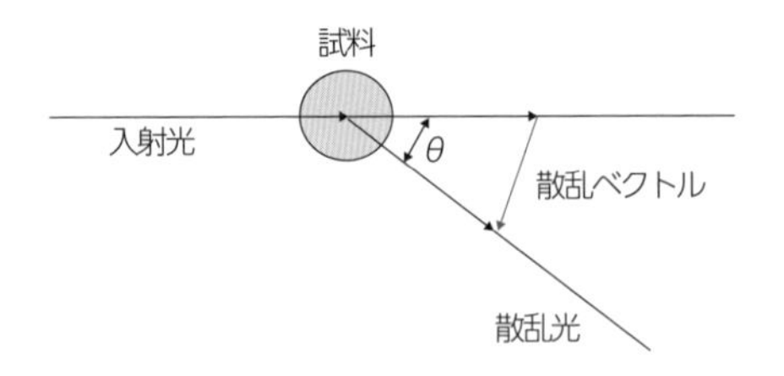

図 7.8　散乱ベクトル

ここでηは溶媒の粘性率(mPa・s)，kはボルツマン定数，Tは絶対温度である．

7.2.5　多分散系

粒子径に分布がある場合，$G^{(1)}(\tau)$は粒子径分布関数$\mathrm{H}(\Gamma)$を用いて次式で表される．

$$G^{(1)}(\tau) = \int_0^\infty H(\Gamma)\exp(-\Gamma\tau)d\Gamma \tag{7.8}$$

$H(\Gamma)$ が未知の場合，$\exp(-\Gamma\tau)$ を展開したキュムラント法やヒストグラム法が用いられる．

(1)キュムラント法

$\ln G^{(1)}(\tau)$についてキュムラント展開を行うと，次式になる．

$$\ln G^{(1)}(\tau) = \sum_{\mathrm{m}=1}\frac{\mu_{\mathrm{m}}}{\mathrm{m}!}(-\tau)^{\mathrm{m}} \tag{7.9}$$

ここで，μ_{m}は m 次のキュムラントである．この式をτについて多項式でフィッティングし，その係数からμ_{m}を求める．$\mu_1=\bar{\Gamma}$であり，次式が成り立つ．

$$\ln G^{(1)}(\tau) = -\bar{\Gamma}\tau + \frac{1}{2}!\,\mu_2\tau^2 + \cdots \tag{7.10}$$

キュムラント平均粒子径は$\bar{\Gamma}$から求められる．この式で得られたμ_2を$\bar{\Gamma}$の二乗で規格化することで，多分散指数と呼ばれる粒子径分布の広がりを示す指標（≧0.1 の場合は多分散系，＜0.1 は単分散系)が得られる．

$$\frac{\mu_2}{\bar{\Gamma}^2} \tag{7.11}$$

(2)粒子径分布の表示

ヒストグラム法は，$H(\Gamma)$を有限個のヒストグラムHに分割して解析する手法である(図 7.9)．Γの分布関数$H(\Gamma)$を一定幅$\Delta\Gamma$で分割し次式で表す．

$$G^{(1)}(\tau) = \sum H(\Gamma_{\mathrm{j}})\int_{\Gamma\mathrm{j}-\frac{\Delta\Gamma}{2}}^{\Gamma\mathrm{j}+\frac{\Delta\Gamma}{2}} \exp(-\Gamma_{\mathrm{j}}\tau)d\Gamma \tag{7.12}$$

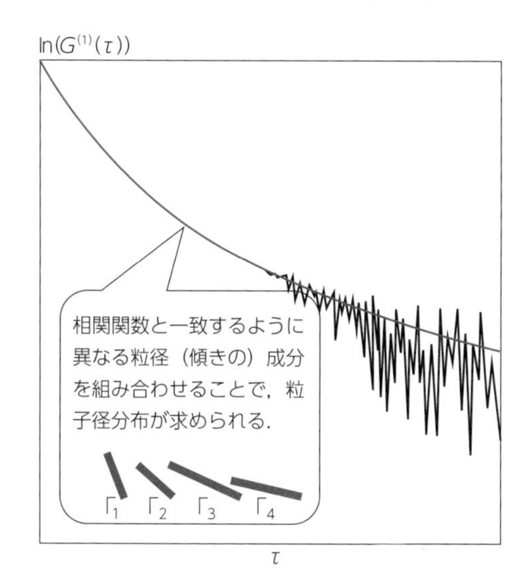

図 7.9　一次の自己相関関数とヒストグラム法解析の概念図

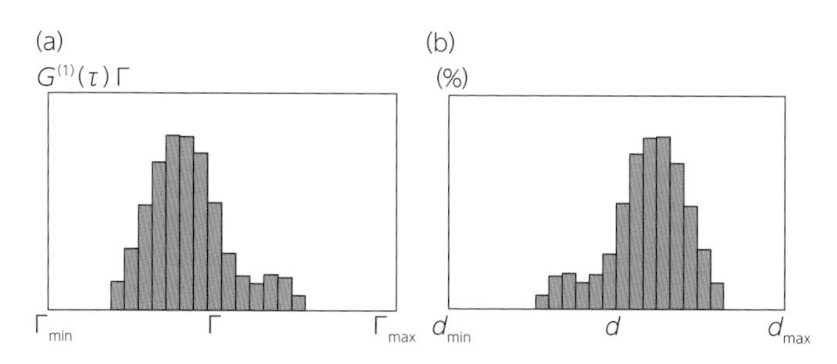

図 7.10　減衰定数の頻度分布と散乱強度基準の粒子径分布
(a)減衰定数の頻度分布，(b)散乱強度基準の粒子径分布．

ここで，$H(\Gamma_j)$は減衰定数Γで表現された散乱強度基準である．各減衰定数から式(7.5)および式(7.7)を用いて粒子径に換算する．これを横軸とし，ここで得られた頻度を縦軸としてヒストグラム表示することで粒子径分布が得られる（図 7.10）．最近では，Contin 法(ラプラス逆変換法)もよく用いられている．

7.3　動的光散乱法の特徴と測定対象

動的光散乱法の特徴は，非接触測定で測定開始から結果表示までが数分と短時間なことである．また，計算に必要なパラメータは，溶媒の屈折率と粘性率のみである．測定可能対象の大きさは，数 nm から数 μm と非常に範囲が広いことが特徴としてあげられる．

動的光散乱法の測定対象は，表 7.1，表 7.2 に示すように，金属粒子，無機粒子，エ

表 7.1　測定対象物とその大きさ

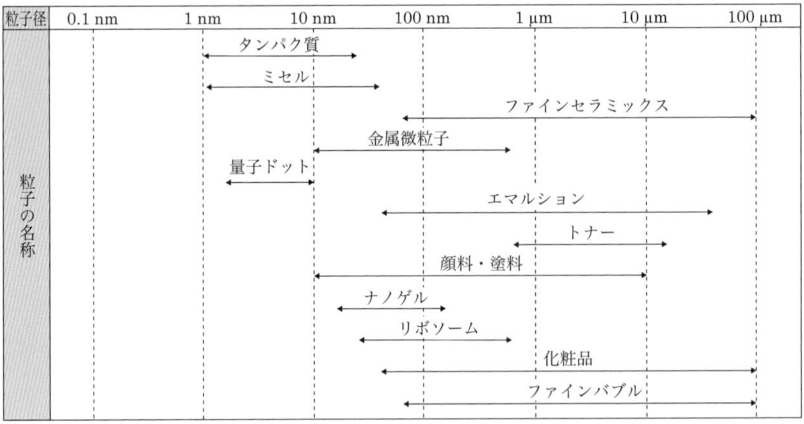

粒子径	0.1 nm	1 nm	10 nm	100 nm	1 μm	10 μm	100 μm

粒子の名称：タンパク質，ミセル，ファインセラミックス，金属微粒子，量子ドット，エマルション，トナー，顔料・塗料，ナノゲル，リポソーム，化粧品，ファインバブル

表 7.2　分野・市場と応用例

分野・市場	応用例
高分子・化学工業	標準ラテックス粒子，工業用ラテックス，塗料エマルション，接着剤エマルション，蛍光粒子，磁性粒子，金属コロイド，石油関連，洗剤，ワックス，界面活性剤
セラミックス・色材工業	顔料，インク，カーボンブラック，セラミックス，無機ゾル・ゲル，セメント，光触媒材料(酸化チタン)，感光材(ハロゲン化銀)
半導体・ディスプレイ	半導体研磨粒子，CMP 粒子，反射防止膜材料，蛍光体微粒子，感光樹脂
バイオ・医薬品工業	医療用エマルション，化粧品エマルション，DDS 粒子，リポソーム，高分子ミセル，界面活性剤ミセル，診断用ラテックス，診断用金コロイド，脂肪乳剤，タンパク質，ウイルス，ゲル微粒子
食品工業・化粧品	食品エマルション，香料エマルション，牛乳，乳製品，飲料関係，乳化剤，ビタミン(ナノカプセル)，乳液，クリーム
環境化学	農薬エマルション，カーボンブラック，鉱物，粘土コロイド

マルション，ハイドロゲルなどのゲル微粒子，生体材料，タンパクコロイドなどであり，それらの粒子径・粒子径分布から分散安定性，凝集効果の指標や高分子溶液，生体高分子溶液(タンパク質，多糖類)など溶液中の分子(会合体，凝集体)サイズや分布などの評価にも利用されている．

粒子濃度は，以前の測定装置はセル内の光路長が長いため希薄溶液のみ測定可能だったが，現在は後方散乱など光学系を工夫することで懸濁溶液でも測定可能となっている．サンプルの色は白色など着色系でも測定可能だが，測定に使用するレーザー光を吸収する着色サンプル(たとえば青，緑，黒色サンプルの場合は，赤色レーザー光を吸収する)は散乱光が非常に弱くなるため，検出器で得られる情報量が少なく測定が難しくなる場合がある．

このように動的光散乱法は測定対象が非常に広いことや測定が非常に簡便であることから，汎用測定装置として多くの分野で普及し，基礎研究，研究開発や品質管理などに利用されている．

7.4　測定装置の概要

動的光散乱測定装置の構成例を図 7.11 に示す．半導体レーザーやガスレーザーから発せられたコヒーレント光は，減光フィルター（ND フィルター）を通り，集光レンズで絞り込む．偏光素子で直線偏光(垂直)にした光をセル中の狭い領域に焦点を結ばせる．発せられた散乱光を散乱角度 θ で検出する．粒子からの散乱光は，偏光素子で直線偏光（垂直）だけを通過させ，集光レンズ，ピンホールで絞り込んだ光を検出器で取り込む．装置によっては，偏光素子を回転させて水平偏光だけを通過させ，粒子の回転拡散の情報が得られるよう設定できるものもある．

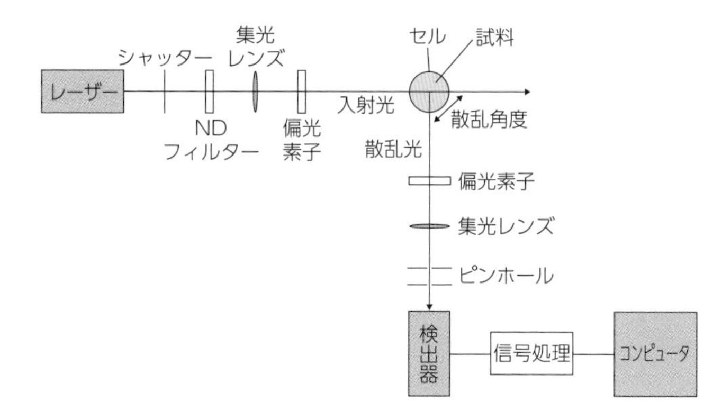

図 7.11　動的光散乱法による測定装置の構成例

数々の粒子からの散乱光は，検出器の前にピンホールを通すことで干渉しあい，小粒子では干渉の変化が早く散乱光強度が激しく変動し，大粒子のそれは緩やかに変化するため，散乱光強度が緩やかに変動する．式 (7.2) の干渉性因子 β はこの干渉度合いに影響し，ピンホールの径が小さい（検出器に入る散乱光の広がりが小さい）ほど 1 に近い値となり，装置の精度として向上する．

検出器は高感度フォトダイオードや光電子増倍管が用いられる．利点として低濃度サンプル，微粒子など微弱な散乱光での測定が可能となる．検出器で取り込まれた散乱光は，光子パルス信号として受信し，その信号を増幅させ時間の関数として記録される．得られた光子相関計測の方式はソフトウェア法とハードウェア法がある．それぞれの特徴を表 7.3 に示す．

散乱光の検出方法には，ホモダイン検出法とヘテロダイン検出法の 2 種類がある（図 7.12）．ホモダイン検出法は，散乱光強度のみの揺らぎを検出することで自己相関関数を計算する方法で，上にも記した方法である．ヘテロダイン検出法は，散乱光と入射光の位相差を検出し，周波数解析することで動的成分のみを取り出す方法である．散乱光の周波数は，粒子のブラウン運動に起因するドップラー効果により，入射光の周波数より広がりをもつため，散乱光と入射光の混合波にうねり(ビート)が生じる．このうねりの周波数解析を行うことで，粒子の拡散係数を求める[3]．

表 7.3　光子相関計の特徴

光子相関計の方式		長所	短所
ソフトウェア法	タイムインターバル法(T.I. 法)	散乱光強度が小さい場合に精度よく計算できる．基準クロック間が短く，光子パルス数をカウントするので時間分解能がよい．微粒子測定の精度がよい．	散乱光強度が大きく，大粒子には対応しにくい．
	タイムドメイン法(T.D. 法)	基準クロック間の光子パルス数を計算するため，散乱光強度が大きく大粒子の測定には精度がよい．	散乱光強度が小さい場合は測定効率が低下する．
ハードウェア法	シフトレジスタ法	リアルタイムでの相関関数計算が可能(相関時間＝測定時間)．	散乱光強度が大きい場合小さい場合に精度が低下．ハード構成のため機能が固定される．ゴミなどによるイレギュラーなデータ除去機能をもたせられない．

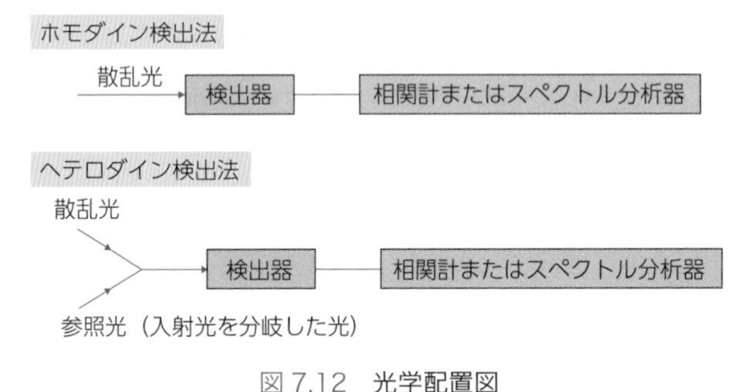

図 7.12　光学配置図

7.5　操作方法

7.5.1　測定装置の準備と注意点

市販の測定装置は，取扱説明書に装置の準備方法や操作方法，測定データの解析方法など簡単に操作できるように明記されているが，ここでは一般的な方法について記述する．

①初めに測定装置の電源およびデータ処理機の電源，測定用ソフトを立ち上げてレーザーを起動し，レーザーが安定するまで 30 分程度ウォーミングアップする．

②多くの動的光散乱測定装置は，動的光散乱測定とコロイド粒子の表面電位であるゼータ電位測定[4]の 2 種類が測定できる仕様のものがあり，その場合は粒子径測定用に設定変更する．

③動的光散乱測定に必要なパラメータである溶媒の屈折率と粘度は，温度が測定に大きく影響するため，測定時は温度制御に細心の注意が必要となる．代表的な例として，図 7.13(a) に水およびエタノールの粘度の温度依存性を示す[5, 6]．ここでの単位は mPa・s（ミリパスカル・秒)または cP（センチポアズ)である．図 7.13(b)に水・エタノール混合溶媒の粘度の温度依存性を示す．2 種類以上の異なる溶媒が混合してい

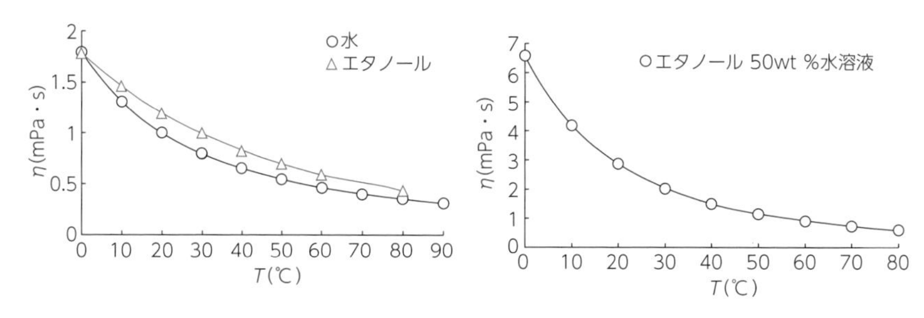

図 7.13 粘度と温度の関係
(a)水，エタノール，(b)エタノール 50 wt% 水溶液.

る系では，粘度が大きく変わる場合もあるので，粘度計を用いて実測あるいは参考書を参照する.

④サンプルの散乱光強度の強弱に合わせて入射光の ND フィルターやピンホールの大きさを最適化する. ND フィルターは装置が自動で最適化してくれるため，手動で設定することはほとんどない. 散乱光強度が弱い場合は，ピンホールの径を広げて散乱体積を大きくする必要があるが，広げることで干渉性が低下するデメリットがある.

⑤使用するセルは分光光度計で使用される内寸 10×10×45 mm の角型が多い. セルの種類は，石英ガラスやポリスチレンなど透過率の高い材質のものが用いられる. 測定角度を可変して測定する場合は，セルからの迷光の影響を少なくするために円筒ガラスセルを用いる. 測定は一定温度で行うため，必ず装置内(セルホルダー内)で温調する. セットした直後のサンプルの温度は，測定温度との温度差で温度勾配が起きブラウン運動が不安定な状態にあるため，セットしてすぐに測定を行うと，間違った結果が得られる.

⑥測定の焦点位置は，サンプルの濁度によって異なる. 図 7.14(a) にサンプル濃度と測定焦点位置の関係を示す模式図，図 7.14(b) に測定焦点位置とその位置で得られる散乱光強度を示す模式図を示す. 希薄サンプルの場合，焦点位置がセル中央付近からその奥で最大値を示し，その位置に合わせて測定を行う. 濁度のあるサンプルまたはレーザー光を吸収する着色サンプルは，サンプル内の光路長が長くなるにつれ光が吸収し散乱光が得られなくなるため，最も高い散乱光強度が得られるセル壁面に近い位置に焦点を合わす. 測定の焦点位置は自動で最適化される場合が多い.

⑦測定装置の動作確認として，動的光散乱測定装置検証用に用いられる標準粒子を測定し，測定値が基準範囲内に収まっていることを確認する. 標準粒子はおよそ 100 nm の球形粒子で単分散系のもの，さらに沈降性がなく分散安定性が非常によいものが用いられる. 標準粒子や基準範囲値は装置メーカーが選定した粒子で基準範囲値を設定している. 万が一，基準範囲値に入らない場合は，サンプル温度が不安定であること，セルのセッティングミス，セルのキズや汚れなどが原因と考えられる.

⑧複数回測定したデータを積算，平均化して一つの測定結果とする. 測定時間は積算回数に応じて変動し，標準粒子のような単分散で分散安定性が非常によいサンプルの場合は，数十秒から数分で高い精度が得られる. サンプルが低濃度の場合や大きさが数 nm の微粒子を測定する場合は，散乱光強度が弱く通常の測定条件では精度が十分に得られないため，測定時間や積算回数を増やす.

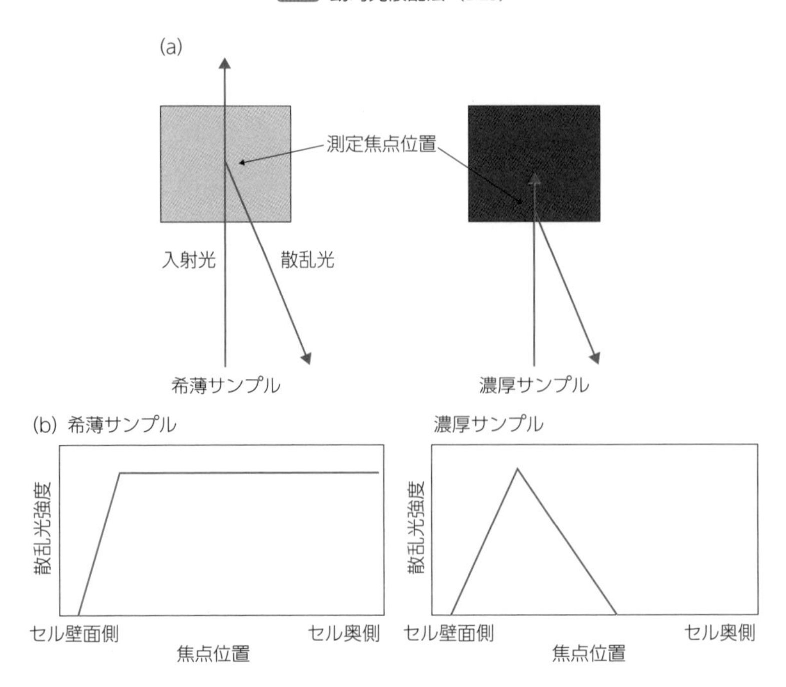

図 7.14　サンプル濃度と測定焦点位置およびその位置で得られる散乱強度を示す模式図
(a) サンプル濃度と測定焦点位置の関係を示す模式図，(b) 測定焦点位置とその位置で得られる散乱強度を示す模式図．

⑨ガラスセルは，セル表面に傷，汚れがないかを確認してから使用する．下記にガラスセルの洗浄方法の一例を示す．
・ガラス器具洗浄液に 2 時間から一昼夜浸けておく(あまり長く浸けすぎない)．
・ガラス研磨用クリーナー（レンズペーパー）でセル外部を洗浄する．また，細長い棒にレンズペーパーを巻き付け，セル内部を洗浄する．
・蒸留水や純水で水洗いする．
・汚れがひどい場合は，洗浄液を入れた容器にセルを浸け，超音波洗浄を行う．その際，あまり長くかけ過ぎるとセルが破損する可能性があるので注意する．

7.5.2　測定サンプルの準備と注意点

(1)事前準備

サンプルの溶媒，測定温度の決定，溶媒の測定温度時の屈折率と粘度を事前に調べておく．使用する溶媒は必ず安全データシート(Safety Data Sheet，SDS)などで危険有害性を確認する．SDS には危険有害性情報(安全対策，ばく露したときの応急措置，取扱方法，保管・廃棄方法など)が記載されている．特に国内法規に該当する成分(たとえば消防法，毒物劇物取締法，有機溶剤中毒予防規則，特定化学物質障害予防規則など)を扱う場合は，発がん性物質を含むものもあるので，取扱いには十分に配慮しなければならない．

(2)サンプル濃度

最適な濃度は，対象とする粒子の大きさ（粒子によって濁度が異なる），種類（溶媒との屈折率差）によって異なるため，一般的に表現することは難しい．高濃度の場合，粒子間距離が近接するため，粒子間相互作用の影響を考慮する．また，濃度が高すぎると散乱体積中の過剰粒子数による多重散乱(散乱光がさらに粒子に当たって散乱する現象)が生じ，測定した粒子径は小さく評価される．

一次粒子，二次粒子の評価を目的とする場合は，できるだけ低濃度にして粒子間相互作用がない状態にして測定する．ただし，低濃度になると測定に必要な散乱光強度が十分に得られなくなる可能性があり，その場合は測定結果にばらつきが大きくなる．そのためサンプルの散乱光強度は溶媒のみの散乱光強度に対して数倍は必要である．

(3)サンプルの色

レーザー光を吸収する着色サンプルを測定する場合は，レーザー光源の波長変更や，光路長の短いセル(薄いセル)の使用，後方散乱測定など測定条件を考慮する必要がある．

・サンプルが赤色，黄色系の場合
　光源に赤色レーザー（およそ 600 〜 750 nm）を使用するほうが測定しやすい．青色レーザー（およそ 430 〜 490 nm)では吸収されるため，測定条件を検討する．

・サンプルが青色，緑色系の場合
　光源は青色レーザーが測定しやすい．赤色レーザーは吸収されるため測定条件を検討する．

・黒色の場合
　どの波長レーザーを用いても吸収される．サンプルを低濃度にすることや，測定条件を検討する．

・蛍光発光の出るサンプルの場合
　光源は長波長のものを使用する．検出器の前に干渉フィルター（バンドパスフィルター)を入れて測定してもよい．

(4)ゴミの除去(フィルターろ過)

サンプルの分散媒には不純物の混入が少ない溶媒を使用し，目視で不純物が確認できる場合はフィルターなどを用いて取り除く必要がある．

①サンプルを希釈する場合は，希釈溶媒は必ず光学精製(フィルターろ過，遠心処理)を行い，不純物を取り除いてから使用する．使用するフィルターは，フィルターとフィルターホルダーが一体化したもの(シリンジフィルター)が，ゴミなどの影響が少なくろ過できる．一般に市販されているフィルターは有機溶剤用と水用の 2 種類が販売されているが，有機溶剤を扱う場合は，事前に耐溶剤性のものか調べておく必要がある．

②サンプルをろ過する場合，サンプルの粒子径を考慮しポアサイズが最適なフィルターを選択する．目視で明らかに大粒子やゴミが確認できる場合はもちろんのこと，タンパク質，高分子電解質，多糖類などの分子コロイドや，界面活性剤などの会合コロイドの場合もフィルターろ過して測定するのが望ましい．

③フィルターろ過する場合の注意点
　ろ過する場合は，ろ過した液をポタポタ落とさないで，受け側の容器の壁面にフィ

ルターの先をつけて，ろ過液を壁面につたわらせながらろ過をする．

分子コロイドや会合コロイドをろ過する場合は，循環濾過器等を使用し，サンプルを循環しながらろ過を繰り返すことも効果がある．

(5)粒子の分散方法

動的光散乱測定ではコロイド粒子ができるだけ分散している状態で測定する必要がある．粒子の分散状態は，粒子の運動状態と粒子間相互作用に起因する（表 7.4）[7]．粒子の運動状態は粒子径，溶媒の粘度などで決まるブラウン運動と，攪拌・超音波照射など外力の作用による運動が考えられる．粒子径が小さくなるほどブラウン運動が激しくなり，粒子どうしが接触・凝集しやすくなる．

表 7.4　コロイド粒子の分散安定性におよぼす要因

粒子に関する要因	分散媒に関する要因
粒子の種類	溶媒の種類
粒子の大きさ・形状	分散剤の有無
粒子の濃度	電気的特性
多成分粒子混合系	粘度
表面電荷密度	水系・非水系
表面電位	温度
表面伝導度	
濡れ性	
凝集特性	

また，コロイド粒子は熱力学的に不安定であるため，常に凝集して表面積を小さくしようとする傾向がある．一度凝集した粒子は，サブミクロン以下だと攪拌などの操作では凝集体の再分散が困難となる[8]．一次粒子径にまで分散させるには，粒子間反発作用を生じさせるために界面活性剤などの分散剤を添加，超音波バスや超音波ホモジナイザーで超音波照射を行うのが一般的である．超音波バスはサンプルの入った容器をバスに満たした水に浸し分散させる．超音波ホモジナイザーは，振動子を直接サンプルに入れ照射するため，超音波バスより強い分散効果が得られる．超音波バスを使用する場合の注意点は，超音波照射の効果が最も強い共振点で照射することである．共振点では，サンプルの液面が強く振動し，水面が波打つような対流状態が見られる．このような状態にするには，バスに満たした水位を変化させ，共振する水位を調整する[9]．図 7.15 に共振点で分散した場合とそうでない場合について，水中の酸化アルミニウム粒子の粒子径分布結果を示す．この結果から，共振点で分散することは非常に重要であることがわかる．

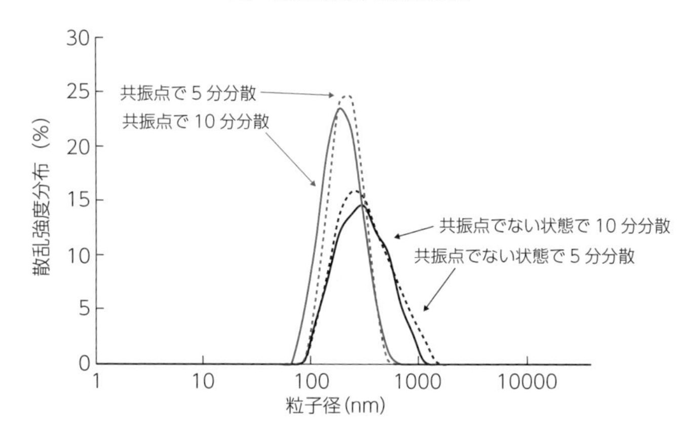

図 7.15　共振点で分散した場合とそうでない状態で分散した場合の分散効果の比較

7.6　結果の見方と解析方法

7.6.1　測定で得られる基本的な情報

測定で得られる情報を表 7.5 にまとめた．キュムラント平均粒子径や粒子径分布は上で説明してきた．粒子径モニターテーブルは積算 1 回ごとの粒子径値のことで，測定中のサンプルの経時変化を追うことができる．残差は 7.2.5 項(2)の図 7.9 に示す生データとヒストグラム法で計算された結果のフィッティング度合いを示した値で，この値が小さいと生データに近い解析ができている，つまり信頼性のよい結果が得られていることを意味する(残差機能は装置によってついているものとそうでないものがある)．

表 7.5　動的光散乱測定で得られる結果の項目

項目	
キュムラント平均粒子径 (nm)	粒子径分布
多分散指数	自己相関関数
散乱光強度 (cps)	粒子径モニターテーブル
拡散係数 (cm^2/sec)	ND フィルター（%）
減衰定数 (1/sec)	残差

7.6.2　解析結果からわかる注意点

(1) 自己相関関数

式（7.2）で得られる自己相関関数は，短時間での立ち上がりが 1 〜 2 の間で見られ，長時間側で 1 に収束する減衰曲線となる．しかし，このような形の結果が得られない場合はサンプルや装置の問題が考えられる．図 7.16 に正常および異常な場合の自己相関関数を示す．

・立ち上がりが 2 を超える（図 7.16(b)）

原因：ブラウン運動以外の動きを検出している．これは沈降が激しい粒子や鱗片状の粒子に見られる．

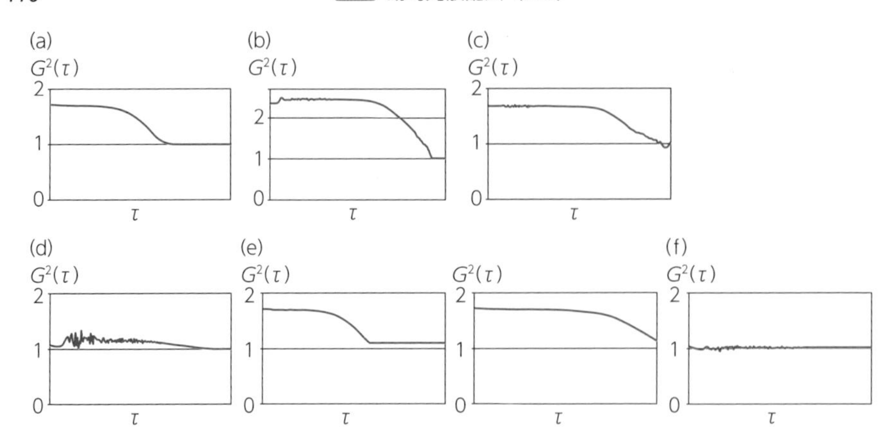

図 7.16　自己相関関数からわかる注意点
(a) 通常の形，(b) 2 を超える，(c) ベースがうねる，(d) ノイズっぽい，(e) ベースが浮く，1 に収束しない，(f) 立ち上がらない．

対策：粒子をしばらく静置させて，上澄み部分を測定する．

・ベースラインがうねる（図 7.16(c)）

原因：①サンプル内で対流が起きている，粒子の沈降の影響を受けている．②サンプルからの散乱光強度が高すぎる．③装置が振動している．

対策：①サンプル温度が安定するまで静置する．②濃度が高すぎる場合や，ND フィルターが正常に動作していない場合に起きる．サンプル濃度を薄くする，ピンホールを小さく絞る，それでも解消しない場合は ND フィルターの動作確認が必要となる．③振動源を取り除くことや除振板を敷くことで解決できる．

・ノイズっぽい（図 7.16(d)）

原因：サンプルが低濃度の場合や微粒子を測定する場合は，粒子からの散乱光強度が少なく解析に必要な情報量が十分に得られていない．

対策：サンプル濃度を高くすることで散乱光強度を上げる．測定時間を増やして情報量を多くする．

・ベースラインが浮く，1 に収束しない（図 7.16(e)）

原因：サンプルが高粘度なため，ブラウン運動が抑制される．大粒子が混在している．

対策：低粘度の溶媒に変える．サンプル濃度を薄くする．光学精製や遠心処理で大粒子を取り除く．

・立ち上がらない（図 7.16(f)）

全く立ち上がらないということは，粒子のブラウン運動の情報がほとんど検出できていないことを意味している．

原因：サンプルが低濃度．測定焦点位置が合っていない．粒子がほとんど存在していない．

対策：サンプル濃度を高くする．測定焦点位置を調整する．

(2) 粒子径分布

粒子径分布で，図 7.17 のような結果が得られた場合，横軸を粒子の大きさにあわせ

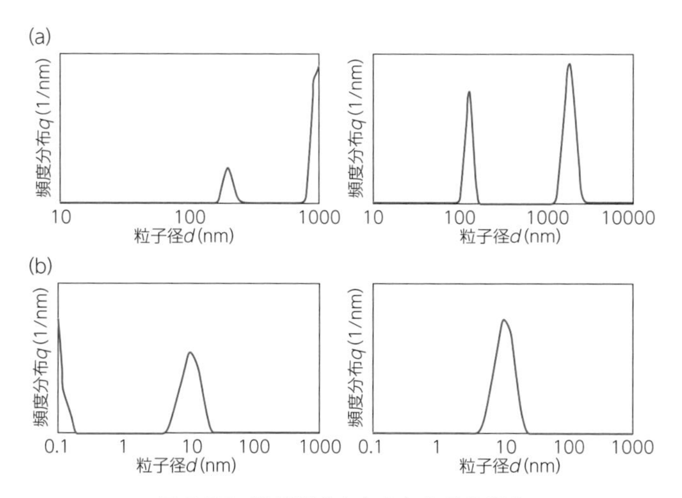

図 7.17　粒子径分布からわかる注意点

(a)分布の右端に頻度が見られる場合，(b)分布の左端に頻度が見られる場合．

ることで，正確な解析結果を表示する．(a) のように分布の右端に頻度が出ているのは，さらに大きな粒子が存在していることを意味しているため，横軸の最大値を広げることで分布として表示できる．(b) は横軸の最小値を 0.1 nm に広げても左端に頻度が出ている．これは粒子のブラウン運動の情報ではなく自己相関関数のノイズが頻度として表れている可能性が考えられる．したがって，削除して表示するほうが望ましい．

7.7　おわりに

動的光散乱法測定では，nm オーダーの測定精度は他の測定原理と比べて非常に高いため，多くの分野で使用されている．しかし，操作が非常に単純なため，間違った測定操作や結果の評価が不十分となる場合が多く見受けられる．したがって，原理の理解と測定操作手順や測定結果の正しい理解が重要となる．ここに記した内容をより専門的に知りたい方は，参考文献に記す専門書を参考にしていただきたい．

【参考文献】

1) 米沢富美子，『ブラウン運動』，共立出版 (1993).

動的光散乱法についてさらに詳しく知りたい方

2) 柴山充弘他，『光散乱法の基礎と応用』，講談社(2014).

3) 窪田健二，高分子学会編，『新高分子実験学 6 高分子の構造(2) 散乱実験と形態観察』，共立出版(1997).

ゼータ電位について詳しく知りたい方

4) 北原文雄他，『ゼータ電位 微粒子界面の物理化学』，サイエンティスト社(2012).

溶媒の物性値の参考書

5) 浅原照三他，『溶剤ハンドブック』，講談社(1976).

6) 日本化学会，『化学便覧 基礎編』，丸善出版(2004).

7) 小石真純，釣谷泰一，『分散技術入門』，日刊工業新聞社(1979).

8) 北原文雄，青木幸一郎，『コロイドと界面の化学』，廣川書店(1983).

9) 粉体工学会，『粒子径計測技術』，日刊工業新聞社(1994).

8 ゲル浸透クロマトグラフィー(GPC)

渡部悦幸(㈱島津製作所分析計測事業部)

8.1 はじめに

GPC（Gel Permeation Chromatography，ゲル浸透クロマトグラフィー）は，高速液体クロマトグラフィー（HPLC）の分離モードの一つで，複数の目的成分間の分子のサイズの違いを利用して相互分離を行う．分子のサイズに着目して分離を行うものはサイズ排除クロマトグラフィー（Size Exclusion Chromatography，SEC）と総称されるが，その中でも合成高分子を扱う化学工業の分野ではGPC，生体高分子を扱う生化学の分野ではゲルろ過クロマトグラフィー（Gel Filtration Chromatography，GFC）と呼ばれることが多い．

サイズ排除を原理とした分離機構はHPLCの主な分離モードの一つであると考えられる．ここでは平均分子量の計算を行うGPC分析全般について解説することを目的とし，分離モードに関する簡単な説明に加え，高分子化合物の平均分子量を測定する，いわゆるGPC計算についても概略を解説する．

8.2 原　理

8.2.1 SECによる分離

SECカラムの中には通常，均一径の粒子が充填されている．ほとんどの場合，球形の粒子の表面には，細孔と呼ばれる孔が数多く存在する．この粒子そのものが無機であれ，有機であれ，直鎖上の高分子が溶媒中で畳み込まれて架橋により固定されたものであるから，粒子表面より内部のほうが高分子の鎖どうしの絡み合いが強くなり，平均的な細孔の大きさは粒子内部にいくほど小さくなることが予想される．つまり，SECカラムには模式的には，図8.1のような粒子が充填されていると考えられる．

図8.1で明らかなように，分析対象となる溶質(高分子の場合がほとんど)の溶媒和したサイズ（直鎖状の分子であっても，自身の自由エネルギーが小さな安定状態になるよう，多くは球に近い形状になる.）が大きければ細孔の奥まで浸透できず，カラム通過時の移動経路の総和は小さくなる．一方，サイズが小さければ奥まで浸透できるので，移動行跡の総和は大きくなる．したがって，溶媒和したサイズの大きな溶質は早く溶出し，サイズの小さなものは遅く溶出する．これがサイズ排除の分離の原理である．図8.1において，粒子表面の細孔より大きなサイズの溶質は，それ以上どんなに大きくても細孔に侵入できない，という点では条件は同じなので，SECカラムでは細孔サイズ以上に大きな溶媒和サイズの分子は区別できない．同様に，細孔の底にあたるサイズ（概念上の三角形の角でない限り，細孔の底のサイズはある一定の大きさをもつ）以下の小さな

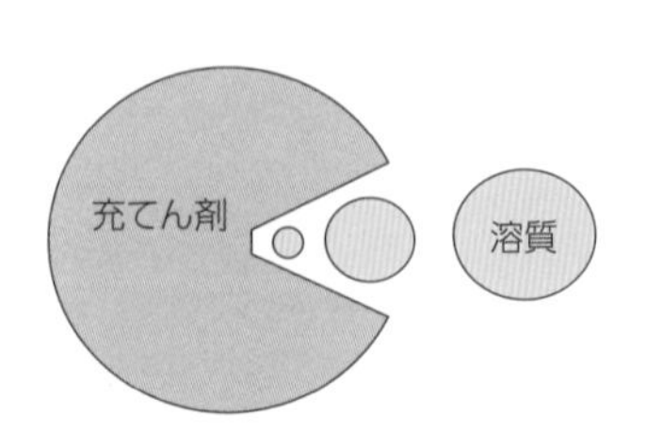

図8.1　SEC用充填剤の模式図
溶質の大きさにより細孔に入れるかどうかが決まる．大きな溶質は細孔の入り口付近まで，小さな溶質は細孔の奥まで侵入する．そのため，大きな溶質ほど移動経路が短く，早く溶出する．

分子も SEC カラムでは区別できない．この二つの限界をそれぞれ排除限界，浸透限界と呼び，この両者の間で溶質分子は図 8.2 のように分子サイズの大きなものから順にカラムより溶出する．

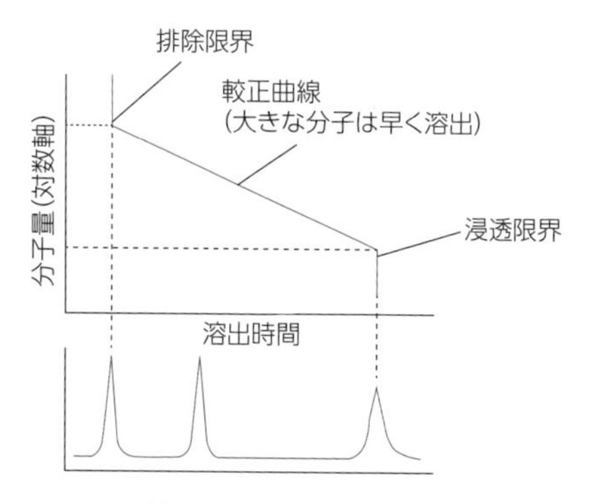

図 8.2　較正曲線と排除限界，浸透限界

8.2.2　SEC 分離における諸注意

この排除限界と浸透限界の間の溶出時間（通常は溶離液を一定の流速で送液することから，時間に流速を乗じて「溶出容量」という場合も多い）と溶出する溶質，すなわち高分子の分子量との関係を示したものは較正曲線（または校正曲線，検量線）と呼ばれる．実際には，較正曲線の縦軸は 10 を底とする常用対数で示される場合がほとんどである．図 8.3 からわかるように，分子量が約 10 倍異なる高分子を分離してみると，ほぼ等間隔の溶出時間となることから，較正曲線で分子量を対数表示することが妥当であることがわかる．

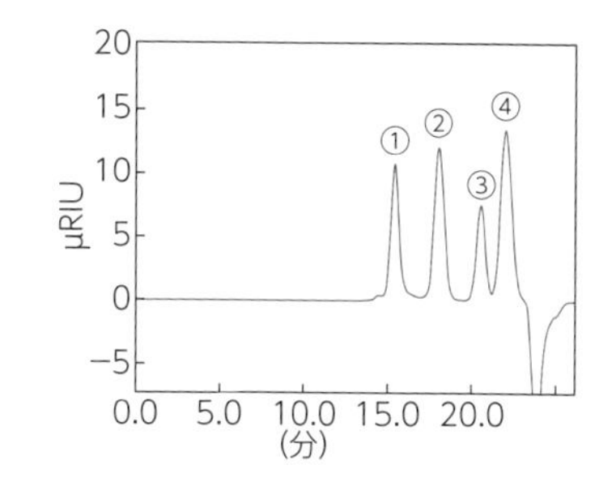

図 8.3　サイズ排除クロマトグラフィーによる標準ポリスチレンの分離

①ポリスチレン（Mw 411,000）
②ポリスチレン（Mw 51,000）
③ポリスチレン（Mw 5030）
④ポリスチレン（Mw 580）
カラム：Shim-pack GPC-80M（300 mm × 8 mm I.D.）2 本
移動相：THF
流量：1 mL /min
カラム温度：40 ℃
検出：示差屈折率

なお，SEC 分離では通常は分子の大きさだけで分離が行われ，化学的相互作用が働かないという前提にあるため，ピーク頂上部に相当する溶出時間を「保持時間」とするのは厳密には誤りであろう．保持時間とは一般的なクロマトグラフィーでいう「非保持の時間」あるいは t_0 と呼ばれる時間以降に出現するピークの頂上時間を指す．SEC 分離ではこの t_0 は浸透限界に相当する．つまり SEC 分離はすべて t_0 以前の時間で行われるので，分離の精度を確保するために t_0 以前の溶出時間を長くとるように，他の分離モードのカラムに比べてカラムサイズが大きなものが標準的である．たとえば，一般的な SEC カラムの寸法は長さ 300 mm，内径 8 mm 程度である．

8.3　何が測定できるのか

8.3.1　箱モデルによる 2 種類の平均分子量の説明

先述のように，GPC 分析の対象物質は，多くの場合は高分子であり，一般的には合成高分子であれ，多糖類などの天然高分子であれ，一定の分子量分布をもつ状態で存在する．これら高分子の物性評価として，分子量の大きなものから順に溶出する SEC 分離の原理を用いて，その平均分子量や分子量分布を推定するのが GPC 計算である．い

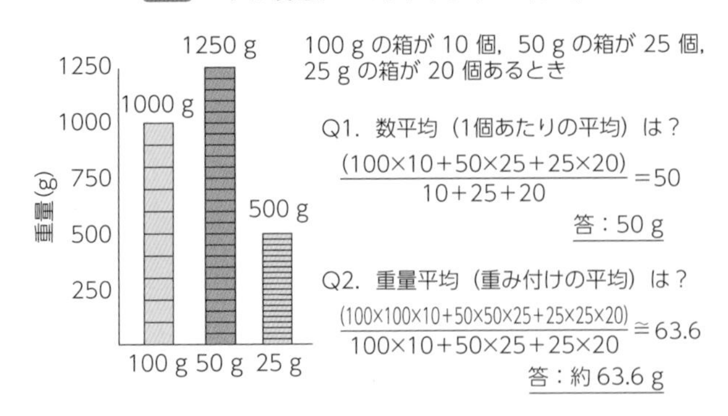

図 8.4　平均分子量とは

きなり平均分子量の計算式を解説するよりも，視覚的にイメージしやすいように図 8.4 でおおよその GPC 計算について考えてみる．

図 8.4 のように重さの異なる箱（それぞれの箱の大きさも異なる）を考えると，箱の種類の違いには着目せず，単純に箱の数で平均した場合の箱の重さの平均は，上の計算の通り，50 g となる．それに対して，箱の種類の違いを考慮して重み付けを行った平均は 63.6 g と単純平均より大きな値になる．

実際の GPC 計算では，箱一つの重さを高分子の分子量と考えて，それぞれ数平均分子量，重量平均分子量と呼ばれる．名前の理由は，式を見て明らかなように，前者は箱の総数が分母となり，後者は箱の総重量が分母になっているからである．GPC 分析においてはこの二つの平均が大きな意味をもつ．それは，この二つの計算結果の比，すなわち（重量平均分子量）/（数平均分子量）が，対象としている高分子の分子量分布を表すからである．この比は多分散度と呼ばれる．分子量分布範囲が広ければ相対的に大きな分子の重みが強調されることになり，多分散度は大きくなる．分布が狭い場合，極端な例では 50 g の箱しかない場合は，数平均と重量平均は一致して，多分散度は 1 となる．

実際の GPC 分析では，単一分子量の試料であってもバンド拡散により，ピークは一定の幅をもってしまうが，多分散度が 1 に近ければ単分散に近い狭い分布となり，多分散度が大きければ，広い分布を示すことに変わりはない．

8.3.2　箱モデルから実データ計算への拡張

これらの背景を勘案して，図 8.5 に示す SEC 分離で得られたクロマトグラム（溶出曲線）でのスライス（溶出曲線を等間隔で分割したもの．図 8.4 の箱の種類ごとの短冊に相当）と式(8.1)を見れば，計算の原理と式自体の示す内容が理解しやすい．

$$
\text{数平均分子量}\qquad M_\mathrm{n} = \frac{\Sigma H_\mathrm{i}}{\Sigma(H_\mathrm{i}/M_\mathrm{i})}
$$

$$
\text{重量平均分子量}\qquad M_\mathrm{w} = \frac{\Sigma M_\mathrm{i} H_\mathrm{i}}{\Sigma H_\mathrm{i}} \qquad (8.1)
$$

（一般に $M_\mathrm{n} < M_\mathrm{w}$ である．多分散度＝$M_\mathrm{w}/M_\mathrm{n}$ であり，分布の広がりを示す．H_i：スライス高さ，M_i：分子量）．

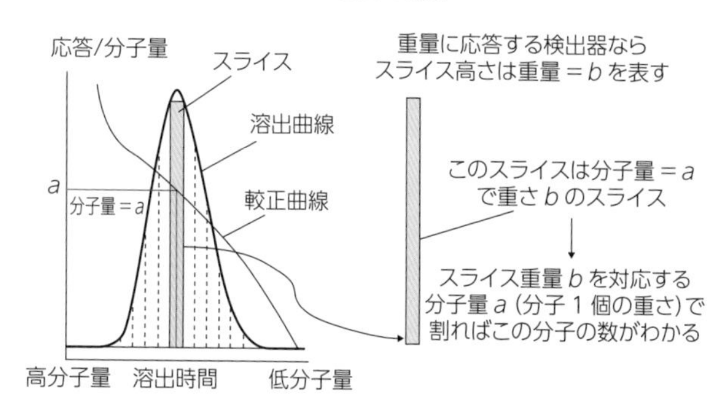

図 8.5　GPC 計算の原理

H_i は対応するスライスの高さ，すなわち重量を表し，H_i/M_i は重量を該当するスライスに較正曲線で割りあてられた分子量 M_i（図 8.4 の各箱の大きさ）で除したものであるから，そのスライスに存在する分子の数を表す．二つの式の違いは，M_n を表す式の分母と分子それぞれに M_i が乗じられ，M_i による重みづけが行われていることである．したがって図 8.6 に示した二つの式は，それぞれ図 8.4 の数平均，重量平均の箱の重さの計算に対応していることがわかる．

以上，解説してきたように，きわめて簡単に述べれば，GPC 分析とは分子量の順に溶出する SEC 分離メカニズムによって得られた高分子の溶出曲線に対して，あらかじめ作成した分子量と溶出容量の関係(較正曲線)を用いて，平均分子量と分子量分布を求める分析法であるといえる．

8.4　装置の概要

8.4.1　一般的な GPC 装置構成と検出器に求められる特性

GPC分析システムのハードウエアとしては基本的にHPLC と同じ構成となる．図 8.6 に一般的な GPC システムの流路図を示す．

経時的に移動相組成を変化させるグラジエント溶離法は使用しないので，送液ポンプは 1 台である．後述するがカラムオーブンは必須である．試料の注入は自動注入装置でも，シリンジで実験者が計量する手動注入装置でも使用可能である．

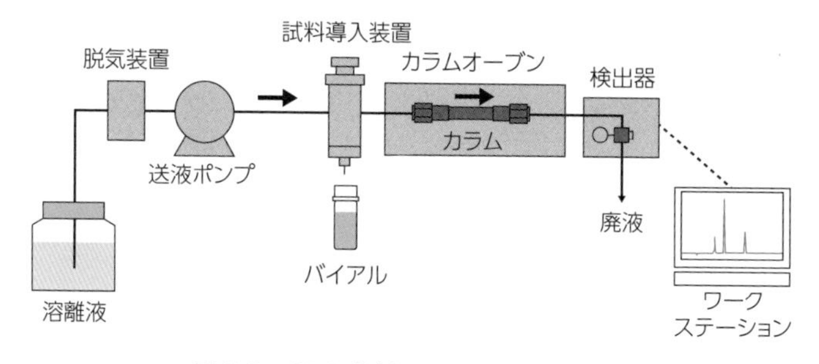

図 8.6　GPC 分析システムの流路構成

次に，検出器は一般的には示差屈折率検出器（RID）を用いる．これは，RIDが試料の重量に対して最も直線的に応答する性質をもつ検出器であるということが理由である．スライスから分子の数(実際の個数ではなく，その相対比)を計算する際にも，スライスの高さは重量を表したものでなくてはならないことは容易に理解できよう．

分光的なHPLC検出器では，一定容積をもつセル内に存在する対象分子の数(濃度といってもいい）に応答する．一方，UV検出器は，分子の数に個別の分子のモル吸光係数という係数を乗じた応答を示す．高分子を考えた場合，分子1個のモノマーと分子が10個つながったオリゴマーを比較して，後者が前者に対して正確に10倍のモル吸光係数を示せばGPC計算上は問題ないが，実際には溶媒和した際の高分子の形や吸収を示す部位の位置関係などにより，そうならない場合が多い．そのため，GPC計算用のデータとしては，RIDデータのほうが好ましい．

また，対象とする高分子自体のUV吸収が小さい場合，溶離液自身がUV吸収をもつ場合など，UV検出器に不利な局面も考えられる．蒸発光散乱検出器はUV吸収を示さない化合物のHPLC分析に用いられるが，この検出器は濃度，すなわちセル内の分子の重量に対して応答が直線的ではなく，GPC計算ソフトにELSDの検量線に依存した濃度による応答の補正機能がなければ，GPC計算用のデータとしてはこれも不適である．

網羅的な比較ではないが，これらの検出器とRIDとの計算値の不一致はおおよそ数%から数十%程度である．この差を許容するか否かは運用側の問題となろう．RIDでも低分子化合物の重量応答は相対的に小さくなる傾向はあるが，計算ソフトに補正機能が付与されている場合が多く，影響も限定的であるため，GPC計算データ用の検出器としてはこれが基本になる．また，多角度光散乱検出器とRID検出器を組み合わせ，得られたデータから，直接的に重量平均分子量を測定することも可能であるが，実際の使用例はRIDの場合のほうが多いと推察されるため，本章では測定原理などは扱わない．

8.4.2　その他のGPCシステム構成装置に求められる特性

HPLC分析において，一般的な定量計算法（絶対検量線法）では，注入量が異なれば得られたピーク面積が異なり，定量結果に大きな影響を与える．GPC分析では注入量の正確さはHPLC分析の定量計算程には重要ではないが，注入量依存で溶出時間がある程度変動する(注入量を増やせば溶出時間も増加，変動率は少注入量領域で大きい)ことが知られているので，一連の分析では一定の注入量を採用することが望ましい．

溶出時間は試料濃度にも依存しており，高濃度では溶媒和した分子サイズが小さくなる傾向があることから，溶出時間が増加する．この傾向は分子量の大きな高分子で顕著である．また，GPC計算では各溶出時間に割りあてられた分子量の分子がいくつあるか，ということが計算の基礎となるため，溶出時間の再現性は非常に重要である．すなわちポンプの流量安定性，およびGPC分析系自体の温度安定性が重要ということになる．したがって，正確に一定流量で溶離液の送液を行うポンプやカラム内の溶離液の温度を一定に保つカラムオーブンはGPC分析のハードウエア構成では重要である．また，GPC分析に使われる溶離液は非水系高分子を対象とする場合はテトラヒドロフラン(THF)，クロロホルムなどの有機溶媒，親水性高分子が対象の場合な水，あるいは水に塩添加を行った水溶液などが用いられる．非水系の場合，溶解能力の大きなヘキサフルオロイソプロパノール(HFIP)を移動相に用いることがある．そのため，送液系含め，各装置樹脂部品の各溶媒への耐性は十分かを確認する必要がある．GPC 計算を行うためのソフトウエアは装置の各ベンダーが提供している．スライスデータから市販表計算ソフトで計算するより，GPC 解析ソフトウエアを使用するほうが一般的な用途としては便利である．

8.5　操作方法

8.5.1　GPC 分析に先立つ注意点

前述のように，GPC 計算においては，ピーク形状全体の溶出時間方向の再現性が重要であるので，なるべく装置自体が温度変化を受けにくい環境に設置することが重要である．可能であれば，窓，出入口，エアコンや換気システムの近傍での設置は避ける．より精密な分析を行う際には，溶離液の入った容器自体を水浴にして熱容量の大きな環境で使用するか，積極的にカラムオーブンとの温度差が小さくなるように，恒温室などでの全体温調を実施する．

GPC 分析では分布範囲の広い高分子を対象にする場合も多く，排除限界の異なる 2 ～ 4 本程度の複数のカラムを直列に接続して分析に供する場合も少なくない．その際，排除限界の異なるカラムの接続順序が取り沙汰されることがままある．排除限界サイズの降順，昇順いずれも利点はあるが，経験上，いずれの順でも計算結果，耐久性に大きな差はない．すなわち，実用的にはカラム接続順は考慮しなくても大きな問題はないと思われる．

8.5.2　較正曲線の作成

装置の構成は一般的な HPLC とほぼ同じであることから，装置としての操作方法もほぼ同様である．最初に分子量既知の単分散高分子標準品を何点か注入して，較正曲線を作成する．GPC 較正曲線作成用に市販されている標準マーカーは分布が小さく，各メーカーで GPC 分析を行った場合，ピーク頂上に相当する部分の分子量が明示されている．これによって，ピーク頂上に相当する溶出時間に表示された分子量を割りあてることが可能になる．

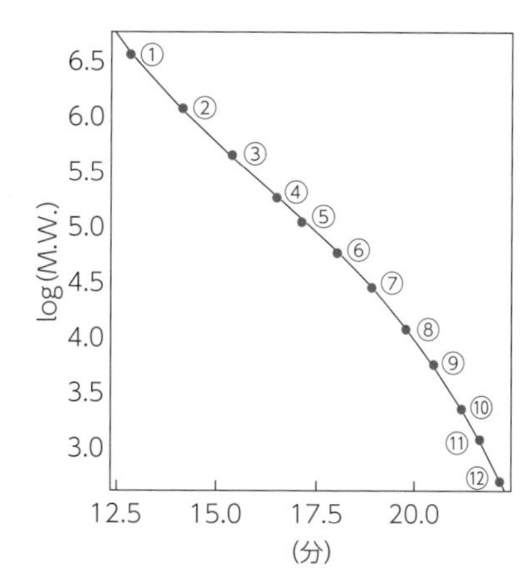

図 8.7　三次関数を用いて作成した較正曲線

ピーク① PS 3,220,000，② PS 1,080,000，③ PS 411,000，④ PS 160,000，⑤ PS 96,400，⑥ PS 51,000，⑦ PS 25,000，⑧ PS 10,700，⑨ PS 5,030，⑩ PS 1,990，⑪ PS 1,060，⑫ PS 580.

曲線を構成する標準マーカーの点数は，曲線の種類や分子量範囲にもよるが，一般には 5 ～ 10 点程度であろう．また別法として，数平均分子量，重量平均分子量，および Z 平均分子量(後述する)など，既知の分子量分布をもつ標準マーカーを用いて，各平均分子量を指定数値に合せるように較正曲線を数値演算により作成する方法（一般にブロードスタンダードと呼ばれる)も知られている．

較正曲線が直線になると断定できるカラムなら，最低 2 点が与えられれば数学的には決定できる．しかし実際には，較正曲線が直線にならない場合もあれば，直線であっても較正曲線の信頼性向上のために，より多くの標準マーカーを採用することが多い．非水系合成高分子が対象の場合はポリスチレンを，水系高分子の場合にはプルランなどを用いて較正曲線を作成する．

較正曲線が直線的ではない場合は，奇関数を用いて較正曲線を作成することが多い．図 8.7 に三次関数でフィットしたポリスチレン 12 点で作成した較正曲線を示す．実測点の「くびれ」がうまくフィットできている．なお奇関数を用いるのは，全体として右肩下がりの較正曲線を表すモデルとして都合がいいからである．

8.5.3 実試料分析

標準マーカー溶液作成時の注意点としては，RID での検出のため，試料溶媒は溶離液と同一組成にして，溶媒由来ピークが計算の必要な溶出部分に被らないようにすることがあげられる．また試料濃度は，UV 検出の場合より大きく，0.1 〜 0.2%（w/v）程度が一般的であろう．前項で説明した溶出時間の濃度依存性から，標準マーカーと実試料の濃度も同じにしがちであるが，一般に分子量分布をもつ実試料では，特定分子量域での部分濃度は全体濃度以下になるので，標準マーカーよりは 2 倍程度高濃度で調製することが望ましい．

試料注入量は，一般的なカラムサイズが内径 8 mm と大きく，前項で説明した溶出時間の増加も勘案して，50 〜 100 μL 程度までは許容されよう．ただし内径の小さなカラムを用いた場合には，さらに少ない注入量が好ましい．また，ポリスチレンの標準マーカーと比較的極性の大きな有機溶媒（*N*,*N*-ジメチルホルムアミド（DMF）など）の溶離液，および合成高分子ベースの充填剤を用いて較正曲線を作成する場合は，ポリスチレンのカラム充填剤に対する吸着現象が知られており，その抑制のために，5 〜 10 mmol/L 程度の臭化リチウム等を溶離液に添加する．

実試料中の分布は分析前には予想しにくいものだが，もし，GPC 計算の対象となる溶出部分が較正曲線の実測点の外側に及ぶときには，該当する溶出部分の計算が外挿予測となり，計算の信頼性が低下するので，実試料中の全溶出部分が標準マーカーの実測点で内挿できるように，適切な標準マーカーのデータを追加することが望ましい．また，得られたクロマトグラムで高分子成分の溶出が排除限界に近い位置から急激に立ち上る，あるいは浸透限界付近から立ち上がるような場合は，カラムの選択が適切ではない可能性があり，排除限界の異なる適切なカラムに変更する．

8.5.4 適切な波形処理の実施

GPC 分析で得られたクロマトグラムは適切な波形処理を経て，GPC 計算に供することが可能になる．図 8.8 に示すように，溶出部分は実線で示した補正線に基づいてベースライン上を底辺とする図形に切り取られた後，多数のスライスに分割されることが望ましい．もし負ピークの認識，不適切なピーク分割などで，図中の破線で示した補正線に従って波形処理した場合，分割された各スライスの高さがベースラインレベルとの差分だけ増減された形になり，高分子の分布を正しく反映した GPC 計算ができなくなる．なお，スライス数が多いほど計算の精度はよくなると考えられるが，データファイルのサイズを考えた場合には，スライス数の大きなデータはサイズの大きなデータとなり，データファイルの保存では不利になる．計算速度やデータ保管に問題がなければ，スラ

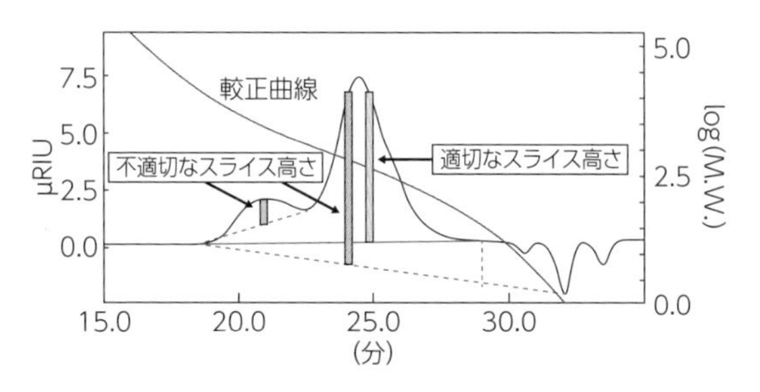

図 8.8　GPC クロマトグラム(溶出曲線)の波形処理

イス数を大きく設定するほうが好ましい.

上述した点に留意して，データ採取し，適切な波形処理を施し，GPC 計算を行えば，数平均分子量 (M_n)，重量平均分子量 (M_w) 多分散度 (M_w/M_n 値) が求められ，一通りの GPC 分析が実施されたことになる.

8.6　GPC 分析結果の見方

次に得られたデータの取り扱いで留意すべき点を記載する.

8.6.1　換算分子量

ある分布をもつ高分子試料を上述の方法で GPC 分析すれば，数平均，重量平均分子量，多分散度などが得られるが，これらの数値は以下に説明する限定条件の下で検討しなくてはいけない．計算の元になった較正曲線がポリスチレンマーカーで作成された場合，得られた計算結果は，実試料の高分子がマーカーと同種のポリスチレンであった場合には正確な分子量情報となる．しかし，試料中の対象高分子が，ポリブタジエンなど，ポリスチレン以外の場合は，「その高分子がポリスチレンであったとすれば，この程度の分子量である」というポリスチレン換算の分子量が得られたことになる.

これは SEC カラムによって認識される情報が，8.2 節で説明したように，溶媒和した分子の大きさである，ということによる．つまり，分子量の大きな高分子は分子量の小さな高分子に比べて溶媒和したサイズも大きいであろう，という考えが基本になっている．この考えは，一般に同種類の高分子(たとえばポリスチレン)のみに関して考えると正しいと思われる．直鎖状に合成された高分子は，溶媒に溶解すると，エネルギー的に最も安定な形状を取るように，多くの場合は表面積の小さな球に近い状態に畳み込まれる．SEC の場合は，この畳み込まれた球状分子のサイズを見分けていることになる．概念的な説明になってしまうが，以下の図 8.9 に示すように，異なる分子量をもつ高分子が SEC 上で同じ溶出位置に出現する場合を考えてみる.

図 8.9 において，A を基準に考えると，B の高分子は，分子鎖長は同じであるが細いので分子鎖の単位長さあたりの重量も小さく，分子量も A より小さいと考えられる．同じ鎖長で同じ球状サイズに畳み込まれているので，絡まり具合は A と同程度である．C の場合には分子鎖は A と同等の太さで，単位長さあたりの重量も A と同等ながら，鎖長そのものが A より短い．したがって A より分子量は小さいと思われるが，溶媒中で鎖は疎に畳み込まれる性質があり，溶媒和したサイズは A と同じになる.

大きさが同じで異なる種類の高分子

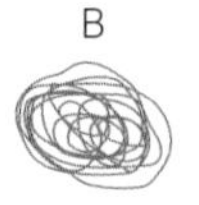

同じ位置に溶出

図 8.9 同じ溶出時間を示す異なる分子量をもつ高分子

このように考えると，これら三つの高分子はそれぞれ異なる分子量をもつにもかかわらず，SEC で同じ位置に溶出して区別がつかないことになる．このことから類推すれば，基準となる高分子 A とは異なる種類の高分子が，同じ分子量をもっていながら A とは異なる溶媒和した分子サイズをもち，SEC 上で異なる位置に溶出するということも容易に想像できよう（図 8.10）．

図 8.10 同じ分子量をもつ異なる溶媒和サイズの高分子

SEC では，溶媒和した分子サイズが同じなら高分子の種類によらず同じ位置に溶出することになり，先述したように較正曲線作成に使った標準マーカーと同種の高分子だけについて GPC 計算で正しい分子量情報を得ることができる．しかし，高分子の物性評価という点では，標準マーカーに換算した平均分子量，多分散度などの情報の大小関係に変わりはない．つまり数値そのものの絶対値はさておき，a と b の二つの同種の高分子試料を比較して実際の分子量（絶対分子量）の大きなほうは，換算した分子量（換算分子量）も大きい．また分布の広がりを表す多分散度も同様で，絶対分子量で比較しても換算分子量で比較しても，数値の大きなほうが広範な分布を示す．このことから，高分子化学工業の現場では，換算分子量を用いて高分子の評価を行う場合が少なくない．

ここまでに述べた内容を理解したうえで GPC 分析の結果を高分子の評価などに使えば，道具としての GPC 分析の目的はおおむね達成できるものと思われる．次項以降で，さらに付加的な知識として GPC 分析にかかわる項目について解説する．

8.6.2 積分曲線と微分曲線

GPC 解析ソフトウエアなどの出力項目には積分曲線，あるいは微分曲線というものがある．積分曲線は各スライス高さを分子量の小さなほう，すなわち溶出時間の遅いほうから積算していき，検出された最大分子量のところまで足し合わせていくものである．通常はスライス高さの全積算で各スライス高さを除して，規格化された状態（ゼロからスタートして積算終了時に 1，百分率でいうと 100% になる）で表示する．当然，最初はゼロから始まり，ピークの立ち上がるところでは積算値が急増し，ピーク終了に向けて積算値の増加はなだらかになり，最終的には 1 に達する．この積分曲線で大切なところは，横軸を溶出時間から較正曲線を利用して対応する分子量に変更している点である．そして，微分曲線はこの積分曲線を微分することによって得られる．

元々，溶出曲線を細分化したスライスの高さ（数学的に表現すると関数値）を積算したものが積分曲線なので，それを微分すれば，軸の方向（積分曲線では右が分子量大となり，右が分子量小となる溶出曲線とは逆）が左右は裏返ったようになるが，元の溶出曲線に戻るだけとも考えられる．しかし，積分曲線作成時の注意にあったように，較正曲線で得られた関係を元に横軸は溶出時間に対応する分子量に変換されているため，これを微分しても横軸は分子量，縦軸はスライス高さの積算の単位分子量あたりの変化率（溶出曲線の縦軸はその瞬間のスライス高さ，つまり検出器のセル容量という単位容積の中に存在する分子の重さ）となり，元の溶出曲線とは似て非なるものになる．つまり，見た目は溶出曲線の左右反転のようだが，その実，横軸も縦軸も溶出曲線とは異なるプロットが得られる．図 8.11 に各曲線の一例を示す．

得られた微分曲線には面白い特徴がある．この曲線は試料とした高分子の分子量分布情報だけで構成されるため，理論上，異なる装置，カラムを用いた分析結果を元に作成した微分曲線は，波形処理が適切に行われていれば，同じ曲線となる．このため，同一試料の異なる事業所での GPC 分析の結果を比較するときなどは，微分曲線を用いるこ

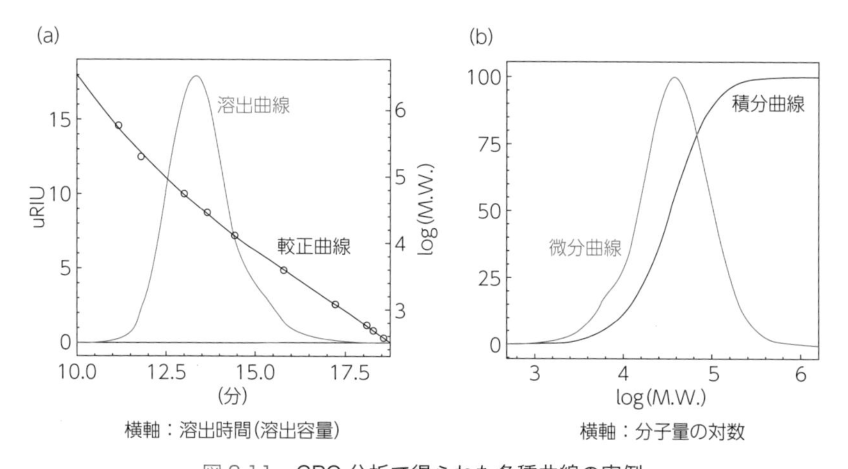

図 8.11　GPC 分析で得られた各種曲線の実例
(a) 溶出曲線と較正曲線，(b) 積分曲線と微分曲線．積分曲線はスライス高さの低分子量側からの合算値の百分率表示，微分曲線は積分曲線の微分，「溶出曲線の左右裏返し」ではない．

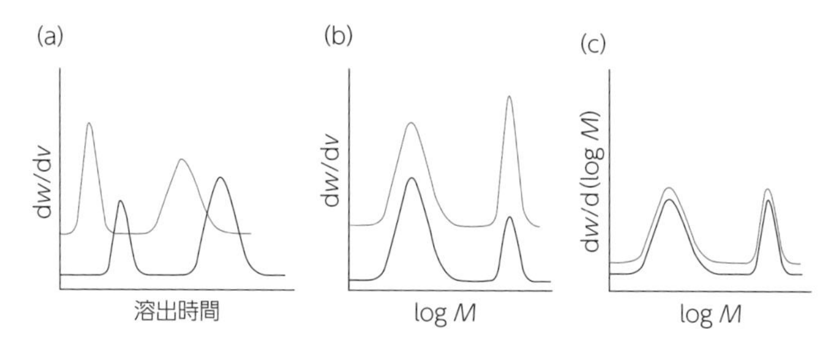

図 8.12　同一高分子の異なる GPC 分析結果から微分曲線への変換
(a) 同じ高分子を異なる装置系で分析した溶出曲線（クロマトグラム），(b) 横軸を $\log M$ に変換．曲線の様子は似てきたがまだ一致はしていない，(c) 縦軸を $\log M$ あたりの重量分率に変換．微分曲線で二つの曲線は一致．

とでより直接的，直感的な比較が可能になる．図 8.12 に異なる溶出曲線から縦横軸を変換することにより，同一微分曲線が求まる様子を模式的に示す．

8.6.3 絶対分子量の推定

8.6.1 項で GPC 分析では較正曲線作成用の標準マーカーと実試料の種類が異なれば，絶対分子量ではなく換算分子量しか求まらないという説明をした．GPC 分析で完結する実験内容からはその通りであるが，独立した他の実験で得られたデータを組み合わせることにより，換算分子量を絶対分子量に変換することも可能な場合がある．本項ではその絶対分子量の推定について解説する．

SEC で区別できるのは，高分子が溶媒和した際のサイズであり，分子鎖長の太さや，長さが異なっても，すなわち分子量が異なっても，溶媒和によって畳み込まれたサイズが同じなら，同じ溶出容量を示す．実は，種類の異なる高分子であっても，同じ GPC 分析条件で同じ溶出容量を示すものの間には，以下の共通した関係が成り立つことが知られている．

同じ溶出時間で溶出する A，B 二つの高分子には，以下の関係がある．

$$\eta_A M_A = \eta_B M_B \tag{8.2}$$

ただし，η は固有粘度で

$$\eta = KM^{\alpha} \tag{8.3}$$

ここで M は分子量，K と α は定数である．これをマーク–ホーインク–桜田の粘度式と呼ぶ．

この関係式をア・プリオリ的に認めるとすれば，式 (8.2) では固有粘度と分子量の積を縦軸にして溶出容量に対してプロットしていけば，一つの実験系(同じ装置，カラム)に対して，高分子の種類によらず，ただ一つの較正曲線が得られることになる．これを汎用較正曲線と呼ぶ．固有粘度についての詳しい説明は省略するが，その求め方は粘度計を用いて濃度の異なる複数の高分子溶液の粘度測定を元にある指標を設定し，この指標と濃度のプロットから決定するというものである．

また式 (8.3) で，固有粘度はその高分子の分子量に対して，ある係数と指数を用いて表現できるということである．上述の汎用較正曲線を用いて絶対分子量による平均分子量も測定できるが，各高分子がもつ性質として，粘度係数 K と粘度指数 α が既知であれば，以下に示す変形に従って，ある既知分子量の高分子 A と同条件で，同じ溶出容量を示す未知高分子 B の分子量を推定できる．

式(8.2)と(8.3)を組み合わせて

$$K_A M_A^{\alpha_A + 1} = K_B M_B^{\alpha_B + 1} \tag{8.4}$$

両辺の常用対数をとって M_B を求める形に整理すると

$$\log M_B = 1/(\alpha_B + 1)\log(K_A/K_B) + (\alpha_A + 1)/(\alpha_B + 1)\log M_A \tag{8.5}$$

となり，各 K と α がわかれば，溶出時間が同じ高分子どうしの分子量の換算が可能になる．

この式の変形が意味するのは，二つの高分子の間で，それぞれの固有粘度を表す係数と指数(同じ種類の高分子ではある程度の分子量範囲では分子量によらず一定)がわかっていれば，高分子 A で作成した較正曲線を別種の高分子 B の較正曲線に変換して GPC 計算を行い，高分子 B 本来の分子量で平均分子量などを算出できるということである．この指数，係数の決定は，上述した複雑な固有粘度の測定データを元に行われるので，実験室で簡単に決定できるものではない．制限条件はあるものの，多くの文献値が知られているので，それらを利用すれば，いくつかの代表的な高分子に関しては絶対分子量による情報を得ることもできる．

さて，この指数と係数は何を意味しているのか．これを考えるために，式(8.4)と(8.5)において α_{A} と α_{B} が同一である場合を考える．この場合，K_{A} と K_{B} が既知の定数であることを考慮すると，以下のように表現できる．

$$\log M_{\mathrm{B}} = \log C + \log M_{\mathrm{A}} \tag{8.6}$$

したがって

$$M_{\mathrm{B}} = C \cdot M_{\mathrm{A}} \quad (C \text{ は定数}) \tag{8.7}$$

と表現できる．

つまり，高分子 A で作成した較正曲線を用いて異種の高分子 B の分子量を計算し，得られた換算分子量にある定数を乗ずることによって，高分子 B の絶対分子量に変換できるということである．

SEC の原理で見分けられるのは溶媒和した分子のサイズである．この分子のサイズが同じではあるが，異なる種類の高分子の分子量がある係数を乗じて推定できるのは，図 8.9 において，鎖長が同じでかつ同じような畳み込まれ方をするもので（溶出容量が同じということ)，鎖が細い(単位長さあたりの重量が小さいということ）B の場合に相当するだろう．折り畳まれた高分子を直鎖状に伸ばした際には原子間の結合角度の違いなどから，単位長さあたりに存在する分子量は一般的には異なる（換言すれば，鎖の太さ = 重さが異なる)．

そこで，単位長さあたりの重さがわかっている場合は，得られた換算分子量にその単位長さあたりの分子量（1 オングストローム，すなわち 10^{-10} の長さあたりの分子量で，これを Q ファクターと呼ぶ）の比を乗じれば，絶対分子量が求まる．つまり指数一定という条件では，溶媒和した分子サイズが同じ高分子は同じ鎖長をもつ．そしてその単位長さあたりの分子量だけが異なるので，ある係数を乗じれば分子量の変換が可能であるということになる．

このことから推察すると，式(8.4) ～ (8.7) の係数は高分子の単位長さあたりの分子量に関係し，指数は分子鎖の溶媒和したサイズを与える条件，すなわち高分子の折り畳まれ方に関係しているパラメーターであるといえる．

図 8.13 に Q ファクターによる換算の一例を示す．各種高分子に対する指数の値はおよそ 0.6 ～ 0.8 程度になることが

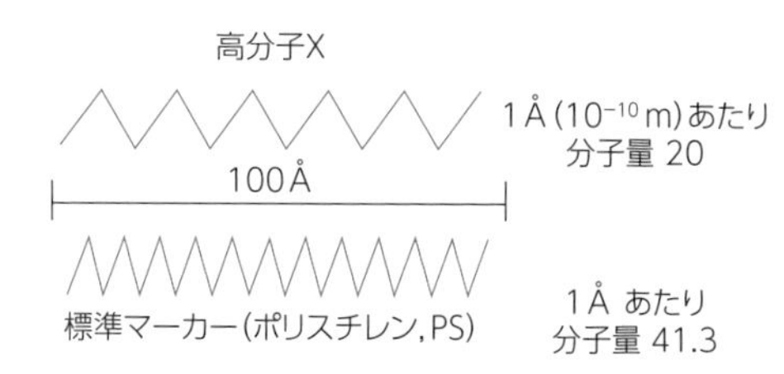

図 8.13 粘度式の指数が同じと仮定した場合の Q ファクターによる分子量換算方法

Q ファクターは 1 オングストロームあたりの各高分子の分子量のことである．PS 換算分子量（たとえば 20000) がわかっていれば，求める高分子の分子量は $M_{\mathrm{x}} = M_{\mathrm{PS}} \times (Q_{\mathrm{X}}/Q_{\mathrm{PS}}) = 20{,}000 \times (20/41.3) = 9690$

多く，これを一定としてもある程度は絶対分子量が推定できるが，あくまでこの Q ファクターによる分子量換算方法は，溶媒中での分子鎖の畳まれ方が同じであるという場合に成り立つ近似法である．

8.6.4 その他平均分子量

GPC 分析における重要な目的として平均分子量の計算があり，その種類として数平均分子量と重量平均分子量を紹介した．それ以外にも，Z 平均分子量が高分子の評価で用いられる．これは，計算式を示すと以下のようになる．

$$M_z = \frac{\Sigma M_i^2 H_i}{\Sigma M_i H_i} \tag{8.8}$$

式 (8.1) の重量平均分子量と比較すればわかるように，式の上での違いは分母と分子の積算記号の中身が両方とも M_i を乗じた形になっていることである．図 8.4 で数平均分子量，重量平均分子量の名前の違いは分母が何を表しているかによることを，式(8.1)では，この差は分子量に関する重み付けを行っているか否かであると説明した．このことと，式 (8.8) との比較からわかるように，この式は重量平均分子量の式をさらに分子量で重み付けしたものである．つまり単純平均を表す数平均分子量から考えると，2 回の重みづけをした形になっている．分子数で平均する，分子の総重量で平均するといった具体的なイメージはつけにくいが，数学的には分子量による重みづけを 2 回行って，より高分子側を重視する計算結果が得られるようになっている．

Z 平均分子量以外に $Z+1$ 平均分子量というものも知られている．これは Z 平均分子量に対してさらに分子量の重みづけを行ったものである．したがって M_n，M_w，M_z，および M_{z+1} 平均分子量の大小関係は，$M_n < M_w < M_z < M_{z+1}$ となる．

8.7 おわりに

GPC 分析に関してここまで述べてきたことを以下に箇条書きでまとめておく．

・GPC 分析では SEC カラムを用い，分子の大きさの違いにより分離を達成する．
・GPC は主に工業分野で用いられ，高分子の分子量測定が主たる目的である．
・数平均および重量平均分子量およびその比である多分散度(分布の大きさを表す)が重要である．
・GPC 分析で求められるのは一般に換算分子量である．
・変換式を用いて絶対分子量を推定することもできる．
・示差屈折率検出器および送液ポンプおよび環境の温度安定性が重要である．
・適切なカラムおよび較正曲線範囲の設定が重要である．
・GPC 計算は各種補正機能等を搭載した専用ソフトウエアで行うと便利である．

【参考文献】

1) 森定雄，『サイズ排除クロマトグラフィー』，共立出版社(1991)．
2) A. M. Striegel, J. J. Kirkland, W. W. Yau, D. D. Bly, “Modern Size-Exclusion Chromatography” 2nd editon, Wiley (2009).

表面プラズモン共鳴(SPR)

中木戸誠(東京大学大学院工学系研究科)・長門石曉(東京大学医科学研究所)・
津本浩平(東京大学大学院工学系研究科)

9.1 SPRの原理[1)]

表面プラズモン共鳴(Surface Plasmon Resonance, SPR)とは，生体分子間相互作用の速度論(カイネティクス)を解析する手法の一つとして広く活用されている技術である．図9.1[2)]に示すように，表面を金膜加工したセンサーチップを用い，反対のガラス面側から偏光をプリズムでくさび形に集光して全反射の条件下でセンサーチップに照射する．すると，金膜側にエバネッセント波と呼ばれるエネルギー波が生じ，このエバネッセント波が金膜の自由電子と相互作用することによってプラズモンと呼ばれる電子密度波が発生する．この際，反射光の一部の強度が減衰するが，この反射光の消失角度は金膜表面近傍の媒質の屈折率に依存して変動する．

この現象を活用し，センサーチップ上の微小な質量変化を検出することにより，分子間の相互作用をリアルタイムでモニタリングすることが可能となる．

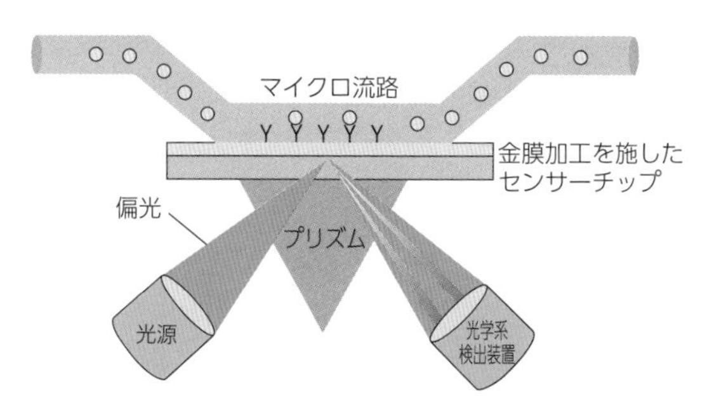

図9.1　SPR測定原理
Nat. Rev. Drug. Discov., **1**, 515 (2002)より改変.

相互作用解析の際にはセンサーチップ上に生体分子A（リガンドとも呼ぶ）を固定化し，その基板に対してマイクロ流路を通して相互作用を確認したい生体分子B（アナライトとも呼ぶ）を流し，SPR角度および強度の変化をシグナルとして観察することにより，相互作用に伴うセンサーチップ上での質量変化を検出する．このSPRシグナルの変化を時間軸に対してプロットすることによってチップ上のリガンドへのアナライトの結合をリアルタイムでモニタリングできる(図9.2(a))．

複数の濃度条件においてリガンド–アナライト間の相互作用を測定し，得られるグラフのフィッティングから相互作用の会合速度定数$k_{\rm on}$ならびに解離速度定数$k_{\rm off}$が算出され，分子間相互作用について速度論的な観点から分析することができる（詳細は9.4節を参照）．そのため，同程度の結合親和性をもつ複数の相互作用を比較した際に，カイネティクス解析によって速度論も同じなのか異なるかを評価することができ，異なる速度定数を有する場合は，図9.2(b)，(c)のように全く異なるSPRシグナルの形状が観察される．

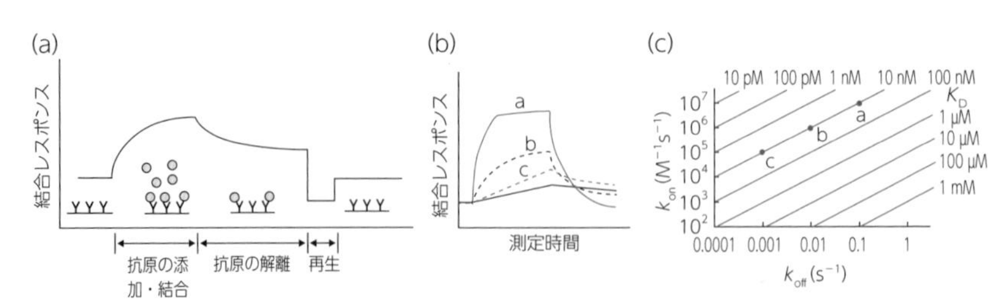

図 9.2 SPR 測定の概略

(a) SPR 測定の概略図と測定プロファイル，(b，c) 同程度の解離定数だが速度定数が異なる場合の SPR レスポンス形状例.

また，SPR の利点の一つとして，解離定数で 10^{-3} ～ 10^{-12} 程度と幅広い範囲の親和性をもつ相互作用を解析できるため，後述するさまざまな種類のセンサーチップの開発やフロー系の改良，検出系における温度制御の精密化などを経て，多様な生体分子間相互作用についてきわめて精度よく解析することが可能となっている.

9.2 センサーチップへのリガンドの固定化 [1]

センサーチップにリガンドを固定化する方法として，特定のアミノ酸側鎖を化学的に活性化することにより共有結合を介してチップに固定化する方法と，各種タグを活用して非共有結合を介して固定化する方法がある.

9.2.1 共有結合による固定化方法

共有結合での固定化に用いるセンサーチップ上の加工として，①アミノ基を介して共有結合させることが可能である，②固定化容量を大きくすることが可能である，③生体分子を変性させることなくかつ非特異的な吸着を抑制する，という性質をもっているという条件から，金膜上に親水的なリンカーやポリマーを介してカルボキシ基を導入したセンサーチップが用いられる. このセンサーチップにリガンドを固定化する際の代表的な手法として，EDC/NHS によってカルボキシ基を活性化してリガンド中のアミノ基と共有結合を形成させる，アミンカップリング法と呼ばれる手法がある（図 9.3）. また，他にもチオール基やアルデヒド基を介した共有結合による固定化法もある.

アミンカップリングの場合，リガンド調製においていくつか注意すべき点がある. 一つ目は，EDC/NHS による活性化の後に添加するリガンド溶液は，酸性バッファーを用いることでセンサーチップ表面にリガンドが濃縮され効率よく固定化できるため，その酸性条件の検討である.

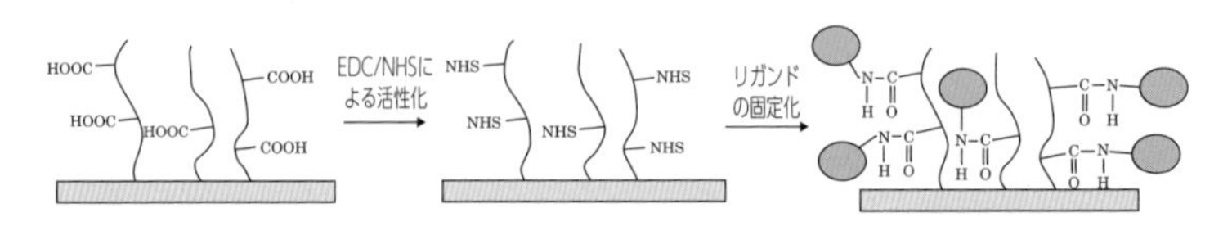

図 9.3 アミンカップリングによるセンサーチップへのリガンド固定化

タンパク質は酸性条件下で変性しやすいものがあり，極度な低 pH は固定化効率を高める一方で失活率も高めてしまう．そのため十分な固定化量を得られたとしても，失活したものが多すぎて肝心の結合レスポンスが検出できないこともしばしば起こる．そこで固定化量を増やしつつ，失活を抑える適度な酸性条件を探索する必要がある．pH 領域は 4.0 ～ 6.0 の間で検討することが多く，その際に，リガンドの等電点 pI（アミノ酸の一次配列からの算出でよい）を参考に，正電荷を帯びる pH の緩衝液を用いるのが一般的である．例外として pI がランニングバッファーの pH よりも高い場合, そのバッファーそのもので固定化することも可能である．

二つ目の注意点は，酸性溶液でタンパク質を調製する際のサンプル濃度である．高濃度のほうがより多く固定化できるが，高濃度サンプルを酸性溶液で調製すると会合凝集体が発生しやすく，極度な失活につながる場合も多い．多くの場合は終濃度としては 10 ～ 200 μg/mL の間で十分に固定化できることから，できる限り低濃度で試みることが望ましい．

三つ目は，リガンドのストック溶液は汎用される Tris 系を避ける点である．アミンカップリングはアミノ基が共有結合を形成する化学反応となっているため，Tris のアミノ基が反応してしまい，リガンドが十分に固定化されない場合がある．

9.2.2 非共有結合による固定化方法

リガンドに付加したタグやドメインと強く結合する分子あるいは抗体を介してチップ上に固定する，非共有結合性の固定化法もいくつかある．たとえばビオチンを融合させたアナライトを用いて，表面に導入したストレプトアビジンとの強固な相互作用によってリガンドとしてチップに固定化する方法や，チップ表面に導入した Ni-NTA などのキレート作用によってリガンドに付加した His タグを介してチップに固定化する方法などが活用されている(表 9.1 に代表的な固定化用タグを記した)．近年では，化学的に表面を加工したチップにリガンドを吸着させることによって高密度アレイ状にリガンドを固定化し，網羅的に結合を解析できる装置なども開発されている．

共有結合を介したチップへの固定化において，結合部位に位置する官能基の活性化による影響などで，しばしばアナライトへの結合活性が損なわれ，ときには固定化されているリガンドの大部分が不活性体となるケースも見られる．逆に非共有性の相互作用を介した固定化においては測定中のリガンドの解離やチップへの非特異的な吸着が問題になることも多く，アナライトとの結合活性を十分にもつ固定化条件の探索がきわめて重要である．

表 9.1 固定化に用いる主なタグの種類

タグの種類	固定化様式
His^6 タグ	Ni-NTA
ビオチンタグ(ケミカルラベリングまたは組換え発現)	ストレプトアビジン
Fc ドメイン	抗 Fc 抗体(抗ヒト IgG1 抗体)または Protein A / G
GST タグ	抗 GST 抗体

9.3 速度論（カイネティクス）解析

9.3.1 結合親和性と速度定数

分子 A と分子 B が結合し，複合体 AB を形成する反応は，可逆的であると仮定すると，以下の式(9.1)で表される．

$$A + B \rightleftarrows AB \tag{9.1}$$

この反応式より，解離定数 K_D および会合定数 K_A（結合親和性とも呼ぶ）は以下のように定義される．

$$K_D = \frac{1}{K_A} = \frac{[A][B]}{[AB]} \tag{9.2}$$

この K_D 値を用いてタンパク質の分子間相互作用の強さを評価する際，その選択性や親和性の質について，定量的に正確に評価する解析法として，主に速度論（カイネティクス）解析と熱力学（サーモダイナミクス）解析が用いられる．SPR では特に高精度なカイネティクス解析が可能である．この反応速度定数は

$$A + B \underset{k_{off}}{\overset{k_{on}}{\rightleftarrows}} AB \tag{9.3}$$

と表される．分子が結合する過程は会合速度定数 k_{on}（単位：Ms^{-1}），分子が解離する過程は解離速度定数 k_{off}（単位：s^{-1}）となる．先の式(9.2)と合わせると，速度定数と解離定数の関係は以下の式(9.4)となる．

$$K_D = \frac{[A][B]}{[AB]} = \frac{k_{off}}{k_{on}} \tag{9.4}$$

式(9.4)は，タンパク質の結合親和性が会合速度と解離速度のバランスによって成り立っていることを示している．標的分子に対する強い結合親和性を示すタンパク質は，会合速度定数 k_{on} が大きい，または解離速度定数 k_{off} が小さい．静電相互作用は遠距離からでも働く結合のため，会合速度定数 k_{on} に影響を及ぼすことが多い．一方，疎水性相互作用は解離速度定数 k_{off} に影響を及ぼすことが多い．

解離速度定数は分子間相互作用の安定性（複合体の安定性）を議論する指標にもなっている．解離速度定数が低いことは，その相互作用は長時間維持できることを意味し，複合体が安定に存在できることを示唆する．この指標は，生体分子が機能を発揮するためにどれぐらいの時間の相互作用が必要であるか，あるいは生体分子間の結合によって発現する機能がどれくらいの時間働き続けることができるのか，という議論を可能とする．たとえば，細胞表層の受容体に対するリガンド結合によるシグナル伝達の効果や，細胞内での連動する分子間相互作用の流れ方を考えるうえで重要なパラメータとなる．バイオ医薬品開発においては，特に解離速度定数 k_{off} が注目されており，薬効の強さや持続性に関連する指標の一つとして捉えられている．

9.3.2 カイネティクスパラメータの算出[3)]

定量的なカイネティクス解析を行う場合は，複数の異なるアナライト濃度に関する結

合レスポンスを得ることが必要である．その結果得られるセンサーグラムが図 9.5 にあたる．一般的にこのセンサーグラムからカイネティクス解析を行う．先の分子 A，分子 B，そして複合体 AB で考えると，時間 t における複合体の濃度変化率 $\mathrm{d[AB]}/\mathrm{d}t$ は式(9.3)より以下のように表される．

$$\frac{\mathrm{d[AB]}}{\mathrm{d}t} = k_{\mathrm{on}}[\mathrm{A}][\mathrm{B}] - k_{\mathrm{off}}[\mathrm{AB}] \tag{9.5}$$

式(9.5)は複合体の濃度変化率が，A，B，および AB の測定時点での濃度に依存していることを示す．[A] と [B] は相互作用に伴い減少するため，$[\mathrm{A}]_0$（t = 0 における A の濃度），$[\mathrm{B}]_0$（t = 0 における B の濃度）は，$[\mathrm{A}]=[\mathrm{A}]_0-[\mathrm{AB}]$，$[\mathrm{B}]=[\mathrm{B}]_0-[\mathrm{AB}]$と書き換えることができる．したがって次式が成り立つ．

$$\frac{\mathrm{d[AB]}}{\mathrm{d}t} = k_{\mathrm{on}}([\mathrm{A}]_0-[\mathrm{AB}])([\mathrm{B}]_0-[\mathrm{AB}]) - k_{\mathrm{off}}[\mathrm{AB}] \tag{9.6}$$

多くの SPR 装置では，アナライトは液相において常に一定濃度で供給されていると仮定する．分子 A をアナライトとすると，$[\mathrm{A}]_0-[\mathrm{AB}]=[\mathrm{A}]_0$ と近似することができ，以下のような式に簡易化できる．

$$\frac{\mathrm{d[AB]}}{\mathrm{d}t} = k_{\mathrm{on}}[\mathrm{A}]_0[\mathrm{B}]_0 - (k_{\mathrm{on}}([\mathrm{A}]_0 - k_{\mathrm{off}})\,[\mathrm{AB}] \tag{9.7}$$

ここで，$k_{\mathrm{on}}[\mathrm{A}]_0 + k_{\mathrm{off}} = k_{\mathrm{obs}}$ とすると（k_{obs} は見かけの反応速度定数）

$$\frac{\mathrm{d[AB]}}{\mathrm{d}t} = k_{\mathrm{on}}[\mathrm{A}]_0[\mathrm{B}]_0 - k_{\mathrm{obs}}[\mathrm{AB}] \tag{9.8}$$

と書き換えられ，$k_{\mathrm{on}}[\mathrm{A}]_0[\mathrm{B}]_0$ は定数となるため，[AB] の変化量を一次反応として取り扱うことができる．したがって，測定により求められる k_{obs} を $[\mathrm{A}]_0$ に対してプロットすることで，結合速度定数 k_{on} を算出することができる．

SPR による相互作用測定の場合，多くはフロー法を採用している測定系となっているので，[A] は時間に関係なく $[\mathrm{A}]_0$ の状態を保持することで $[\mathrm{A}] = [\mathrm{A}]_0$ として近似できる．アナライト濃度を C，形成された複合体濃度をレスポンスの変化量 R に置き換え，$[\mathrm{B}]_0$ を最大結合量 R_{max} に対応させると，式(9.7)は

$$\mathrm{d}R/\mathrm{d}t = k_{\mathrm{on}}C\,(R_{\mathrm{max}}-R)-k_{\mathrm{off}}R \tag{9.9}$$

さらに

$$\mathrm{d}R/\mathrm{d}t = k_{\mathrm{on}}C\,R_{\mathrm{max}} - (k_{\mathrm{on}}C + k_{\mathrm{off}})R \tag{9.10}$$

と変換できる．この式(9.10)を用いて，得られたセンサーグラムについて，非線形最小二乗法によるカーブフィッティングを行うことにより，カイネティクスパラメータを算出できる．解析にはローカルフィッティング（アナライトの各濃度に関するセンサーグラムごとにパラメータを算出する方法）とグローバルフィッティング（アナライトの全濃度に対して同時にカーブフィッティングを行う方法）がある．

低い結合親和性の相互作用解析においては，反応がきわめて早く平衡へと移行するた

め，結合領域および解離領域もきわめて短く，速度論的解析が困難になることがある．その場合は，アナライト濃度を変化させ，平衡に達したときのレスポンス値の解析から R_{eq} を直接測定して K_D を求めることもできる．式(9.10)から $dR/dt = 0$，$R = R_{eq}$ とし，R_{eq}/C を R_{eq} に対してプロットすると直線的なグラフが得られ（スカッチャードプロット），その傾きから K_D が算出できる．次項以降で，具体的な実験手順について述べる．

9.3.3 リガンド調製 [1)]

カイネティクス解析を行う際には，チップ上にリガンドを固定する必要がある．その際，適切な量のリガンドを固定化することが重要である．固定化量が少なすぎると十分なレスポンスが得られないのは当然であるが，逆に固定化量が多すぎるとアナライトの供給が追いつかずにセンサーチップ表面近傍のアナライト濃度が局所的に薄くなり，適切な解析を行えなくなるマストランスポートリミテーション（MTL），またはマストランスファー効果という現象が起こる（図 9.4）．これらを考慮して，チップに固定化したリガンドとアナライトの分子量の比および結合の価数から，装置ごとに推奨の最低固定化量 / 最大固定化量の間に収まるようにリガンドの固定化量を調整することが重要である．

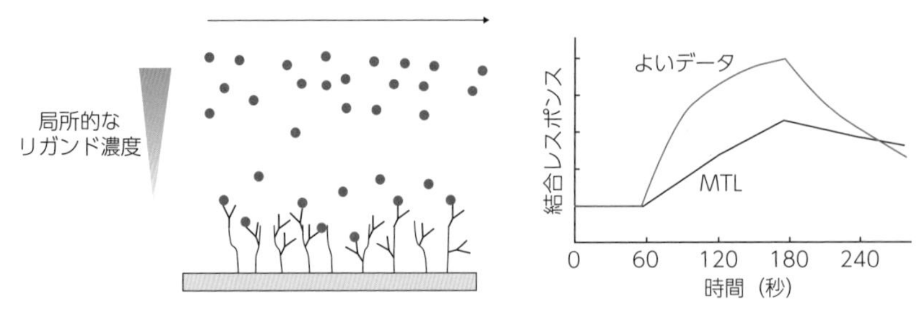

図 9.4 マストランスポートリミテーションのイメージ図(a)とセンサーグラム(b)

また，上述したようにチップへの固定化の過程においてリガンドがしばしば不活性化するため，固定化後のリガンドがどの程度結合活性を保持しているかについても考慮しながら固定化条件を検討する必要がある．簡易的には，固定化によって得られる SPR シグナル量が分子量と分子数に比例すると仮定して，下記のような式から概算できる．多くの場合，リガンドの活性保持率が 100% になることはない．IgG 型の抗体は高い保持率を得ることが多いのに対し，多様な分子種を用いた相互作用解析を行ってきた筆者らの経験では，おおむね 30 ～ 50% の保持率となることが多い．

リガンド活性保持率（%）
＝（リガンド分子量 ÷ アナライト分子量）×（アナライトの最大結合量（実測値）÷ リガンドの固定化量）×100

リガンドの活性保持率が算出されると，リガンドとアナライト間の相互作用を定量的に評価できるのかどうかをチェックすることができる．もし観察したい相互作用が 1：1 であることが既知の場合，活性保持率が 100% を超えることはない．もし 100% を超えるようであれば，アナライトが非特異的にリガンドに吸着している可能性がある．その場合は，相互作用条件を再検討するか，アナライトの凝集性について確認することが必要である．

9.3.4 アナライト調製[1)]

リガンドをセンサーチップに固定化した後，流路にアナライトを添加し，相互作用を解析する．広く一般に行われているカイネティクス解析では，アナライト濃度を数点ほど振って解析を行い，各レスポンスカーブをまとめてグローバルフィッティングを行うことにより相互作用パラメータを算出する．その際，アナライト濃度としては解離定数 K_D の 1/10 ～ 10 倍の範囲となるように調整するのが理想である（K_D については 9.3.1 項を参照）．解離定数が不明である場合はおおよその解離定数を想定しつつ，アナライト濃度を大きく振ることによって解離定数を上下に挟むように調製してカイネティクス解析を行い，解析結果を元に条件の最適化を行う．

また，結合速度または解離速度が遅く，結合領域のセンサーグラムの傾きが直線的な場合には，センサーグラムのカーブが得られる高濃度領域も測定すると良好な解析結果が得られることが多い．また解離定数が非常に低い，高い結合親和性（pM 以下）をもつ相互作用解析をする場合，アナライト濃度を pM レベルで調製することになるが，しばしば結合レスポンスが観察されない場合がある．これはアナライト濃度が低いためにモル数が SPR の検出限界の下限を超えている可能性が高い．または装置に添加する際に用いる容器（チューブ）にアナライトが吸着してしまっている可能性がある．このような場合は，例外として K_D 値よりも高いアナライト濃度を調製する．

測定時の流速については，マストランスポートリミテーションを避けるため，高流速に設定する．特に分子間の結合速度が速く，解離速度が遅い相互作用ではマストランスポートリミテーションが起こりやすいため，固定化するリガンド量を調整しながら流速を設定する．適切な条件下では一定以上の流速において異なる流速で相互作用測定をしてもセンサーグラムの形状は変化しない．また，アナライトのセンサーチップへの非特異吸着によるレスポンスを差し引くため，測定時にはリガンドを固定していないレファレンスセルに対してもレスポンスを測定し，リガンドを固定したフローセルに対するレスポンスを差し引いた値を用いて解析する．

9.3.5 ランニング溶液の調製

測定時のランニング溶液は，リガンドおよびアナライトが安定に存在できるという条件を満たしていればよく，多様な緩衝液を用いることができる．安定に測定できる緩衝液かどうかは，タンパク質の熱安定性と相関している場合が多く，事前に調査しておくとよい．還元剤や金属イオンなどはときに安定性を高める有効な因子になる場合がある．還元剤は一日程度で酸化が進み効果を失ってしまうため，測定当日の調製が望ましい．また，アミンカップリング法によってセンサーチップに固定化する際には，非アミン系の緩衝液を使用する必要がある他，センサーチップへの非特異吸着を抑制するため，塩を添加するほか，しばしば界面活性剤を使用する．

アナライト溶液とランニング溶液が異なる場合，その溶媒の屈折率の違いが SPR シグナルに反映される．その結果，アナライトの送液開始および停止時に溶液の不一致に起因するノイズが見られる．これを回避するため，アナライトとランニング溶液は同一である必要があり，透析などによってできる限り厳密に一致させることが重要である．有機溶媒は特にその影響が強いため，注意が必要である．特にDMSOは吸湿性も高いため，透析はむしろ適しておらず，直前に正確な秤量を必要とする（詳細は9.5.4項を参照）．

> 標準的なランニング溶液の例　PBS, 0.005% Polyoxyethylene（20）sorbitan monolaurate, 1 mM DTT，1% DMSO

9.3.6　再生溶液の条件

SPRによってカイネティクス解析を行う際に広く用いられている手法がマルチサイクルカイネティクス解析である（図9.5）[4]．この手法では，各濃度で測定した後，次の濃度の測定までにリガンドからすべてのアナライトが解離してレスポンスがベースラインに戻る必要があるが，特に解離の遅い相互作用の場合には解離時間を伸ばしても完全には解離しない．その場合，イオン強度やpHの変化，あるいは界面活性剤や変性剤の添加によって強制的に解離させる必要があり，その操作を再生操作と呼ぶ（代表的な再生溶液を表9.2に示す）．

マルチサイクルカイネティクス解析を行うためには，リガンドからアナライトが完全に解離しつつもリガンドが失活しない条件での再生操作が必要なため，再生条件の至適化が必須である．検討の際にはリガンドをセンサーチップに固定化した後，アナライトを流路に流して，再生溶液の添加によってレスポンスカーブがベースラインまで戻ったことを確認する．その後に再び同一濃度のアナライトを添加して，初回と同等の結合レスポンスが得られるかどうかによって判断する．筆者らは，アナライトを失活させることが少なく，かつ効果的に解離させることのできる再生溶液として，しばしばL-アルギニン塩酸塩水溶液を用いている．

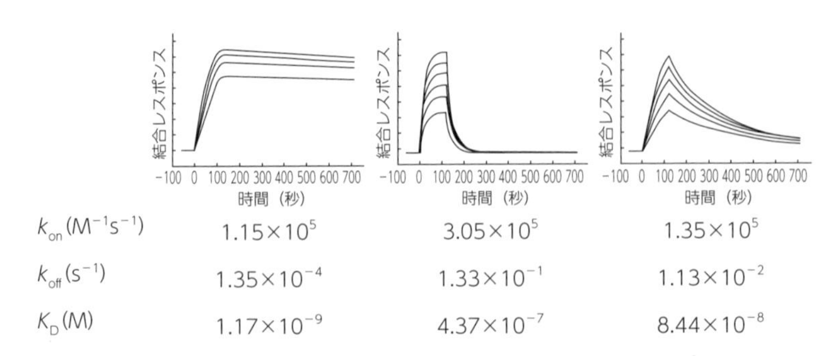

図9.5　マルチサイクルカイネティクス測定によって得られるセンサーグラムの例
それぞれ速度定数が異なる．

表 9.2 主に用いられる再生溶液

タイプ	具体的な組成
酸性溶液	グリシン塩酸塩
アルカリ溶液	NaOH
界面活性剤	SDS
塩	1 M NaCl
変性剤	0.1 〜 0.5% SDS
その他	1 M L-アルギニン塩酸塩水溶液，pH 4.4

9.3.7 シングルサイクルカイネティクス法による相互作用解析

最近では，リガンドの安定性が低い，あるいは相互作用がきわめて強固なために再生が難しい標的サンプルに対して，アナライトを解離させることなく多段階的に各濃度のアナライトを添加してフィッティングを行うことによって各種パラメータを算出するシングルサイクルカイネティクス法と呼ばれる手法も開発されている(図 9.6).

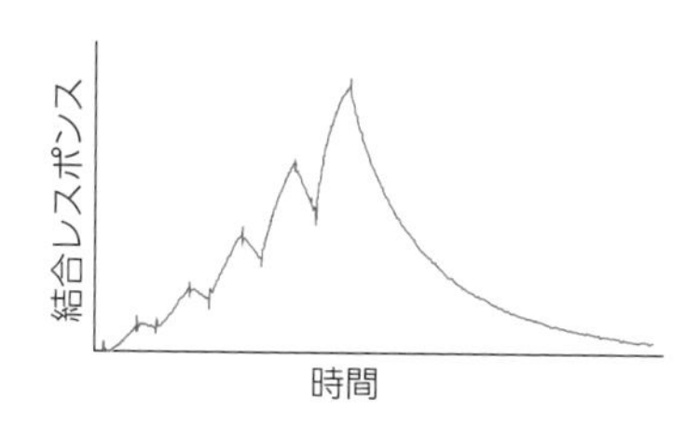

図 9.6 シングルサイクルカイネティクス測定によって得られるセンサーグラム

9.4 結合レスポンスの質的評価

9.4.1 濃度依存性の評価

アナライトの濃度増加に伴い結合レスポンスは増大するが，リガンドの量は固定されているため，その固定化量と結合量論比に依存したアナライトの最大結合量が存在する．その際の理想的なプロットは図 9.7(a) になる．アナライトの最大結合量で飽和に達している．一方で飽和に達しない，または超えるような結合レスポンスを示す場合は，注意が必要である．

たとえば図 9.7(b) の場合，全く飽和に達していない．このような場合は，想定よりも弱い結合の可能性が高い．したがってより高い濃度のアナライトを調製し，しっかりと飽和に達する領域まで見ることが重要となる．図 9.7(b) のような直線的なプロットを示す低濃度領域でカイネティクス解析を行うと，実際より高い結合親和性が得られてしまうことが多いため注意しなければならない．

図 9.7(c) の場合は，飽和に達する直前にレスポンスが低下している．これは高濃度においてアナライトが失活している，または再生の繰り返しによってリガンドが失活している可能性が考えられる．

図 9.7(d) の場合は高濃度領域においてレスポンスが再度上昇している．これは高濃

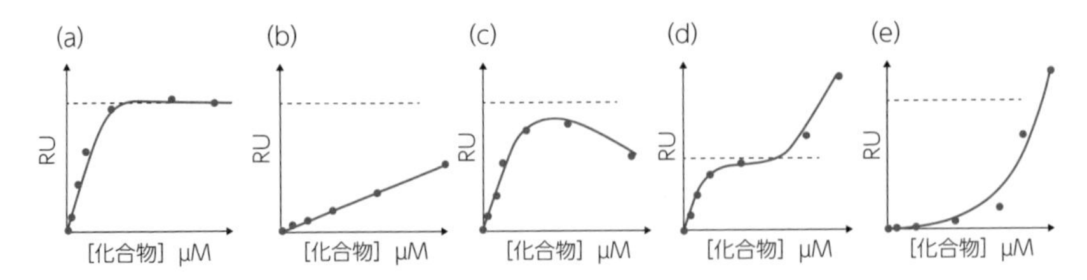

図 9.7　結合レスポンスの変化

(a) リガンド濃度変化に伴う理想的な結合レスポンス変化のプロット，(b) 直線的な結合レスポンス変化，(c) 高濃度で下がる結合レスポンス変化，(d) 高濃度で結合レスポンスが再上昇する変化，(e) 指数関数的に結合レスポンスが上昇する変化．

度のアナライトが非特異吸着を起こしていることが懸念される．

図 9.7(e) の場合は，そもそもリガンドやアナライトが変性を起こしており，すべての濃度領域において非特異的な作用が主として観察されている可能性がある．ランニング溶液の条件を変更するか，固定化条件を再検討するほうがよい．

このように，アナライトを任意の 1 濃度のみでリガンドの活性をチェックすることは注意が必要である．しっかりと濃度依存性を確認し，図 9.7(a) のような飽和に達するプロットが得られるような条件検討を心がけることが大切である．

9.4.2 結合レスポンスの形状

結合レスポンスが観察され，濃度依存性がきれいに観察され，さらに理論式でフィッティングできたとしても，異常なレスポンスの形状もよく注意しないとデータの信頼性が疑われる場合がある．先述した最大結合量はその一つである．カイネティクスパラメータが得られたとしても，最大結合量が想定していた結合量論比を超えてしまっている場合は，たまたま解析がうまくいった可能性があるため，得られたパラメータは慎重に取り扱うべきである．その他にも以下の点を気にするのがよい．

- 結合レスポンスが飽和に達しない：結合親和性が強い場合にしばしば起こり得る（nM オーダーより低いときに観察され得る）ので，飽和に達するまで，もしくはわずかでも曲線が観察されるまで会合時間を長くするほうがよい（もしくはアナライトの添加量を増やすほうがよい）．
- 解離が遅すぎる：上記と同様に，結合親和性が強い場合にしばしば起こり得るので，有意なレスポンスの減少が観察されるまで，可能な限り解離時間を伸ばすほうがよい．
- 会合または解離において二段階見える：ランニング溶液とアナライト溶液に組成の違いがある可能性がある．またはアナライトが二段階の反応を起こしている場合がある．透析を十分に行うことや，サンプルがより安定な状態になるよう固定化条件や溶液条件の再検討を行うほうがよい．
- 結合レスポンスがうねる：理由は明瞭ではないが，アナライトが変性している可能性が高く，濃度設定や溶液条件を見直せば解決することがある．
- レスポンスが下向きに出る：リファレンスへの吸着が多い場合はわかりやすいが，そうではない場合は理由は難解である．主にリガンドに原因がある可能性があり，アナライトの結合に伴うリガンドの構造変化や解離が懸念される．

9.5 SPR の応用

9.5.1 熱力学パラメータ解析（平衡状態，遷移状態）

上述したカイネティクス解析では分子間相互作用の強さ (K_D) や速さ (k_{on} および k_{off}) を分析できる．K_D と相互作用の熱力学的パラメータ (結合自由エネルギー変化 ΔG，結合エンタルピー変化 ΔH，結合エントロピー変化 ΔS の間には

$$\Delta G = \Delta H - T\Delta S = -RT\ln(1/K_D) \qquad R \text{ は気体定数，} T \text{ は絶対温度}$$

という関係が成り立つ．この式を変形させると

$$\ln K_D = \Delta H / RT - \Delta S / R = \Delta G / RT$$

と表すことができ，これをファントホッフの式と呼ぶ．したがって，複数の温度で K_D を算出し，その結果を図 9.8 のようにプロットすることにより，その傾きと切片から相互作用のエンタルピー ΔH およびエントロピー ΔS を求めることができる．温度領域は 10 ℃以上が望ましく，2 ～ 5 ℃間隔で 5 点以上とるほうがよい．

プロットの傾きから熱力学的な駆動力を議論することができ，右下がりの場合はエンタルピー駆動型 (図 9.8(a))，右上がりの場合はエントロピー駆動型 (図 9.8(b)) を意味する．エンタルピー駆動型の場合は，その分子間相互作用は水素結合や静電相互作用を主とした相互作用であると示唆される．つまり高い特異性が期待される．一方でエントロピー駆動型の場合は，その分子間相互作用は主に疎水性相互作用が駆動力であることが考えられ，特異性に関して慎重な議論を必要する．

ときに直線的ではないプロットが再現よく得られることがある．これは相互作用に熱容量変化 ΔC_p を含んでいることを示唆する．しかし，温度変化によるタンパク質の失活により観察されている可能性もあるため，取扱いには注意が必要である．

さらに，結合および解離速度定数 (k) は，eyring plot により

$$\ln k/T = \Delta S^{\ddagger}/R - \Delta H^{\ddagger}/RT + \ln k_B/h \quad k_B \text{ はボルツマン定数，} h\text{：プランク定数}$$

という式で表すことができる．この $\Delta H^{\ddagger}$ および $\Delta S^{\ddagger}$ はそれぞれ結合の遷移状態におけるエンタルピーおよびエントロピー変化であり，この手法を用いることによって結合の遷移状態での物理状態について解析することができる．一般に相互作用に伴う熱力学パラメータについては等温滴定型熱量測定 (ITC) が広く用いられているが，SPR による解析では，上記のように遷移状態に関するパラメータを算出することができること，ま

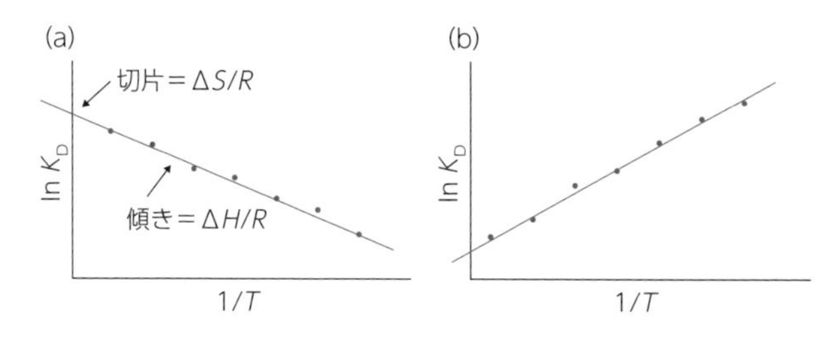

図 9.8 ファントホッフプロット
(a) エンタルピー駆動型の場合，(b) エントロピー駆動型の場合．

た一般的に ITC よりも少量のサンプル量での解析が可能であるという利点がある．

9.5.2　結合サイト探索

抗体のエピトープ探索や，サンドイッチアッセイの組合せを検討する際に活用できる．抗原をリガンドとして固定化し，評価したい抗体をアナライトとして用いる．一つの抗体をインジェクトし結合レスポンスを観察した後，続けてもう一つの抗体を流すことにより，もし結合レスポンスが加算的に観察されれば各抗体は抗原に対してそれぞれ異なるエピトープであることが示唆される．この場合，サンドイッチアッセイに応用できる可能性がある．もし抗体の解離が早い場合は，2 種類の抗体を混合した状態で添加し，その結合レスポンスが，それぞれにて観察される結合レスポンスの和に相当していれば，異なるエピトープであると判断することも可能である．

同一の結合サイトかどうかを評価するため，競合アッセイで解析する手法もある．検証したい 2 種類のアナライトについて，それぞれ結合レスポンスを観察しておき，混合溶液を流した際に結合レスポンスが総和より低い場合は競合している可能性がある．

9.5.3　濃度測定

SPR では，標的分子と特異的に相互作用する分子との結合量を測定することにより，サンプル中に存在する標的分子の濃度を定量することができる．具体的な手法としては，標的分子 A と直接結合する分子 B をセンサーチップに固定化して標的分子 A の結合レスポンスから濃度を算出する直接法と，濃度を測定したい標的分子 A をセンサーチップに固定化，そこに標的分子と結合する分子 B を混合した測定サンプルを添加して結合レスポンスを解析することにより，遊離の分子 B の濃度を定量することによって溶液中の標的分子 A の濃度を逆算する阻害法がある．

直接法では，分子 B をセンサーチップに固定化した後，濃度既知の A の標準サンプルを数種類の濃度で添加し，その結合レスポンスを濃度に対してプロットした検量線を作成する．次に濃度未知の測定サンプルを添加し，得られた結合レスポンスと検量線から濃度を算出する（図 9.9(a)）．SPR 測定によって得られる結合レスポンスは，モル濃度が等しい場合はアナライトの分子量に比例するため，低分子量の化合物等の濃度を測定する場合には直接法での分析が難しい場合が多い．その際に十分な分子量をもつ分子 B を用いることにより，阻害法によって濃度を定量できる．阻害法では，標的分子 A の濃度が高くなるほど結合レスポンスが小さくなる反比例のカーブからなる検量線が得られる（図 9.9(b)）．

濃度測定の場合にはリガンドの固定化量をできるだけ多くし，かつ流速を下げてマストランスポートリミテーションがかかった条件下で測定することにより，結合量がリガンドとアナライトの親和性に依存せずにアナライト濃度のみに依存する直線性の高い検量線が得られる（図 9.9(c)）．濃度測定の場合には原則リファレンスセルの測定は必要ないが，チップに対する非特異吸着が起きている場合にはリファレンス測定を行い，結合レスポンスを差し引いて解析に用いる．また，濃度測定では検量線用の標準サンプルを含め多数のサンプルの測定を行うが，その際に再生が不十分であると定量の精度が下がるため，再生条件の検討は入念に行う．

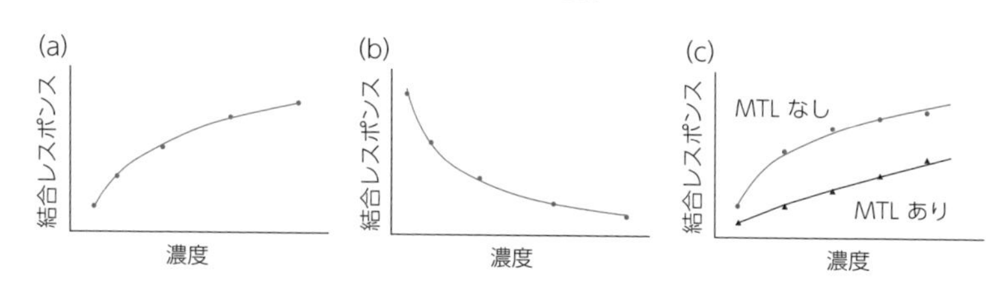

図9.9 濃度の算出
(a) 直接法, (b) 阻害法による検量線と, (c) マストランスポート現象の有無による検量線の変化.

9.5.4 低分子化合物スクリーニング

近年のSPRは，検出感度が向上しており，小さい分子量のアナライトも明確に検出できる．その結果，SPRによる低分子化合物のスクリーニングが可能になっている．

SPRの結合レスポンスは分子量の変化に相関するため，標的分子の固定化さえうまくできれば，化合物の結合をダイレクトかつ非常に高感度に検出することができるため，低分子化合物スクリーニングにおける強力なツールとなり得る．ここでは分子量200 Da程度のフラグメント化合物ライブラリーによるSPRスクリーニングの例を紹介しながら，そのアッセイ系構築における重要なポイントを概説する．

9

(1)安定な固定化方法

9.5.2項で記述したように，リガンドの固定化方法は複数あるが，スクリーニングにおいて重要なポイントは，固定化量を上げる，活性保持率が高い，失活しにくい，ポジティブコントロールをおく，があげられる．低分子スクリーニングにおいては，アナライトは低分子化合物であるため，その分子量は大きくても0.5 kDa程度，小さいものは0.2 kDa以下である．リガンドがタンパク質の場合，その分子サイズは100倍以上異なることが多い．したがって，通常のカイネティクス解析にて行う固定化量と比べて，数十倍から数百倍の固定化量を必要とする．

このため，固定化量を上げるための，固定化方法の選択とその際のリガンド濃度設定をよく検討するほうがよい．固定化量を稼ぐ方法として最も汎用される固定化法がアミンカップリング法である．

固定化量を上げることができたとしても，次に重要なポイントが活性保持率である．たとえばアミンカップリングの場合，固定化量を上げるために，pHをより低く，さらにリガンド濃度を高くして固定化させようとすると，高濃度サンプルが低pH条件にさらされる．そのため，タンパク質が変性(失活)した状態で固定化されてしまい，固定化量が高くても活性保持率が低く，結果的にアナライトが検出できない場合もよくある．さらに固定化されたリガンドは一連のスクリーニングにおいて，どの程度失活したかを知ることが大切である．スクリーニングは5時間以上，長い場合は2日間を要することが多いため，リガンドの時間経過に伴う失活は逃れられない．したがって標的分子に対して必ず結合することがわかっている既知分子(既存薬，低分子量の抗体など)をポジティブコントロール分子として設定し，スクリーニング初期，中盤，そして最後に必ずポジティブコントロール分子を入れてリガンドの失活度合いをモニタリングすることによって結合レスポンスを標準化する．リガンドの失活が防げない場合には，リガンドごと再生させる選択もある．

(2) DMSOによるバックグラウンドシグナル

低分子スクリーニングでは，用いる化合物ライブラリーが有機溶媒に溶解された状態で用いることがほとんどである．有機溶媒としてはDMSOが最もよく用いられる．SPRは溶媒のわずかな組成の違いがプラズモン共鳴に影響を及ぼすため，流路内の溶液(ランニングバッファー，展開溶媒とも呼ぶ)とアナライトの溶媒を慎重に合わせないと，結合に由来しないシグナル(バックグラウンドシグナル)が観察されてしまう．とくにDMSOは0.1%濃度がずれていたとしても大きなシグナルが観察されてしまうため，濃度を高精度に合わせることが要求される[5)]．

その際に注意すべきポイントは，秤量，吸湿，そして攪拌である．たとえば，1% DMSOを含むバッファー条件でスクリーニングを実施する際，100%DMSOで準備されたストックの化合物溶液をバッファーで100倍希釈することになるが，ランニングバッファーにも同様に1% DMSOを調製する．この際に，メスシリンダーや校正のかかったマイクロピペットを用いて秤量を正確に行うほうがよい．このときに，DMSOと水溶液を混合するため，よく攪拌する必要がある．とくにアナライト側はマイクロプレートの各ウエルの中で調製することが多いため，マイクロピペットで何度も(10回以上) ピペッティングを行うことが望ましい．しっかり攪拌するために，ピペッティングの体積はサンプル量の半分以上で設定するほうかなり効果的である．

化合物ストック(100%DMSO溶液)やDMSO原液の保管方法についても注意すべきである．DMSOは吸湿性が高いため，水分がDMSO中に容易に含まれ，濃度が変化する恐れがある．化合物ストックは冷凍保存し霜がつくことを避ける．DMSO原液も，乾燥棚(デシケーター)の中で保管し，可能な限り使い切れるように小分けされたものを使用したほうがよい．

(3)主な注意点

化合物は比較的疎水性が高いため，基板やリガンドに対して疎水性相互作用により非特異的に吸着するものも少なくない．このような化合物は，吸着すると解離しにくく，結果ベースラインの上昇や異常に高い結合レスポンスが観察され，次の化合物評価に悪影響を及ぼす可能性が懸念される[5)]．

また化合物の疎水的な作用により，リガンドが変性し失活してしまうこともある．このような場合はそれ以降のスクリーニングの質が疑われるため，観察された時点で化合物ライブラリーから除外し，以降の化合物から再スクリーニングを行うしかない．再スクリーニングをできる限り回避するために，パイロットスクリーニングとして，リガンドなしで化合物を一度流し，基板に吸着するものをあらかじめ除外する方法もある．

9.5.5 キャプチャー法による抗体スクリーニング

モノクローナル抗体を取得する際，細胞融合を行ってハイブリドーマ株を樹立した後にシングルクローン化し，各クローンの培養上清を用いたELISAによって抗体を選別する方法が広く用いられている．しかし，ELISAのシグナルは抗体の結合活性だけでなく各クローンの発現量にも依存するため，親和性が高いものの発現量が低いクローンをふるい落としてしまう可能性がある．SPRを用いたスクリーニングでは抗体の結合活性と培養液中の抗体濃度が同時に解析できるため，このような偽陰性の例を減らし，より精度の高いスクリーニングを行うことができる．

測定にあたって抗原あるいは抗体のどちらかをリガンドとしてセンサーチップ上に固定するが，スクリーニングにおいては多数の抗体を用いて測定するため，共有結合によって抗体を固定する場合はクローン数だけセンサーチップが必要となり，大規模なスクリーニングに適さない．また抗原を固定する場合においても繰り返しの再生が必要となるため，不安定な抗原に対する抗体のスクリーニングが困難であることがある．

これらの点を克服するために用いられる方法として，キャプチャー法がある．あらかじめセンサーチップ上に抗マウス抗体（あるいはウサギ，ヒトなど，免疫宿主の系に合わせる）をアミンカップリングで固定化し，そこにハイブリドーマの培養上清を添加する．すると上清中の抗体がキャプチャーされ，そこに抗原を添加することによって結合レスポンスを得ることができる(図 9.10)．

汎用されている抗マウス抗体や抗ヒト抗体では抗体に対する結合活性を損なうことなく解離させることのできる再生条件が最適化されているため，抗原をハイブリドーマ由来の抗体クローンごと解離させ，順次クローンを結合させて抗原への結合を解析していくことにより，結合活性に基づくスクリーニングを行うことができる．また，キャプチャー法では，スクリーニング抗体を流した時点でのレスポンスを確認しながら培養上清の添加量を調節することができるため，培養液中の抗体濃度に左右されない評価系を構築することが可能であるという利点もある．

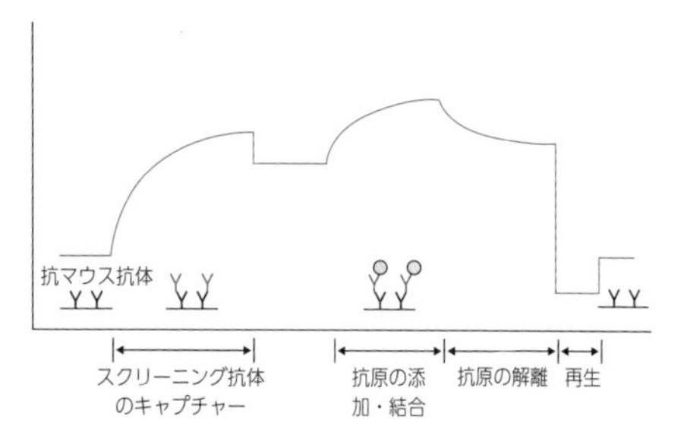

図 9.10　キャプチャー法を用いた抗原抗体相互作用解析のセンサーグラム

9.6 おわりに

近年，生体高分子の物理化学的な相互作用解析は，分子そのものの機能，本質に迫るための解析手段にとどまらず，創薬や機能性素材への応用において威力を発揮し始めている．たとえば抗体医薬品の開発においては，ELISA で選抜した後に，SPR による速度論解析を取り入れることにより正確な結合親和性だけでなく，解離速度定数を評価し，薬効の指標としても活用されつつある．また低分子医薬品の開発においても，高い結合親和性を得つつ，会合速度定数の高い，かつ解離速度定数の低い化学構造へと構造展開していく指標に SPR が利用される場面が増えてきている．

このように相互作用に関する速度論解析は，基礎研究から産業応用に至るまで，幅広い領域において活用することができる，きわめて汎用性のある解析技術である．

【参考文献】

1)『Biacore を用いた相互作用解析実験法(Springer Lab Manual)』，丸善出版(2012)．
2) *Nat. Rev. Drug. Discov.*, 1, 515 (2002)．
3) ぶんせき，1, 2 (2014)．
4) *J. Mol. Biol.*, 389, 880 (2009)．
5) 蛋白質科学会アーカイブ，13，e096 (2020)．

10 旋光度と円偏光二色法(CD)

門出健次(北海道大学大学院先端生命科学研究院)

10.1 はじめに

タンパク質などの生体高分子やこれを制御する生理活性物質のほとんどはキラルであり，分子キラリティーを基とする分子の三次元立体構造は，生命現象に本質的なものである．そのため，生理活性物質の絶対配置決定や生体高分子の立体構造解析は，ライフサイエンス研究に必須である．また，機能性材料としてのキラルマテリアルは，機能の精密制御に欠かせないものであり，絶対配置を含めた立体構造解析はそれらの機能を解明するうえで必須の研究事項である．しかし，キラリティーを分析する分光法はあまり多くはない．本章では，最も身近で有効なキラル解析方法として，旋光度と CD について概説する．

10.2 旋光度

10.2.1 測定原理と装置の概要

自然光には，さまざまな向きに振動する光が含まれている．偏光子により振動面が揃った直線偏光を作り，それが光学活性物質を通過する過程で，透過光の偏光面が回転する現象(旋光)を利用して，旋光度を測定する．

旋光度測定はキラリティーに関する最も古い分析法であり，1815 年にフランスの物理学者 Jean-Baptiste Biot によって見出された．進行してくる光に向かいあった観測者から見て，偏光面が右回り(時計回り)の場合に右旋性(dextrorotary, *d*-)であるといい，(+)で表記する．逆に左回り(反時計回り)の場合は左旋性(levorotary, *l*-)といい，(−)で表記する．*d*-，*l*- の表記は，いわゆる DL 表記法とは関係がないので，混同しないように(+)-，(−)- を使うほうがよい(図 10.1)．

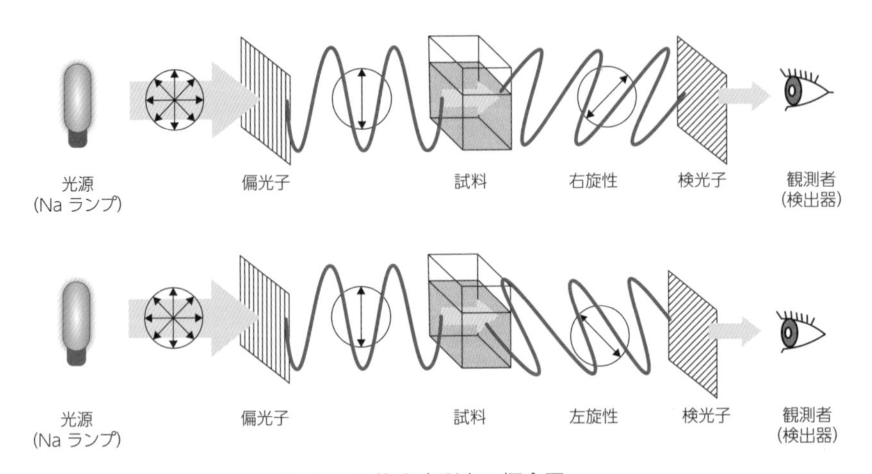

図 10.1　旋光度測定の概念図

回転角αは，透過する物質の影響を受けるため，透過する長さ，すなわちセル長と濃度によって規格化する必要がある．旋光度αを規格化したものとして，比旋光度$[\alpha]$が次のように定義されている．なお，旋光度は濃度や温度の影響を受けるので，濃度，温度を記録することが慣習となっている．また，セル長と濃度の単位には，特に注意が必要である．

溶液試料測定の場合　$[\alpha]^t_\lambda = 100\alpha/(lc)$　(10.1)

液体試料測定の場合　$[\alpha]^t_\lambda = \alpha/(l\rho)$　(純液体)　(10.2)

ここでtは測定温度(℃)，λは光の波長(nm)または光源，αは実測された旋光角(度)，lはセル長さ〔dm (= 10 cm)〕，cは濃度〔溶液 100cm^3 中に含まれる試料の質量(g)〕，ρは純液体の密度(g cm^{-3})である．

10.2.2　光源と波長

光源には，一般にナトリウムのD線（589.3 nm）が用いられる．文献値はD線で測定されたものがほとんどであるので，比旋光度の比較のためにもD線で測定するのがよい．D線での値がきわめて小さい場合は，他の波長で測定をしてみるとよい．装置にもよるが，水銀光源と専用フィルターにより多波長(577，546，435，404 nm など)による測定が可能である．

10.2.3　操作方法

(1) 測定溶媒の選択

溶解度を考慮するとともに，可視に吸収がなく，揮発性の小さい溶媒を選択すること．比旋光度と溶媒の関係は一義的に説明できないため，符号や数値の比較には，同一溶媒で行うことが望ましい．そのため，新規の光学活性化合物の旋光度を測定する場合は，特殊な溶媒の使用は避け，できるだけ一般的な溶媒を用いること．

常用される溶媒としては，水，メタノール，エタノール，1,4-ジオキサン，クロロホルムなどがある．クロロホルムは有機化合物への溶解度が高いため，魅力的な溶媒ではあるが，安定剤や微量の酸が含まれることがあるので注意すること．ジクロロメタン，ジエチルエーテルは揮発性が大きく濃度が変化しやすいので，あまり適していない．

(2) 測定温度

旋光度は，一般に温度の影響を受けるので，空調が備わった部屋に旋光計を設置するとともに，溶媒なども温度平衡に達した状態で使用すること．また，測定温度を記録しておくこと．温度変化の大きい試料は，恒温セルを使用し，試料の温度を厳密に一定に保つとよい．

(3) 不純物

溶液が均一でない場合は，散乱による偏光面の乱れが観測される可能性があるため，ろ過，遠心分離などで，微粒子や固形物を除去すること．また，不純物により試料が着色している場合，正しい測定ができない場合があるので，可能な限り純粋な化合物にし，脱色をしておくこと．

(4) 旋光度測定用セル

試料測定のセルは，旋光計用に作られたひずみの少ないガラスまたは石英製のものを使用すること．D線の場合はガラス製で問題ないが，紫外の波長領域で測定する場合は石英セルを用いる．内径 10 mm, 光路長 100 mmが標準セルであるが，これを用いるには多量のサンプルが必要である．少量のサンプルの場合は，内径 3.5 mm, 光路長 100，50，10 mm などのミクロセルを使うとよい．

セルの内径にあわせて，試料室における絞りをϕ8 mmもしくはϕ3 mmと調整しておくこと．測定の際には，光の透過面を柔らかな紙（キムワイプ®など）で拭く．測定前には，光の透過方向からセルを見て，ごみや不溶物で溶液が濁っていないか，また気泡がないかを確認する．使用後は，適切な溶媒で洗浄後，風乾し，保管する．未知試料測定・ブランク測定は同じセルを使用する．試料を入れ替えるときは，2，3 回の共洗いを行い，前のサンプルを完全に置換すること．セルをセルホルダにセットする際は，同じ位置，同じ向きにセットする．

(5) 試料の秤量

10 mg 以上の秤量を電子天秤（0.1 mg 精度）で測定し，メスフラスコで正確な体積を測定することにより，有効数字 3 桁のデータを得ることが望ましい．少量のサンプルを測定する場合は，濃度の有効数字と得られた旋光度の有効数字に注意すること．

(6) ブランク測定

未知試料を測定した前に，溶媒のみを入れたブランク測定を行う．使用溶媒でセルをよく洗った後，溶媒のみをセルに入れて，試料の場合と同一条件で測定する．試料の測定値からブランク測定値を差し引いた値が正味の旋光角である．ブランク補正として自動的に差し引くこともできる．

10.2.4 結果の見方と解析方法

セル長，濃度（溶質量と溶液の体積量）をあらかじめ入力しておくと，旋光系計に比旋光度が表示される．旋光度は，他の一般的な分光法と比較して，高濃度での測定が多い．そのため，溶媒および分子間の相互作用の影響を受けやすく，溶媒の種類，濃度，温度によって異なる値になることがある．そのため，測定条件を例のように記録しておく．

例：$[\alpha]^{20}{}_{\mathrm{D}}$ + 12.3（c 0.456, EtOH）

濃度 c は，g/100 cm^3 の単位であることに注意．また，比旋光度の値が小さい場合に，測定値が落ち着かない場合がある．このような場合は，濃度やセル長を変えて大きな実測値を得らえるよう工夫するとよい．

10.2.5 比旋光度の利用方法

絶対配置が既知の化合物であれば，報告された比旋光度のデータを比較することにより，キラル化合物の絶対配置を決定できる．

近年，理論計算と比旋光度を比較して絶対配置を決定する試みが行われている．しかし比旋光度は，測定値が測定条件に大きく影響されること，一つの波長によるデータであることを考えると，他のデータも併用して結論を出すなど，信頼性の向上に努めるべきである．また，光学純度の決定に比旋光度の値を使用することができる．

$$光学純度(optical\ purity,\ \%) = 100[\alpha]_D(sample)/[\alpha]_D(reference) \quad (10.3)$$

ただし，光学純度 100% の化合物の比旋光度の信頼できるデータが必要であり，また比旋光度の値が小さい場合は信頼できる光学純度の値を得るのは難しい．そのような場合は，光学分割カラムなど他の方法が望ましい．また通常の試料では，光学純度と鏡像体過剰 (enantiomeric excess) は同じ値を示すが，溶質どうしの相互作用が強い場合は，光学純度と鏡像体過剰は必ずしも同一の値とはならないので注意する必要がある．

10.3 円偏光二色性（ECD）スペクトル

10.3.1 測定原理

光は電磁波であり，直交する電場と磁場中を進行方向に垂直に振動して伝わる横波である．自然光には，さまざまな向きに振動する光の成分が含まれている．

このうち円偏光は，直交する波のベクトルの位相が 1/4 波長ずれたときに生じる光のことである．円偏光には左回り円偏光と右回り円偏光があり，光学活性な物質を透過することにより，左右の円偏光で吸収の差が生じる場合がある．強度が異なる円偏光は，楕円偏光として観測される．この現象を円二色性（circular dichroism：CD）という．すなわち，直線偏光は左回りと右回り円偏光の和として考えることができ，それぞれに対する吸光係数が異なることにより円二色生が生じる．楕円偏光の短軸の長軸に対する比が正接 (tan) となる角度 θ が楕円角である．

円二色性はモル楕円率 $[\theta]$ あるいはモル円二色性 $\Delta\varepsilon$ で表される．

$$[\theta] = \theta M/(lc) \quad (10.4)$$

ここで，θ は実測の楕円角(度)，l はセル長(dm)，c は濃度(g 溶質 /100 cm^3 溶液)，M は分子量である．有機化合物の場合は，一般にモル円二色性 $\Delta\varepsilon$ を用いる．$\Delta\varepsilon$ (dm^3 mol^{-1} cm^{-1}) は左回りと右回りの円偏光に対するモル吸光係数の差である．

$$\Delta\varepsilon = \varepsilon^l - \varepsilon^r \quad (10.5)$$

モル楕円率 $[\theta]$ とモル円二色性 $\Delta\varepsilon$ との間には次の関係がある．

$$[\theta] = 3300\Delta\varepsilon \quad (10.6)$$

実際には $\Delta\varepsilon$ は次式で求められる．

$$\theta/33 = \Delta A = \Delta\varepsilon c'\ l' \quad (10.7)$$

ここで，ΔA は円二色性吸光度，c' はモル濃度(mol 溶質 /dm^3 溶液)，l' はセル長 (cm) である．$\Delta\varepsilon$ あるいは［θ］を波長に対してプロットしたものを CD スペクトルといい，UV-VIS スペクトルの吸収帯に対して，吸収型曲線を示す（図 10.2）．正の符号のものを正の Cotton 効果，負のものを負の Cotton 効果という．

円二色性は光の波長にかかわらず観測されうる現象であるが，紫外・可視吸収における従来の CD スペクトルを，電子遷移に基づく CD として，electronic circular dichroism：ECD と呼び，赤外吸収における CD スペクトルを振動遷移に基づく CD

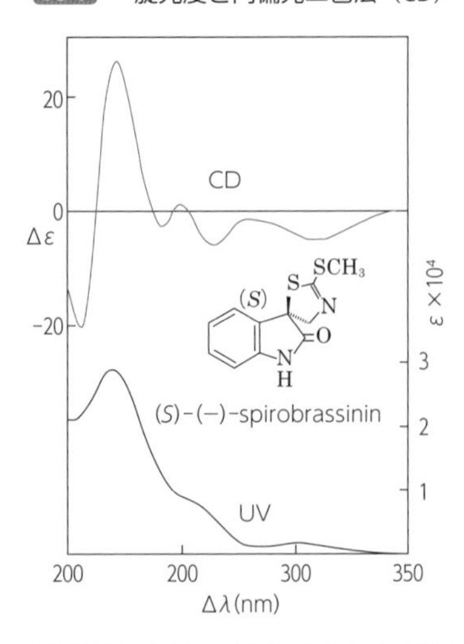

図 10.2 UV，CD スペクトルの例
(S)-(−)-spirobrassin の UV スペクトル（下段）と CD スペクトル（上段）.
出典：M. Suchy, et al., *J.Org. Chem.*, **66**, 3940 (2001).

として，赤外円二色性または振動円二色性（vibrational circular dichroism：VCD）と呼んで区別している.

10.3.2 円二色性 (ECD) 分光計の構成と作動原理

ECD 分光計は主に，①光源（キセノンランプ），②分光用プリズム，③レンズ，④フィルター，⑤ CD モジュレーター，⑥試料ホルダー，⑦検出用光電子倍増管で構成されている.

光源であるキセノンランプから出た光は二つのプリズムを経ることにより，単色光になると同時に直線偏光となる．この単色直線偏光は，CD モジュレーターによって，左回りの円偏光と右回りの円偏光が交互に出るように変調される．この変調光が試料を通過した後，光電子増倍管によって，その光量が検出される．円偏光変調光が光学活性な試料を通過すると，左回り円偏光と右回り円偏光に対するモル吸光係数 ε_1 と ε_r が異なるので，光電子増倍管の受ける光量は時間変化する.

10.3.3 操作方法

(1) ECD 分光計の設置と測定準備

CD の吸収波長や強度は，温度の影響を受ける場合があるので，CD 分光計は空調室に設置するのが望ましい．光源（キセノンランプ）を冷却するため，水道水または冷却水循環装置を稼働させる．また，キセノンランプによって発生するオゾンから光学系を保護するために，通常の測定の場合（～約 190 nm），乾燥窒素ガス（流量 3 ～ 5 L/min）をあらかじめ流しておく．真空紫外領域 (～約 180nm) の測定を行う場合は，より多量の窒素ガス（15 ～ 20 L/min 程度）を流す必要がある．この場合，大量の窒素ガスを使用するので，交換用の窒素ボンベを用意するか，あるいは窒素発生装置を導入するとよい.

光源のキセノンランプを点灯させ，30 分間程度ウォーミングアップさせて安定化させる．

(2) ECD スペクトル測定用セル

CD スペクトルの測定には，透過率がよく，ひずみの少ない高品質のセルが必須である．一般に，300 nm 以下の紫外領域まで測定する場合には，石英製セルを用いなくてはならない．可視領域に吸収をもたないガラス製やプラスチック製のセルも，測定波長，目的(多検体アッセイなど)によっては使用可能である．

CD 測定用として，角形(セル長 1 〜 20 mm)，円筒形(セル長 0.1 〜 100 mm)の固定石英セルが市販されている（日本分光など）．最も一般的な光路長は 10 mm（1 cm）である．より短いセル(1 mm もしくは 0.1 mm)は溶媒の影響が少ないため，同じ溶液でも，10 mm セルを用いる場合に比べて，より短い波長まで測定できる．ただし，同一の吸光度を得るためには，相当する高濃度に試料を調製する必要がある．

CD 用セルは，使用後すぐに可溶溶媒で洗浄した後，風乾して保存するとともに，非常に高価であるから，落として割らないように気をつける．タンパク質などの極微量サンプルの場合は，マイクロサンプルディスクを使用して測定する．

(3) 測定溶液試料作製について

CD スペクトルを測定するにあたって，あらかじめ紫外・可視スペクトルを測定して，吸収極大波長での吸光度が 1 程度になるように，濃度とセル長を決める．CD スペクトルは左円偏光と右円偏光の吸収の差に由来するので，吸光度が 2 以上になると，よい S/N が得られない．

CD の強度は，通常は有効数字 3 桁以上で測定されるので，試料の重さも精密電子天秤を用いて 10^{-6} g の位まで測る．通常は 1.0 mg 以上の試料を用いるほうがよい．また，正確な体積を測定するために，必ずメスフラスコ（10 mL）を用いる．数 mg の試料を秤量する実際の方法は次の通りである．

①メスフラスコ(10 mL)に入る小さなボート(3 mm × 6 mm × 3 mm 程度)をアルミ箔(厚さ 0.015 mm)で作る．
②ボートの風袋を秤量する．ボートに試料を載せて秤量し，ボートごとメスフラスコに入れる．
③少量の溶媒を入れて，試料を完全に溶かしたことを確認する．規定線まで溶媒を加え，よく振り混ぜて均一にする．ボート自体の体積は誤差の範囲内であるので 0 として，濃度を算出する．

(4) 測定溶媒の選択

溶媒は，測定対象試料に十分な溶解度をもち，波長領域に吸収がなく十分に透明であるものを選択しなければならない．また，測定中に濃度が変化しないように，揮発性の低い溶媒を選択しないほうがよい．

市販溶媒の場合，不純物の少ないスペクトル測定グレードのものを用いる．通常は，*n*-ヘキサン(〜 185 nm（1 mm cell)），シクロヘキサン(〜 185 nm（1 mm cell)），1,4-ジオキサン(〜 210 nm（1 mm cell)），1,2-ジクロロエタン(〜 210 nm（1 mm cell)），メタノール(〜 195 nm（1 mm cell)），エタノール(〜 200 nm（1 mm cell)），水(〜 180 nm（1 mm cell)）などを使用する．また，セル長を短くすると溶媒の影響が少な

10

くなるため，一般により短波長まで測定できるが，高濃度での測定になるため，試料の溶解度の問題が生じる場合がある．

クロロホルムは，有機化合物に対して非常にすぐれた溶解度を有していることから魅力的な溶媒であるが，紫外領域に吸収をもつため，観測波長に注意して測定する必要がある(～ 240 nm（1 cm cell），～ 230 nm（1 mm cell），～ 220 nm（0.1 mm cell））

(5) ECD スペクトル測定の手順

①ECD スペクトルの測定では，対象とする吸収帯の吸収極大における吸光度 A が 1 程度($A < 2$)になるように，溶液の濃度とセル長を選ぶ．
②試料溶液をセルに十分量入れる．セル内部に溶媒が残留している場合は，少量の試料溶液で 2，3 回共洗いした後，試料溶液を入れる．セルの光透過面は手で直接触らないようにし，キムワイプ®などの柔らかい紙できれいにした後，試料室にセットする．セルは一定方向，一定位置におく．
③測定条件を入力する．開始波長，終了波長，走査速度，レスポンス，積算回数などを入力する．あらかじめ，早い走査速度で予備測定しておき，CD 強度，ノイズの大きさ，光電管の電圧をチェックしておくとよい．レスポンスは 1 データあたりの積算時間であり，通常は 0.5 ～ 4 sec 程度である．積算回数を増やせば，その平方根に比例して S/N は上昇する．
④測定時に実験ノート，チャート，コンピュータに測定条件，試料番号，セルの光路長，濃度，溶媒などを忘れずに記録，入力しておく．
⑤対象とする吸収帯が複数あり，それぞれのモル吸光係数が極端に違う場合は，濃度やセル長を変えて，複数回測定するほうがよい．
⑥装置付属のデータプロセッサーを使って，データを加工する．オリジナルのデータは，加工したデートとともに必ず保存しておくこと．また，測定データはテキストデータとして出力し，エクセル®，カレイダグラフ®などのグラフ作成ソフトで加工して，資料を作成するとよい．

10

(6) ブランク測定

試料の測定を行った後は，溶媒のみのプランク測定を必ず行う．セルを溶媒でよく洗った後，溶媒を入れて，試料の場合と同一の条件で測定する．

10.3.4 UV–VIS スペクトルの測定

CD スペクトルは左円偏光と右変偏光の吸収の差であるため，紫外・可視吸収がない波長領域では観測されない．そのため，CD スペクトルの解釈や帰属には UV–VIS スペクトルの情報が必須となってくる．

CD スペクトルを測定する前には，必ず UV–VIS スペクトルを測定し，CD スペクトルのための最適な濃度を調製する．測定した UV–VIS スペクトルデータはテキストデータとして出力し，CD スペクトルと同一の波長スケールで重ね合わせたチャートを作成し，スペクトルの解釈や帰属の参考にするとよい．

10.3.5 データの整理と記述

CD スペクトルにおいては，その Cotton 効果を極値の波長位置(λ_{ext})と強度($\Delta\varepsilon$)を用いて，次の例のように記述する．必要ならゼロ交点の波長位置も含める．

CD(EtOH) λ_{ext} 320.5nm($\Delta\varepsilon$ −63.1)，308.0(0.0)，295.5(+ 39.7)

CD スペクトルおよび UV–VIS スペクトルは，エクセル®，カレイダグラフ®などのグラフ作成ソフトで加工して，データの解釈や論文などの発表用に活用するとよい．

10.3.6 ECD 分光器の較正

CD 分光計が正しい波長と強度を示しているかをチェックするために，標準試料を用いて較正する．次のものが標準値として提案されている．

(+)–10–カンファースルホン酸アンモニウム(c 0.06，H_2O) λ_{ext} 290.5 nm，
$\Delta\varepsilon$ + 2.40
アンドロステロン(c 0.05g/100cm^3，1,4–ジオキサン) λ_{ext}304 nm，
$\Delta\varepsilon$ + 3.39 (−)– パントラクトン(c 0.015，H_2O) λ_{ext} 219 nm，$\Delta\varepsilon$ −5.00

10.3.7 ECD スペクトルの立体構造解析への応用

光学活性な化合物は原理的に CD スペクトルが測定可能である．CD スペクトルは，小分子から生体高分子まで，幅広い化合物に適用でき，絶対立体配置の決定，立体配座解析，二次構造解析などに利用されている．

(1) 絶対構造既知物との CD スペクトルの比較

化合物の絶対配置を決定する場合，絶対配置が既知の化合物との比旋光度を比較するのが一般的であるが，CD スペクトルが既知化合物としてすでに報告されている場合，その比較から絶対配置を決定できる．比旋光度と比べ，他の波長の比較のため信頼性が増すこと，微量で比較できることなどの利点がある．ただし，強い発色団をもたない光学活性化合物の CD スペクトルの強度は一般に弱いので，比較する際には注意が必要である．また，発色団の近傍の構造がほとんど同じ場合は，CD スペクトルの比較から絶対配置を決定できるが，複雑な構造の場合は単純に比較できないときもある．

(2) 経験則の利用

有機化合物や錯塩化合物に対しては，多くの測定データからいろいろな経験則が導き出されている．たとえば，ケトンのオクタント則，共役ジエンのヘリシティー則などである．しかし，経験則には例外もあるので，現在は CD 励起子キラリティー法もしくは理論計算を用いるのが一般的である．

(3) CD 励起子キラリティー法

CD スペクトルにおける二つ以上の発色団の相互作用を利用する方法であり，理論計算を行うことなく，絶対配置を簡便に決定できる方法である．強い $\pi\to\pi^*$ 吸収帯をもつ二つの同一発色団が空間的にキラルな関係にある場合，CD スペクトルは符号の相反する非常に強い分裂型 Cotton 効果示す．一般に，芳香環などの発色団を有するキラルな化合物は，その紫外・可視吸収に対応した CD スペクトルを与えるが，その絶対値($\Delta\varepsilon$)は小さい．これに対して，励起子キラリティー法で与えられる CD スペクトルの強度

負のキラリティー
正のキラリティー
正の第二
Cotton効果
CD
正の第一
Cotton効果
負の第一
Cotton効果
負の第二
Cotton効果
λ
λ

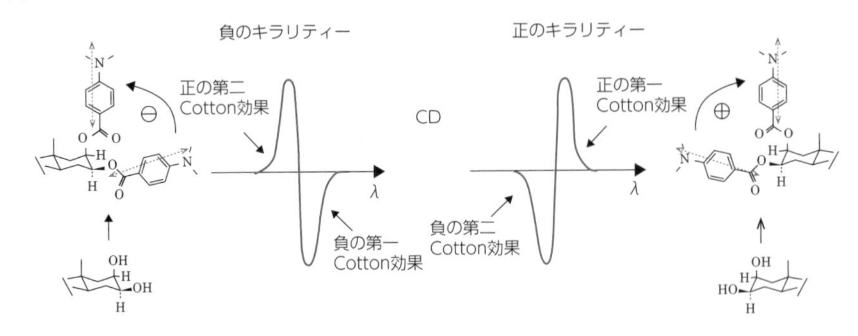

図 10.3　CD 励起子キラリティー法の概念図

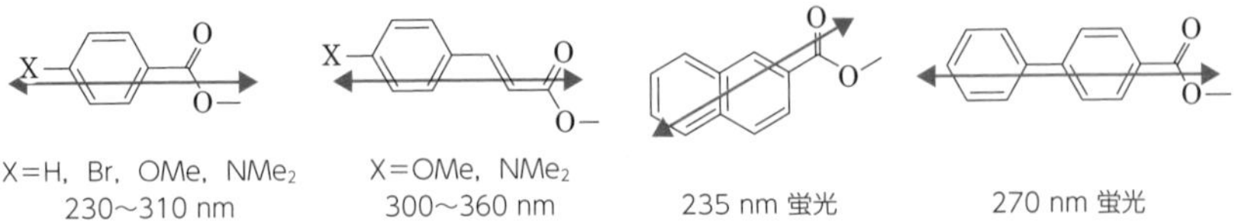

X=H，Br，OMe，NMe₂
230〜310 nm
X=OMe，NMe₂
300〜360 nm
235 nm 蛍光
270 nm 蛍光

図 10.4　CD 励起子キラリティー法に適して発色団と電子遷移の方向

は強く，その符号は簡単な二つのパターンに分類されるという利点をもつ．

ジオールなどの官能基に二つの発色団を導入後にスペクトルを導入すると，二つの発色団が正のキラリティーをもつ場合は，長波長側から正負のコットン効果を示す CD が，逆に負のキラリティーをもつ場合は，長波長から負正の分裂型コットン効果が観測される．この 2 種類の単純なパターンから絶対配置を一義的に決定できる（図 10.3）．発色団としては，図 10.4 のような電子遷移モーメントの方向が明確な発色団を利用することが，正しい結論を得る近道である．

(4) 理論計算スペクトルと実測スペクトルの比較による絶対構造決定

後述の VCD では，比較的早い時期に理論計算による絶対配置決定が標準的な方法となって確立したが，ECD スペクトルにおいても，近年，さかんに理論計算スペクトルとの比較が絶対配置決定に用いられている．目的の光学活性化合物の立体配座解析を行い，それぞれのコンフォマーに対する CD スペクトルを密度汎関数法（density functional theory：DFT）によりシミュレーションし，理論 ECD スペクトルを導き出す．得られた理論スペクトルと実測 CD スペクトルを比較することによって絶対配置が比経験的に決定できる．

配座解析が重要となってくるので，配座解析が容易な化合物には本法が適している．CD 強度が圧倒的に弱い化合物，会合しやすい化合物，溶媒効果の高い化合物は，適用する際に注意が必要である．

(5) 生体高分子への応用

タンパク質は，α ヘリックスや β シート構造といった二次構造や，ランダムコイル構造に由来する特徴的な CD スペクトルを遠紫外領域に示す．公開ソフトなどによって，CD スペクトルからタンパク質中の二次構造に関する情報を得ることができる．また核酸も，二重らせん構造のピッチなどの違いを反映した特長的な CD スペクトルを示す．

(6)光学活性合成高分子への応用

ECD はキラル高分子の溶液中でコンホメーション解析にも利用されている．主鎖骨格に UV 吸収がある場合，その Cotton 効果から主鎖のコンホメーションに関する知見が得られる．特に，一方向に偏ったラセン構造の形成の確認には有効である．

10.4 赤外円二色性（VCD）スペクトル

円二色性は光の波長にかかわらず観測されうる現象であり，この中でも特に赤外光を用いた分光法を赤外円二色性または振動円二色性（vibrational circular dichroism：VCD）と呼ぶ．現在市販されている VCD 分光計は，一般の IR 分光計と同様にフーリエ変換型である．分光計の特性にもよるが，一般には 4000 ～ 800 cm^{-1} で測定される．有機低分子の場合は通常，モル円二色性$\Delta\varepsilon$を，生体高分子試料などではモル円二色性 ΔA を用いるのが一般的である．

10.4.1 赤外円二色性(VCD)分光計の構成と作動原理

VCD 分光計は主に，①広帯域 IR 光源，②干渉計，③特定の波長のみを透過させる光学フィルター，④偏光子，⑤フォトエラスティック変調器（photoelastic modulator：PEM)，⑥試料ホルダー，⑦液体窒素冷却型検出器で構成される．VCD 装置には，既存の IR 分光計に後付けできるもの，PEM を 2 台搭載するものなどさまざまなものがある．

VCD 分光器は基本的にはフーリエ変換型で全波長を同時に測定できるが，PEM はある波長を中心に円偏光変調する．PEM の設定を中心波数 λ に設定すると，λ では直線偏光がきれいに円偏光変調されるものの，λ 以外の波数では楕円偏光となり測定感度・信頼性が低下する．おおむね，4λ/3 から 2λ/3 の範囲で VCD を測定する．これより離れた領域の VCD を測定する場合には PEM の設定を変更したうえで再度測定することが好ましい．

10.4.2 操作方法

(1)VCD 分光計の設置と測定準備

VCD 強度の温度変化を避けるために，VCD 分光計は空調室に設置するのがよい．分光器特性にもよるが，おおむね実際の測定の 1 時間前には検出器のデュアーに液体窒素を入れ，分光計の電源を入れて，分光計を安定化させる．

(2)VCD スペクトル測定用セル

VCD スペクトルの測定には，透過率がよく，ひずみの少ない高品質の BaF_2 セルまたは CaF_2 セルが必要である．BaF_2 は約 750 cm^{-1} までの広い波数領域で測定できるが，わずかながら水に弱いので，水溶液や湿気に長時間触れるとセルの表面に曇りが生じる．CaF_2 セルの場合は 1000 cm^{-1} 以下の測定はできなくなるが水への耐性はきわめて高い．

VCD 測定用として，2 枚の窓板をはり合せたセル（スペーサー厚みが 0.05 ～ 0.2 mm)が最もよく用いられる．VCD 用セルは非常に高価であるから，落として割らないように気をつける．

(3) 試料の精製

試料は十分に精製乾燥する．特に，アセトンや酢酸エチルなどは少量でもカルボニル C＝O の伸縮振動領域に顕著な IR 吸収を示すため，試料だけでなく用いる光学セルやマイクロシリンジもよく乾燥させる．

VCD は前項で説明した通常の CD 分光法と比べて感度が低い分光法であり，あまり薄い試料溶液だと良好な VCD シグナルを観測できない．そこで VCD スペクトルを測定する場合には，対応する IR 吸収帯の吸光度 A が 1 以下になる濃度において吸収帯が極力大きくなる溶液の濃度とセル長を選ぶ．VCD の大きさは，通常は有効数字 1 ～ 2 桁以上で測定されるので，有効数字 2 ～ 3 桁以上を達成するために，試料の秤量も精密電子天秤を用いて 10^{-4} ～ 10^{-5} g の位まではかる．測定に必要な溶液量は通常 0.1 mL 程度であるので，通常は 5.0 ～ 10.0 mg 程度の試料があると VCD の測定を実施できる．

(4) 測定溶媒の選択

VCD スペクトル測定の溶媒としては，測定領域で吸収が少ないものがよい．通常は重水素化クロロホルム，重水素化ベンゼン，重水素化アセトニトリル，重水素化テトラヒドロフラン，重水素化ジメチルスルホキシドなどがよく用いられる．水溶性試料の場合には重水素化ジメチルスルホキシドとともに，メタノール，重水，水などもよく用いられる．アルコール系溶媒は IR 吸収が強いため，測定用セルは光路長ができるだけ短いものを選択する．特に，水は IR をきわめて強く吸収するため，0.01 mm 以下の光路長のセルを選択する．

一般的な溶媒の IR 吸収スペクトルを図 10.5 に示す．溶媒は市販のスペクトル用で十分である．重水素化溶媒は NMR 測定用として容易に入手できるが，TMS を含まない溶媒を選択するように注意する．

(5) VCD スペクトル測定の手順

① VCD の測定では，対応する吸収帯の吸光度 A が 1 以下で，かつできるだけ大きな値になるように，溶液の濃度とセル長を選ぶ．

②溶液をセルに十分量（通常 0.05 ～ 0.2 mL）入れて栓をする．洗浄に用いたアセトンなどがセル内に残っていると対応する IR 吸収が観測されてしまうので，内部をよく乾燥させる．セル窓板の外側が溶媒で濡れている場合は，キムワイプ®などの柔らかい紙できれいにした後，試料室にセットする．セルは一定方向，一定位置におく．

③測定したい範囲や試料の性質に応じて，分解能（resolution）や PEM の中心波数を設定する．また，IR と VCD の積算回数を設定する．IR の積算は 16 回程度で十分である．一方，VCD は 3000 回以上積算することも一般的であり，シグナルが小さいときにはさらに積算が必要となる．

④測定時にチャート上に測定条件，セルの光路長，濃度，溶媒などを忘れずに記録しておく．

⑤経時変化による VCD スペクトルの変化には注意を払う．たとえば試料状態の変化，外部温度や装置状態の変化に伴うベースラインの変化などが考えられる．検出器に十

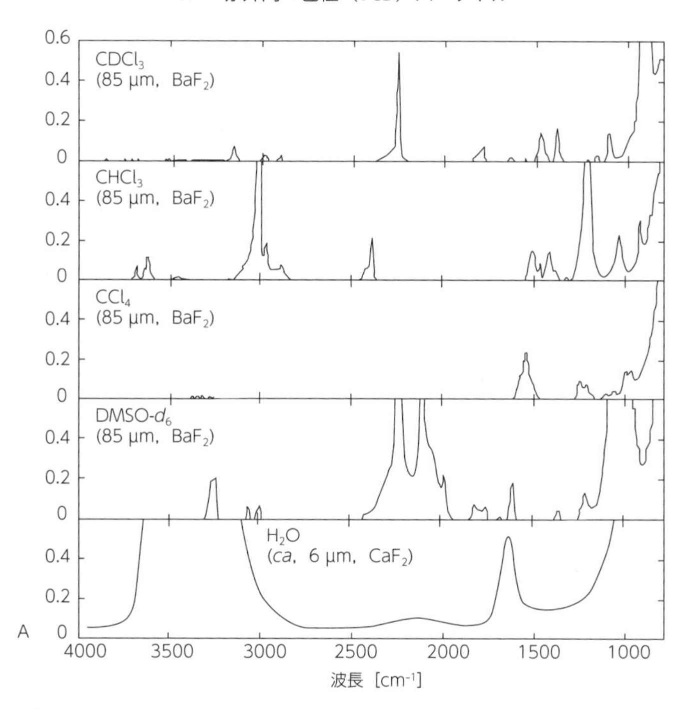

図 10.5　VCD 測定で用いられる代表的な溶媒の IR スペクトル
出典：T. Taniguchi, *Bull. Chem. Soc. Jpn.*, **90**, 1005 (2017).

分な量の液体窒素が入っていない場合は特にこの変化が明確である．

(6) ブランク測定

試料の測定を行った後は，溶媒のみのブランク測定を必ず行う．セルを溶媒やアセトンでよく洗った後，溶媒を入れて，試料の場合と同じ条件で測定する．試料分子の VCD スペクトルおよび IR スペクトルから溶媒スペクトルを差し引いたものを論文などに掲載するのが一般的である．

もし入手可能であれば，試料の鏡像異性体を用いて VCD スペクトルの補正を行うと，よりアーティファクトが除去されたスペクトルが得られる．その場合の補正として，次の式を用いる．

$$\Delta A(+)_{\text{補正後}} = 1/2[\Delta A(+)_{\text{補正前}} - \Delta A(-)_{\text{補正前}}]$$

10.4.3　VCD 分光計の較正

VCD 分光計が正しい波長と強度を示しているかをチェックするために，標準試料を用いて較正する．α-ピネンの両鏡像体が標準試料としてよく用いられている．

10.4.4　VCD スペクトルの立体構造決定への応用

VCD による立体構造の決定は主に，密度汎関数法（DFT）計算でシミュレーションした理論 VCD スペクトルと実測 VCD スペクトルを比較することによって行われる．図 10.6(a) に理論計算による構造決定の手順を示した．この手順は，「どのような構造情報を知りたいか」によって少し異なる．試料分子が二つのエナンチオマーのどちらであるかを知りたい場合は，一つのエナンチオマーについてのみ計算し，実測スペクトルと比較するだけで十分である．このとき，両スペクトルの形状と符号が一致すれば，試料分子の立体配置は理論計算に用いたエナンチオマーと同一である．逆に，実測と理論スペクトルの符号が逆であれば試料分子の立体配置はその逆と結論できる．

試料分子の構造が「可能なジアステレオマー数種のうちのどれか」を知りたい場合は，可能な異性体すべてについて計算し，実測スペクトルと比較する必要がある．立体配置既知の試料に対して立体配座解析を行う場合は，その立体配置をもつ分子についてのみ計算する．分子間相互作用の様式について解析したい場合は，二つ以上の分子をさまざまに配置して理論計算を行い，各理論スペクトルを実測スペクトルと比較する．

ほとんどの場合，分子は溶液中で複数の配座異性体をとりうるため，まずそれぞれの配座異性体の構造とエネルギーを計算する．その際，CONFLEX, Spartan, Macromodel などのソフトウェアによって分子力学法に基づいた配座探索を行うと，後の密度汎関数法（DFT）計算に用いる複数の初期配座を簡単に出せる．単純な構造の分子であれば，回転可能な結合の二面角を手動で変化させることによって複数の配座異性体を得ることも可能である．

このようにして得た配座について，DFT 計算にてさらなる構造最適化を行う．最適化された安定な配座異性体（目安として，最安定な配座異性体から 2 kcal/mol 以内程度）

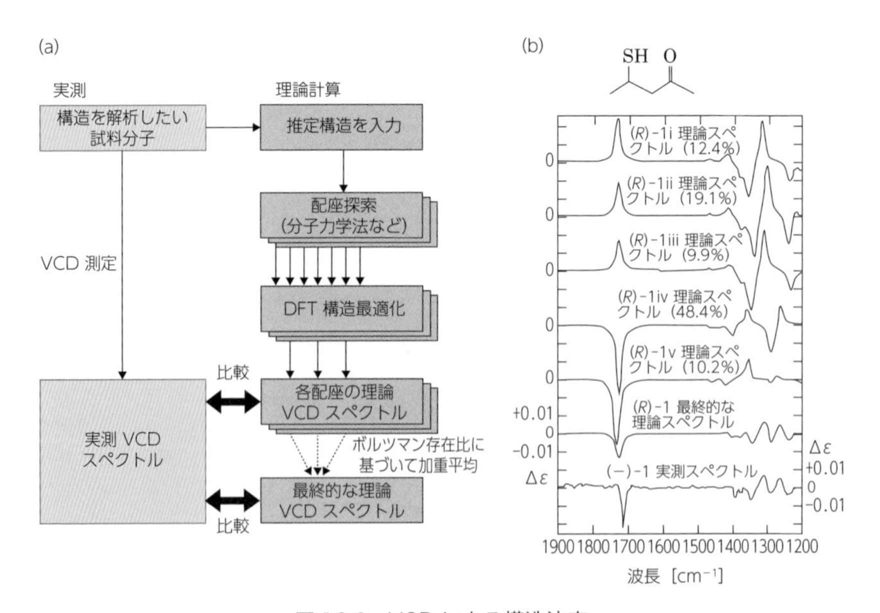

図 10.6　VCD による構造決定

(a) VCD による構造決定の一般的な流れ．(b) 分子 1 の五つの配座異性体について計算した理論 VCD スペクトル，加重平均 VCD スペクトル，実測 VCD スペクトル（重クロロホルム使用，光路長 0.085 mm，濃度 0.3 mol/L）．

出典：C. Kiske et al. *J. Agric. Food Chem.*, **64**, 8563 (2016).

について，それぞれCDまたはVCDを計算する．DFT計算はGaussianなどのソフトウェアで簡単に行える．最後に，各配座異性体のスペクトルについて，Boltzmann存在比の重みをつけて足し合わせることによって最終の理論スペクトルを得る．このスペクトルを実測スペクトルと比較し，試料分子の構造情報を得る．

具体例として，香料分子の立体配置の決定例を図10.6(b)に示す．配座探索とDFT構造最適化の結果，五つの安定配座異性体が予測された．これらについてそれぞれVCDを計算した結果，どれ一つとして，(−)-1に対する実測VCDスペクトルと似ていない．しかし，それぞれのスペクトルを各配座のBoltzmann存在比に基づいて加重平均して得た理論スペクトルは実測スペクトルと高い一致を示した．以上より，(−)-1の立体配置をRと決定できる．

10.5　おわりに

近年の計算機科学の進歩に伴って，キラル関係の分光法においても，理論計算と比較して議論を進めることが主流となりつつある．しかし，実際のスペクトルの測定にはさまざまな条件検討が伴う場合が多く，化合物の特性をよく理解したうえで，正確なデータを取るように，測定者は細心の注意を払う必要がある．計算機科学者と共同で研究を進める場合には，データのみが一人歩きしないように十分な討論を行い，間違いのないようにする．

【参考文献】

1) W.Klyne, J.Buckingham, “Atlas of Stereochemistry, Absolute Configurations of Organic Molecules, 2nd Ed.,” vol.1,2, Chapman and Hall (1978). J.Buckingam, R.A.Hill, “Atlas of Stereochemistry, Absolute Configurations of Organic Molecules,” Supplement, Chapman and Hall (1986). H.B.Kagan Ed., “Stereochemistry - Absolute Configurations of 6000 Selected Compounds with One Asymmetric Carbon Atom,”vol.4, Georg Thieme (1977).

2) 原田宣之，『旋光性，旋光分散，円二色性(実験化学ガイドブック)』，日本化学会編，丸善(1984).

3) K.Nakanishi, N.Berova, R.Woody, Ed., “Circular Dichroism, Principles and Applications,” VCH Publishers (1994).

4) 原田宣之，中西香爾，『円二色性スペクトル–有機立体化学への応用』，東京化学同人 (1982).

11 電気分析化学

安川智之(兵庫県立大学大学院物質理学研究科)・床波志保(大阪府立大学大学院工学研究科)・
飯田琢也(大阪府立大学大学院理学系研究科)・前田耕治(京都工芸繊維大学大学院工芸科学研究科)

11.1 はじめに

電気分析化学は，電極と酸化還元種の間での電子授受を，電流や電位として観測し，定性あるいは定量に利用する分析手法である．分析に実用されている手法として，電極に正味の電流が流れない状態で開回路(ゼロ電流)電位を測定するポテンシオメトリーや一定電位の下で電流を測定するアンペロメトリーがある．ポテンシオメトリーの実用例としては，イオンセンサーやpHメーターが知られている．また，アンペロメトリーの利用例としては，クラーク型酸素電極や血糖値センサー，あるいは液体クロマトグラフィーの電気化学検出器があげられる．

しかし，それらの実用的分析法を開発したり，原理を理解したりするためには，何よりもまず，電位と電流の関係を記録するボルタンメトリーを知ることが欠かせない．電気化学は，原理的には電極反応の速度論であり，外部から電位を設定することにより活性化エネルギーを制御し，その際の電極表面における電子授受反応の速度を電流として測定する方法論である．電流が電位の関数であるだけでなく，電流を決める反応物の濃度分布が時間と空間(距離)の関数であることから，初学者にはボルタンメトリーの理解に複雑さと難解さがつきまとう．さらには，ポテンシオスタットというとっつきにくい装置に加えて，三つの電極を必要とすることから，実測に向かうハードルが必要以上に高く感じられるようである．

本章では，電気分析化学に対するバリアを少しでも低くするために，まず電気化学測定装置や電極系の原理について述べる．その後，代表的な測定法である電位掃引法（ボルタンメトリー）と電位ステップ法（アンペロメトリーなど）のエッセンスについて述べる．他にも，電位に正弦波のような変調をかけ，それに伴って変化する電流信号を解析する交流法などの有用な各種測定法がある．これらの測定法の解説は専門書に譲ることとし，本章では比較的簡便な測定法である直流法に限る．

11.2 測定装置と3電極系の原理

電気化学測定において，電極間の電位を制御して電流を計測するポテンショスタット(potentio ＝電位の，stat ＝一定）と，電流を制御して電位を計測するガルバノスタット(galvano ＝電流の)が基礎となる重要な装置である．これらの装置を用いて，電流または電位を計測するためには，作用極，参照極，対極の3電極が必要である．本節では，これらの装置および3電極セルを用いた電気化学測定法について解説する．

11.2.1 ポテンショスタットの基礎

まず，電解質溶液に2本の電極を挿入し，直流電圧を印加して水の電気分解（電解）を行う場合について考える．2本の電極間に印加する電圧の大きさを少しずつ大きくしていくと，ある一定以上の電圧の印加により，電流は急激に増加し両電極表面から小さな気泡が発生する．プラス電源側の電極を陽極(アノード)といい，式(11.1)に示す水の酸化反応による酸素発生が起こる．一方，マイナス電源側の電極を陰極(カソード)といい，式(11. 2)に示すプロトンの還元反応による水素発生が起こる．

$$2H_2O \longrightarrow O_2 + 4H^+ + 4e^- \quad (11.1)$$
$$2H^+ + 2e^- \longrightarrow H_2 \quad (11.2)$$

このように，電源から電圧を加えることにより電極表面で電子移動を伴う電気化学反応を進行させ，電気分解を誘発することができる．両電極で酸化反応と還元反応が起こるので電流が流れる．

この電気分解の際，陽極と陰極の間に加えた電圧(電位差)はわかるが，それぞれの電極の電位はわからない．電位とは，基準となる電極との電位差のことである．電位は電気化学活性種(水の電気分解では，酸素，水素，およびプロトン)の電極表面における濃度に依存するため，陽極および陰極の電位は電気化学反応の進行とともに徐々に変化する．

そこで，「電極で電気化学反応が進行し，電極表面での電気化学活性種の濃度が変化しても電極の電位を一定に保つ」ことを可能にした装置がポテンショスタットである．この装置では 3 本目の電極である参照極が必要であり，この参照極に対する作用極（注目している電気化学反応を起こす電極）の電位を制御できる．電極電位を制御することにより，ある特定の酸化還元種の酸化還元電位を調べることができる．また，その際に流れる電流量から溶液中に含まれる酸化還元種の濃度を決定できる．これは，定性分析と定量分析を同時に行えることを意味している．

現在，市販されているポテンショスタットには，電極に任意波形の電圧（時間経過とともに電極電位を変えること）を印加するためのファンクションジェネレータが組み込まれており，観測された電流はモニター上に表示され記録できる．サイクリックボルタンメトリー（CV)の際には電位を時間に対して直線的に変化させ，その際に観測される電流を電位に対してプロットする．また，電位ステップ法の際には，ある一定の電位から瞬間的に異なる一定電位に変化させ，電流を時間に対してプロットする．これらから得られた電流–電圧曲線や電流–時間曲線を解析することにより，電極反応機構を調べることが可能になる．

CV 測定の際に決定すべきパラメーターを示す．まず，初期電位，初期電位保持時間を設定する．CV 測定を開始すると，通常，電位は自然電位から設定した初期電位へと切り替わり，初期電位が保持時間だけ保たれる．自然電位とは，溶液中に含まれる電気化学活性種の酸化体および還元体の濃度比で決まる電位のことである．この電位と初期設定電位が大きく異なる場合には，測定開始とともに大きな電流が流れる．よって，保持時間を極端に短く設定(数秒)すると電流が流れている状態で電位掃引が始まってしまい，予期せぬ電流が観測されることがある．

次に，第 1 折り返し電位，第 2 折り返し電位，および電位掃引速度(スキャンレート)を設定する．これについては，11.4.1 項に詳細を記載した．最後に，サイクル回数，サンプリング時間および電流レンジを決める．サイクル回数は，初期電位から二つの折り返し電位を経て初期電位へ戻るサイクルを何回繰り返すかである．サンプリング時間は何秒ごとに電流をプロットするかである．たとえばサンプリング時間を 100 ms とすると，掃引速度が 100 mV s^{-1} で 10 mV に 1 回，10 mV s^{-1} で 1 mV に 1 回，電流量がプロットされることとなる．電流レンジは，観測したい電流を電圧に変換する際の抵抗の大きさで決められており，計測した電流をプロットする際のフルレンジを決めている．たとえば，500 nA の電流を測定したい場合，100 nA のレンジを使用すると 100 nA 以上の電流は計測時に表示できないためレンジオーバーとなる．この場合，1 μA の電流レンジを使用しなければならない．1 μA の電流レンジを使用した場合，装置の回路内において電流は 1 MΩの抵抗を流れる．ここで，オームの法則より，流れる電流を電圧に変換して出力している．すなわち，500 nA の電流が流れた場合は，0.5 V が出力される．最大出力電圧が ±1 V のポテンショスタットの場合，1 μA の電流レンジを使用すると，±1 μA が測定できる最大電流となる．電圧に変換すると小さな電流もオームの法則から電圧に変換できるため，電流値測定の感度の向上およびノイズの低減が可能となる．

11.2.2 電気化学測定用の電極

電気化学測定は，ほとんどの場合，作用極，参照極，対極からなる「3 電極系」で行う．注目する電気化学反応が進行する電極を作用極（WE）と呼ぶ．作用極の電位の基準として用いる電極を参照極（RE）と呼ぶ．対極（CE）は，作用極で進行する電子授受反応と反対向きの電子授受反応を進行させて電流を流すために用いられる．本項では，それぞれの電極の種類や基本的な特性について俯瞰する．

(1) 作用極

11

作用極は溶液中の分子に電子を供給（分子を還元）する，または分子から電子を受容（分子を酸化）する．酸化体（Ox）と還元体（Red）の電子授受を考えてみると，作用極は式 (11.3) のように Ox に電子を供給する陰極としても，式 (11.4) のように Red から電子を受容する陽極としても働く（図 11.1）．

$$\mathrm{Ox} + \mathrm{e}^- \text{（電極）} \longrightarrow \mathrm{Red} \tag{11.3}$$

$$\mathrm{Red} \longrightarrow \mathrm{Ox} + \mathrm{e}^- \text{（電極）} \tag{11.4}$$

作用極にはさまざまな種類があるが，目的の測定に適切な作用極を選ぶためにはその電極の「電位窓 (potential window)」を知る必要がある．電位窓とは，目的分子の反応以外の反応が進行しない電位範囲のことである．水溶液中で電極電位を負に大きくすると，ある電位で式(11.2)に示したプロトンの還元反応が起こる．よって，負側に大きい電位を印加した場合，目的の分子の還元だけでなく，プロトン還元反応が同時に進行するため，目的分子の測定はできない．このプロトン還元反応が起こる電位を負側の電位窓という．

電位窓は，溶媒，支持電解質および電極の種類によって異なる（表 11.1）．支持電解

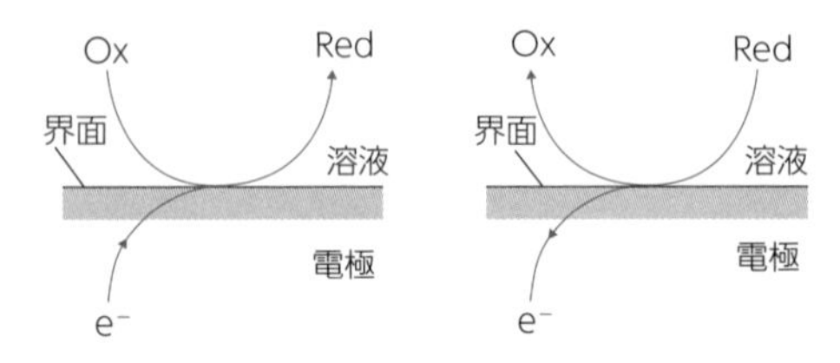

図 11.1 作用極における酸化体(Ox)の還元および還元体(Red)の酸化の電子授受

表 11.1 過塩素酸および水酸化ナトリウムを支持電解質とした水系溶媒において各種電極を用いた際の電位窓

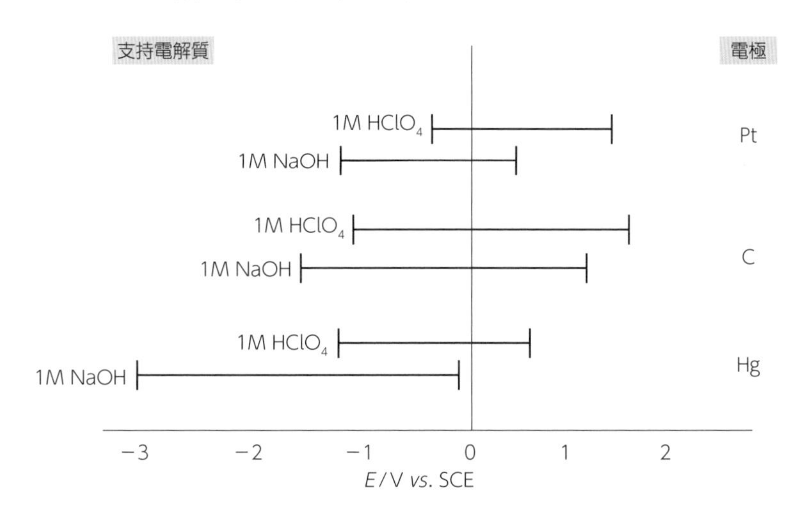

質として酸性を示す過塩素酸を用いた場合と塩基性を示す水酸化ナトリウムを用いた場合で電位窓が大きく異なることがわかる．これは，プロトン還元反応の起こる電位がプロトン濃度（pH）に依存するためである．また，電位窓は電極材料によって異なる．これは，電極材料によってプロトン還元反応に伴う水素発生の過電圧（水素過電圧）が異なるためである．水銀電極は水素過電圧が大きい（プロトン還元反応の電位が負に大きい）ため，酸化還元電位が負に大きい電気化学活性種の測定に有利である．また，溶液中に溶けている酸素の還元反応（式 11.5）が測定を妨害することがある．これを除外するために，測定前にアルゴンや窒素等の不活性ガスを溶液中に通気（バブリング）し，溶存酸素を除去するとよい．

$$O_2 + 4H^+ + 4e^- \longrightarrow 2H_2O \tag{11.5}$$

水溶液中における正側の電位窓は，水の酸化反応（式 11.1）によって限定される．水の酸化反応による酸素発生の過電圧（酸素過電圧）も電極材料によって異なる．金電極や白金電極は酸素過電圧が大きいため，酸化還元電位の正側に大きな酸化還元種の測定に有利である．ただし，銅電極や銀電極などの化学的に安定ではない電極を用いる場合には，電極自身の酸化による溶解や酸化物生成が電位窓を制限するため注意が必要である．

電気化学測定を行うためには，作用極の表面から不純物を除去し清浄にする必要がある．白金や金などの貴金属電極の場合，通常，次の①～⑤の手順で表面を清浄化する．

①目の細かい紙やすりなどで電極表面を平滑化する．
②アルミナ研磨剤などで研磨して鏡面仕上げにする．アルミナ研磨剤の粒子径を直径 1 ～ 0.06 μm 程度に段階的に細かくする．
③蒸留水中で電極表面を超音波洗浄し，電極表面に付着したアルミナ粒子を除去する．
④よく水洗する．

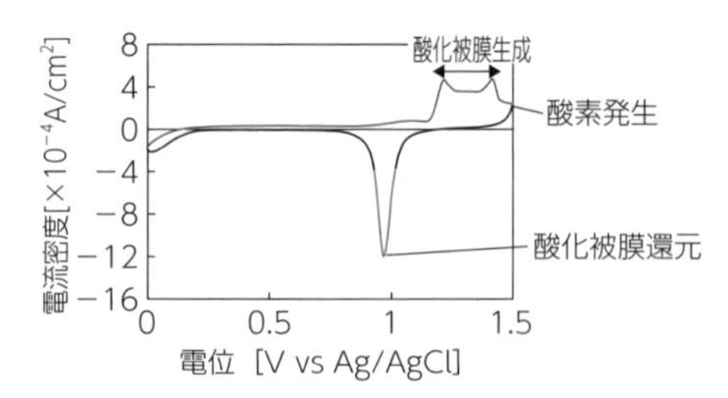

図 11.2 Au 電極を用いた 1 mol L^{-1} H_2SO_4 中におけるサイクリックボルタモグラム

⑤測定に使う電解液中で電位掃引を繰り返す.

CV を用いると，貴金属電極表面の清浄度を評価できる．図 11.2 に，Au 電極を用いた 1 mol L^{-1} H_2SO_4 中におけるサイクリックボルタモグラム（CV 曲線，CV 測定で得られる電流–電位曲線）を示す．水の電解酸化と酸化被膜の生成に起因する酸化電流と酸化被膜の還元に起因する還元電流が観測される．これらの電流は特定の電位で観測されるため，この曲線が得られた場合には電極表面が清浄であると判断できる．電極表面が不純物などで汚染されている場合，得られる波形は異なる．通常，水素発生と酸素発生が起きる電位範囲で電位掃引を繰り返すと，徐々に理想的な CV 曲線に近づき，清浄な電極表面(電気化学的に活性)を得ることができる．この方法で清浄な電極表面が得られない場合には，電極表面を清浄化③の後に熱硝酸，王水などで洗浄するとよい．この CV 曲線において電流がゼロである理想分極性の電位範囲（1 mol L^{-1} H_2SO_4 溶液中における電気化学測定の場合，0.1 〜 0.8 V)が電位窓である．得られる CV 曲線は電極材料の金属種に固有であり，電位窓も異なる．

貴金属電極同様によく使用される電極であるグラッシーカーボン電極は，上記の①〜③で清浄化できる．透明で導電性のあるインジウム–スズ酸化物 (ITO) 電極は，表面をアルコールやアセトンで軽く拭いて使用する．また，清浄化に硫酸やアルカリ溶液が用いられることもある．

(2) 参照極

参照極は，作用極の電位を測定および制御するための電位の基準となる電極である．理想的な参照極として以下の条件を満たす必要がある．

・参照極での電極反応が可逆であり，電位がネルンスト式に従って応答する．
・その電位が長時間安定である．
・参照極に電流が流れ反応が進行した場合でも，電位変化がわずかであり，すぐに最初の電位に戻る(ヒステリシスを示さない)．
・電位は温度に依存するが，一定温度で一定電位を示す．
・金属とその金属塩から構成された参照極の場合，金属塩の溶解度が小さい．

表 11.2 に，よく使用される参照極と標準水素電極（SHE）に対する電位を示す．式 (11.2) に示す H^+/H_2 系の標準状態における酸化還元電位を基準とし，ゼロ（V）としている．他の参照極の電位は，この電位を基準として表されている．

表11.2　よく使用される参照極と標準水素電極に対する電位
（電位は25 ℃のときの値である．a は活量を示す）

参照電極	構成	電位 E / V vs.SHE	略号
標準水素電極	Pt–Pt $\|H_2\|$ HCl(a = 1)	0.000	SHE
飽和カロメル電極	Hg $\|Hg_2Cl_2\|$ 飽和 KCl	0.244	SCE
	Hg $\|Hg_2Cl_2\|$ 1M KCl	0.280	
銀－塩化銀電極	Ag $\|AgCl\|$ 飽和 KCl	0.199	Ag / AgCl
	Ag $\|AgCl\|$ HCl(a = 1)	0.222	

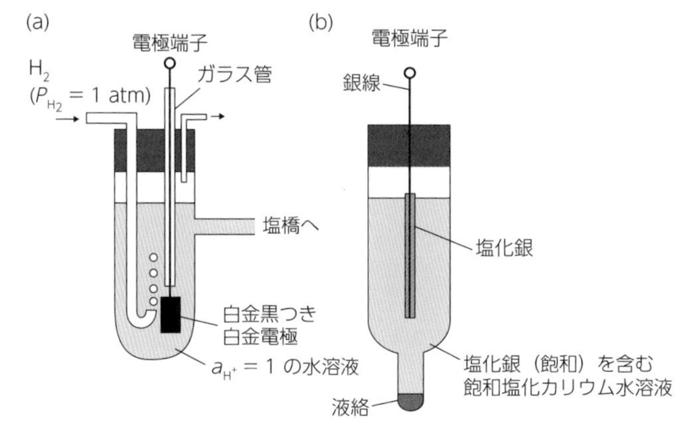

図11.3　(a)標準水素電極と(b)銀 - 塩化銀電極の構成の例

SHEの構造の一例を図11.3(a)に示す．プロトンの活量が1(a_{H^+} = 1)の水溶液(HCl水溶液では1.18 mol kg^{-1}）に水素ガスを十分に通じて飽和させて水素の活量を1（a_{H2} = 1)にする．ここに白金黒をめっきした白金電極(Pt–Pt)を挿入するとSHEが作製できる．

SHEの電極反応は可逆であり，酸化および還元の両方向の反応速度ともに速いため，電極電位は一定に保持される．また，SHEは広い温度範囲とpH領域で再現性が高いため，水溶液用の参照極としてきわめて優れている．しかし，電極構成が比較的複雑であること，溶液中に共存する化学物質の白金電極への吸着（O_2，Fe^{3+} などの酸化剤，還元されて析出する金属イオン，吸着性物質としてのシアン化物，硫化物など）による電位への影響のため，あまり使われていないのが現実である．

実用的な参照極として，電極電位が安定で，再現性に優れ，取り扱いやすい銀–塩化銀（Ag/AgCl）電極が広く使われている．図11.3(b)に，銀–塩化銀電極の構成を示す．片端を寒天（電解質を含む）や多孔質膜でふさいだ液絡を有するガラス管内に飽和KCl水溶液(Ag^+ を含む)を入れ，表面をAgClで覆った銀線を挿入している．

電極の電位は，ネルンストの式で表すことができる．ネルンストの式は，電極電位と電極表面での電気化学活性種の酸化体と還元体の濃度比を関連づける式である．式(11.6)の反応が可逆に進行する場合，電極反応の電位は式(11.7)で表せる．

$$\mathrm{Ox} + e^- \rightleftarrows \mathrm{Red} \qquad (11.6)$$

$$E = E^\circ - \frac{RT}{nF} \ln \frac{a_{\mathrm{Red}}}{a_{\mathrm{Ox}}} \tag{11.7}$$

ここで，E は電極電位(V)を，E° は式(11.6)の電極反応の標準電極電位(V)を，R は気体定数($\mathrm{J\ mol^{-1}\ K^{-1}}$)を，$T$ は絶対温度(K)を，n は反応電子数を，F はファラデー定数($\mathrm{C\ mol^{-1}}$)を表す．a_{Ox} および a_{Red} は，それぞれ，酸化体および還元体の活量を示す．よって，標準状態における水素電極の電極電位(E)は，水素電極の標準電極電位(E°)がゼロと定義され，プロトン($a_{\mathrm{Ox}} = a_{\mathrm{H^+}}$)および水素($a_{\mathrm{Red}} = a_{\mathrm{H2}}$)の活量がそれぞれ1なので，ゼロとなる．銀–塩化銀電極の電極反応は式(11.8)で表され，その電極電位は式(11.9)で表される．

$$\mathrm{AgCl + e^- \longrightarrow Ag + Cl^-} \tag{11.8}$$

$$E = E^\circ - \frac{RT}{F} \ln a_{\mathrm{Cl^-}} \tag{11.9}$$

式(11.9)中の E° は銀–塩化銀電極の標準電極電位（標準状態における電位）を表しており，表11.2より 0.222 V *vs.* SHE である．純固体である AgCl と Ag の活量は1なので，式に含めない．よって，$\mathrm{Cl^-}$の活量が1の銀–塩化銀電極と標準水素電極を同じ電解質中に挿入すると，銀–塩化銀電極の電極電位は標準水素電極に対して 0.222 V を示すことになる．式(11.9)より，銀–塩化銀電極の電極電位は $\mathrm{Cl^-}$の活量（濃度）に依存することがわかる．よって，銀–塩化銀電極の内部溶液に飽和 KCl 溶液を用いると $\mathrm{Cl^-}$の活量が増加するため，電極電位は 0.199 V に低下する．

電気化学反応においてよく使用されるフェリシアンイオン/フェロシアンイオン系の電極反応は式(11.10)で表され，その標準電極電位は 0.356 V *vs.* SHE である．

$$\mathrm{Fe(CN)_6^{3-} + e^- \longrightarrow Fe(CN)_6^{4-}} \tag{11.10}$$

これは，活量1の両イオンを含む溶液に不活性電極（白金電極など）と SHE を挿入し，SHE に対する不活性電極の電位を計測すると 0.356 V を示すことを意味する．よって，飽和 KCl 水溶液を内部溶液とする銀–塩化銀電極を SHE の代わりに用いると，不活性電極の電位は 0.157 V となる．このとき，この電位は銀－塩化銀電極に対する電位であるため 0.157 V *vs.* Ag/AgCl と表す．ただし，標準電極電位の値は熱力学的に計算されているため，実測とは異なることがある．この系の濃度（活量）と電位の関係は，11.5節のポテンシャルステップ法で詳しく述べる．

(3) 対極

対極は，作用極との間に電流を流すために用いる．ある酸化反応が作用極で進行しているとき，対極では同速度で還元反応が進行している．すなわち，電流（$\mathrm{C\ s^{-1}}$）は単位時間あたりに流れる電子の数に比例するため，作用極における電子受容と対極における電子供与が同じ速度で進む．作用極で還元反応が進行する場合，上記は逆となる．

対極の面積は，作用極と比較して大きくする必要がある．対極の面積が小さいと，対極での電子移動反応速度が制限されて電流の律速となり，作用極の反応速度が減少するためである．電極材料には，化学的に安定で，電気化学的挙動がよく知られている白金電極がよく用いられる．直径 1 mm 程度の白金線をコイル状に巻いたタイプや白金板を白金線に接続したタイプがある．

11.3　電解セルの実際

11.3.1　電解セル

電気化学測定は，電解質を満たした電解セルに3電極を挿入して行う．図11.4に，最も簡単な一室型の電気化学測定用電解セルの概念図を示す．ビーカーなどの容器に測定対象物質を含む電解質溶液を加え，作用極，参照極，対極を設置すると電気化学測定が可能になる．セルのガス導入口から N_2，Ar などの不活性ガスを導入すると溶存酸素を除去できる．

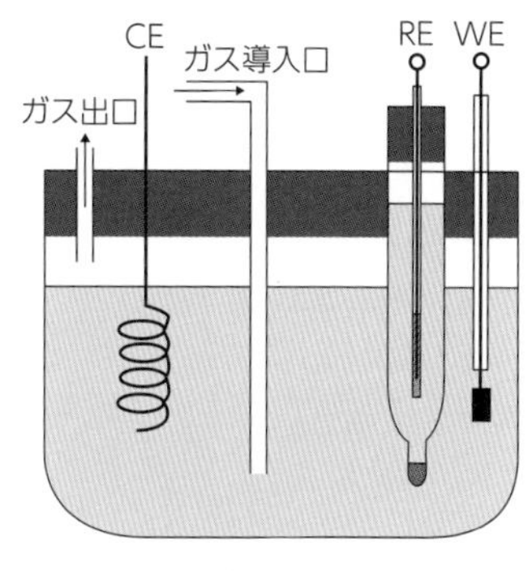

図11.4　電気化学測定用電解セルの例(一室型)
CE：対極，WE：作用極，RE：参照極

先に述べた通り，電気化学反応を進行させると作用極と対極で互いに逆向きの電子授受反応が進む．よって，電流が大きいときや長時間測定のときには対極で生じた反応生成物が作用極に達し，注目する反応に影響する心配がある．それを防ぐために，作用極と対極を分離して配置した二室型セルが使われる．両室をガラスフィルターで分離して，電解液の混合を防ぐ．これにより，対極で生成した反応生成物が作用極に到達することはできなくなる．ただし，電解質イオンはガラスフィルターを通過するため電流は確保される．

3電極系の電気化学測定では，電流の大部分を作用極–対極間に流すことができるので，溶液抵抗により作用極–参照極間に生じる IR 降下を小さくできる．しかし，作用極にかかる電位は IR 降下分だけ小さくなるので，電流が大きいときや溶液抵抗が高いときは IR 降下が無視できなくなる．この場合，参照極の先端を作用極にできるだけ近づけるとよい．図11.5に，三室型の電気化学測定用電解セルの概念図を示す．参照極

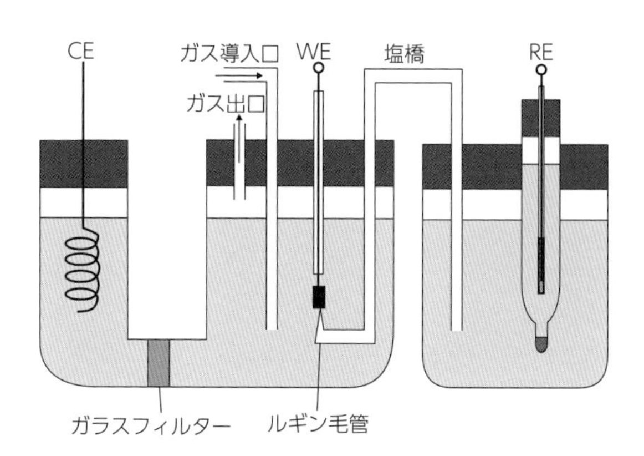

図11.5　電気化学測定用電解セルの例(三室型)
CE：対極，WE：作用極，RE：参照極

を作用極に近づけるために，ガラス管の先端を細く曲げたルギン毛管が用いられる．参照極の外液に塩橋を浸し，ルギン毛管を作用極表面に近づける．ルギン毛管より参照極側に高濃度電解質を用いることにより，溶液抵抗を抑制することができるので，毛管先端と作用極との間の溶液抵抗による *IR* 降下だけを考慮すればよい．

11. 3. 2　電解質溶液

作用極の電位を制御し，測定対象物質の電極反応を調べるためには，測定対象物質を溶媒に溶解するとともに，導電性をもたせる必要がある．電気化学測定に用いる溶媒は，水，有機溶媒，イオン液体(溶融塩)である．現在の電気化学研究では，水溶液を用いる場合がほとんどなので，ここでは導電性の水溶液(電解質)について解説する．

水は常温で液体であり，蒸気圧が高くなく，粘度が高すぎず，毒性が低く，入手が容易で，環境負荷の小さいきわめて優れた溶媒である．また電極材料，酸素，および水素過電圧にも依存するが，溶存酸素さえ除去すれば，測定可能な電位範囲(電位窓)が 2 V 以上と広い．

水はほぼ絶縁体であるので，電気化学測定に用いるためには，支持電解質を溶解（一般的には，0.1 mol L^{-1} 程度）し導電性をもたせる必要がある．水は極性分子であり比誘電率が高いことから，多くの電解質を溶解させることができる．支持電解質として KCl，NaCl，$NaClO_4$ などがよく用いられる．また，生体関連物質や生きた細胞を対象とした電気化学研究では，pH を中性領域に調製したリン酸緩衝液をはじめとする各種緩衝液や細胞培養用培地も電解質溶液として用いられている．これらの電解質の溶解により生成するアニオン(Cl^-，ClO_4^-など)の酸化される電位は，水の正側の電位窓である H_2O の酸化電位と比較して高い．また，生成するカチオン(K^+，Na^+ など)の還元される電位は，水の負側の電位窓である H^+ の還元電位と比較して低い．よって，これらの電解質の添加によって，水の電位窓に影響を与えることはない．

11

11.4　サイクリックボルタンメトリー（CV）

11.4.1　電極反応の初期診断法

電位と電流の関係を知るボルタンメトリーのなかでも簡便で汎用されているのがサイクリックボルタンメトリー（CV）である．得られた電流–電位曲線はサイクリックボルタモグラム(CV 曲線)と呼ばれる．CV 測定の際には，通常，直径が mm オーダーの白金やグラッシーカーボンのディスク電極が用いられる．μm サイズの微小電極の CV では定常電流が得られるため，mm オーダーのディスク電極を用いて得られる CV とは違う有用性があるが，その解析については本書では割愛する．

CV は電位掃引法の一種であり，定電位法や電位ステップ法とは区別される．図 11.6 に，CV における電位掃引の方法を示す．初期電位 E_1 から一定速度である電位 E_2 まで掃引した後，その電位 E_2 でただちに折り返し，同じ速度で逆向きに掃引し，別の電位 E_3 で再び折り返して初期電位 E_1 まで掃

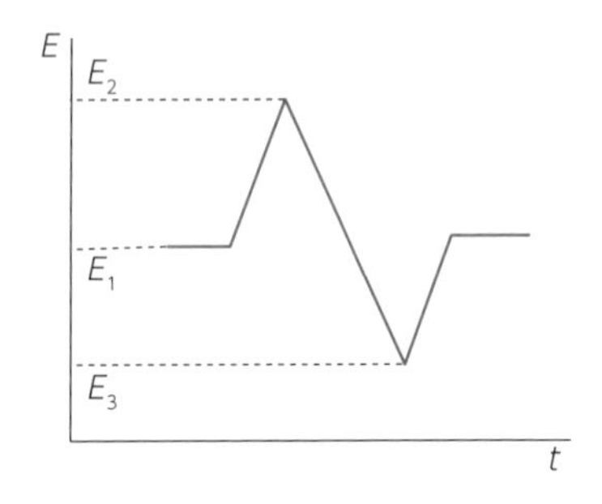

図 11.6　サイクリックボルタンメトリーにおける電位掃引

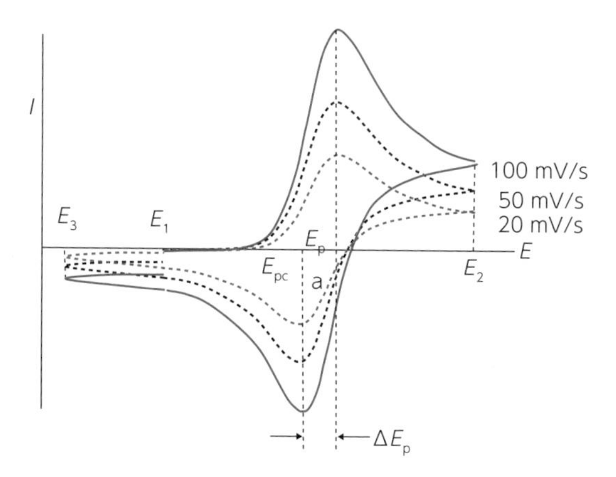

図 11.7 可逆系のサイクリックボルタモグラムの掃引速度依存性

引して終了する．ときには，$E_1 \rightarrow E_2 \rightarrow E_1$ と 1 回の折り返しで終えることもある．その電位掃引に応じた電流を記録すれば，図 11.7 のような CV 曲線が得られる．たとえば，500 mV の電位範囲を 100 mV s^{-1} の速度で走査すれば，1 回の測定は 10 s で終了する．このように，短時間で結果が得られる迅速性が CV の長所の一つである．

CV 曲線の特徴は，図 11.7 のように，正掃引と逆掃引に伴って正負の電流ピークが現れることであり，その解析により，下記のような電極反応に関する特性が即座に診断できる．

- 電極反応の可逆性(電子移動過程と拡散過程の競争関係)
- 標準電極電位あるいは式量電位(化学反応を伴う場合の平衡定数)
- 電極反応を律速する諸条件（電極への拡散，同時に生じる化学反応や分解反応，電極表面への吸着など)
- 酸化還元種の濃度や拡散定数

次項では，CV 曲線からどのようにして有益な情報を得るのかを具体的に解説する．

11.4.2 サイクリックボルタモグラム(CV 曲線)

(1)可逆性の診断

酸化還元種の電極への物質移動過程(通常は拡散過程)が電子移動過程より十分に速い場合，その電極反応は可逆系と呼ばれる．可逆系であれば，CV だけでなくいろいろな測定法により得られたデータの解析が容易となる．折り返しまで電位を十分に掃引した場合，正電流ピークの電位 E_{pa} と負電流ピークの電位 E_{pc} の差 ΔE_p は次式で表される．

$$\Delta E_p = E_{pa} - E_{pc} = 2.218\, RT/nF \qquad (11.11)$$

ここで，R，T，n，F は，それぞれ気体定数(J mol^{-1} K^{-1})，絶対温度(K)，反応にかかわる電子数，ファラデー定数(C mol^{-1})である．25 ℃では，$n = 1$ で ΔE_p は 57 mV 程

度，$n = 2$ で ΔE_p は 29 mV 程度となるため，この数値を基準にして電極反応の可逆性を診断することができる．この数値より大きい場合は，準可逆系とみなされる．電位を掃引してもピーク電位がみられないほどに ΔE_p が大きな場合には非可逆系となるが，掃引範囲は限られており，完全な非可逆系の判定は難しい．

CV 測定を実施する際，第一に試すべきなのは掃引速度 (v) 依存性である．可逆系の場合は，図 11.7 のように，E_{pa} あるいは E_{pc} は v に依存しない．一方，準可逆系の場合は，v の増大ともに E_{pa} は正電位側に，E_{pc} は負電位側にシフトし，結果として ΔE_p は大きくなる．ときには 10 mV/s のような低速掃引で可逆と診断された電極反応が，500 mV/s の高速掃引では準可逆の振る舞いになることもある．そのため，CV を測定する際は，必ず掃引速度を広い範囲で変化させることが大切である．

正負のピーク電位に差がない場合は，酸化還元種の電極への吸着を疑わねばならない．また，拡散層が極端に薄い薄層電極でも正負のピーク電位に差がなくなる．さらに，正掃引ではピークが生じるが逆掃引ではピーク電流が現れない場合は，非可逆の他に，電極生成物の分解反応や非可逆な副反応が考えられる．この場合には，掃引速度を大きくすれば可逆系に見えてくる場合があり，副反応の速度論を吟味することができる．

(2) 可逆半波電位

可逆系の場合，電位を十分に掃引してから折り返すなら，E_{pa} と E_{pc} の中点電位は可逆半波電位 $E^{r}_{1/2}$ に近似することができる．$E^{r}_{1/2}$ は，酸化体，還元体のバルク濃度に依存せず，式量電位 $E^{\circ\prime}$ と酸化体 Ox，還元体 R の拡散係数 D_{Ox}，D_R だけで表されるため，電気化学系の定性的な情報を与える．

$$E^{r}_{1/2} = E^{\circ\prime} - \frac{RT}{nF} \ln \left(\frac{D_{Ox}}{D_{Red}} \right)^{\frac{1}{2}} \tag{11.12}$$

$E^{\circ\prime}$ は標準電極電位 E° と酸化還元種の活量係数を含んでいる．よって，酸化体，還元体が錯生成や酸解離などの化学平衡を伴う場合は，$E^{\circ\prime}$ から電極反応に関与する化学反応に関する情報を知ることもできる．たとえば，pH や配位子濃度 C_L を変えたときに，ピーク電位すなわち $E^{\circ\prime}$ がシフトすれば，同時平衡が絡むことがわかり，pH に対する $E^{\circ\prime}$ の変化や C_L に対する $E^{\circ\prime}$ の変化に関与する酸解離や錯生成の平衡定数や化学量論を知ることができる．

(3) ピーク電流

可逆系であるなら，電子移動過程は酸化還元種の物質移動過程と比較してきわめて速いので，通常のディスク電極で CV 測定を行った場合，物質移動過程に支配された拡散律速の電流が観測される．この場合，酸化反応に由来する CV の正のピーク電流 i_{pa} は次式で表される．

$$i_{pa} = 0.4463 nFC_R D_R^{1/2} v^{1/2} (nF/RT)^{1/2} \tag{11.13}$$

ここで，C_R は還元体の初期（バルク）濃度である．したがって，電極反応の可逆性が不明な場合，掃引速度 v を変えて CV 曲線を記録すれば，電気化学反応の可逆性の評価が可能となる．可逆系の場合，i_{pa} が $v^{1/2}$ に比例する．一方，準可逆系であれば，v を大きくすると i_{pa} と $v^{1/2}$ の間の比例関係が失われる．比例関係が得られない原因として，電極反応の可逆性の低下の他に，電極生成物の分解，副反応の速度論，容量電流の関与があげられる．ちなみに，酸化還元種が吸着する場合は，i_{pa} は v に比例しピーク電流はベル形になる．

式 (11.13) は，i_{pa} が C_R に比例しており，CV により還元体 R の定量分析が可能であることを示している．ただし，可逆性を確認したうえで利用しなければならない．その煩雑さを避けるには，CV のような電位掃引法ではなく，電流が完全に拡散だけに律速される電位をステップして印加する，クロノアンペロメトリーを適用するとよい．25 ℃では，$n = 1$ なら，$E^r_{1/2}$ より十分に正の電位(酸化の場合)にステップすれば濃度に比例した電流が得られる．詳しくは，11.5 節の電位ステップ法で述べる．

電極反応により生成された酸化体が酵素反応などにより還元体に再変換される場合は，電位掃引を行ってもボルタモグラムがピーク形状とならず定常電流となる．これは，電流の決定が酸化還元種の拡散過程ではなく，酵素による触媒反応に律速されるからである．この場合，限界電流を与える電位領域を利用すると酵素基質の定量分析が可能となる．微小電極を用いた CV 測定でも，定常電流が得られる．時間や電位に依存しない限界電流が得られるシステムは分析にとって有用である．

11.4.3 CV 測定の注意点

CV は簡便で有用性は高いが，その分，注意すべき点も多い．初めての反応や電極系を扱う場合に留意すべき点を下記に述べる．

11

(1) 初期電位の設定

ポテンシオスタットには自然電位(開回路電位)を測定するモードが備わっているので，初めての測定系では，自然電位を測定し，その自然電位を初期電位として掃引を開始するとよい．これは，初期電位で電極反応を起こして余計な電流を流さないためである．

しかし，これは必ずしも正しくない．自然電位は，目的以外のわずかな酸化還元種で決まることが多い．よって，一度掃引してみて，目的物質の大きなピーク電流が観察されたら，次は還元体の酸化の場合はできる限り負の電位から，酸化体の還元の場合はできる限り正の電位から掃引しはじめるとよい．また，折り返し電位もできる限り $E^r_{1/2}$ から離すようにするとよい．これにより，理論的に解析しやすい CV 曲線が得られる．

この初期電位の問題を避けるために，連続的に掃引を繰り返す多重掃引の CV 曲線を使う初心者が多い．一見きれいに見えるが，式 (11.13) に基づく理論的な電流解析はできない．

(2) *IR* 降下と準可逆性の混同

掃引速度 v を変えて正負のピーク電位差 ΔE_p を確認した場合，v とともに E_p が大きくなったからといって準可逆であると判断してはいけない．*IR* 降下によっても同様の関係が生じる．すなわち，図 11.8 のように，電流が流れるほど *IR* の分だけ電極には正味の電位が印加されずピーク電位は見かけ上シフトするからである．

R が 1 kΩで I が 10 μA の場合，電位のシフト幅は 10 mV である．支持電解質の濃度が小さかったり，有機溶媒を使ったりした場合，あるいは複雑な形状のセルにおいて作用極と参照極の距離が長い場合などは注意を要する．*IR* 降下が影響するかどうかは，支持電解質の濃度の上昇や参照極の位置により ΔE_p が改善されるかどうかで確認できる．

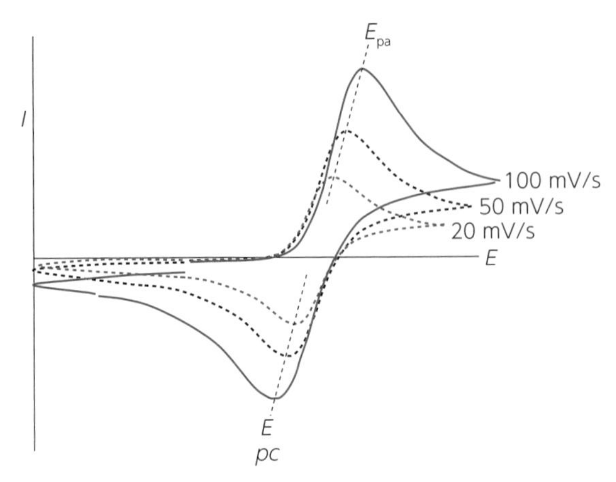

図 11.8　溶液抵抗が大きい場合のサイクリックボルタモグラム

(3)拡散律速の実現

CV の理論は，電極表面への物質の拡散が面に垂直方向だけに限られるという仮定に基づいている．したがって，電極表面が小さくなると，エッジ付近の球形拡散の効果が大きくなり理論に従わなくなる．その意味で，電極の大きさや形状は確認しておかねばならない．

ディスク電極の直径が 1 mm 程度に小さい場合は，溶液の粘性や酸化還元種の拡散係数，支持電解質の濃度などにより平面拡散が保証されなくなることがある．また，セルの底面や壁面に電極が接近することにより拡散層が乱されることもあるので，作用極は溶液の中心に配置するように注意する．さらに，対極の大きさや位置も大切である．対極を作用極に接近させると，本来影響しないはずの泳動電流が影響を与えることもある．対極は作用極から十分に離すか，または互いに平行に配置して電流密度にムラができないようにしなければならない．当然，電極表面付近に対流など溶液の物理的な動きがないようにするのも拡散律速を実現するために必要である．その点では，酸素を追い出すために窒素バブリングをする場合は，測定前にバブリングをやめて溶液の上の空間を通気するようにすべきである．

11.5　ポテンシャルステップ法

11.5.1　アンペロメトリー

ポテンシャルステップ法は，クロノアンペロメトリーとも呼ばれる．その名の通り，作用極の電位をある電位(E_1)からある電位(E_5)にステップ(瞬間的に E_1 から E_5 に変えること)した際に，作用極に流れる電流を時間の関数として測定する手法である．一般に，溶液中に含まれるすべての分子およびイオンが反応しない電位を初期電位（E_1）として用いる．

図 11.9(a)，(b) に，ポテンシャルステップ法において印加する電位および測定される電流の時間変化をそれぞれ示す．ここで作用極は，電気化学的に活性な分子である酸化還元種の還元体 Red（電極表面で酸化することができる分子）と十分な濃度の電解質

を含む水溶液中に浸漬されているとする．電極電位を，その分子 Red が酸化されない電位 E_1 から十分に酸化体である Ox へと酸化される電位 E_5 にステップ(図 11.9(a))した場合の電流応答（図 11.9(b)）と電極表面での反応および電極表面近傍の酸化還元種（Red および Ox）の濃度分布の時間変化を考えてみよう．ここでは，物質移動（水溶液中における Red および Ox の移動）は，拡散によってのみ起こる（溶液がかき混ぜられたり，流れがあったりしない)とする．また，Red/Ox の式量電位を $E^{\circ\prime}$ とする．さらに，反応は拡散律速であるとする．「拡散律速である」とは，Red の電極での酸化反応による電子移動反応速度が Red の拡散による溶液内移動速度と比較して圧倒的に速い状況であることである．

電極電位を Red の酸化反応が起こらない E_1 とした場合，電極表面に Red が衝突しても Red の酸化反応は進行しないので電流はゼロである．一方，電極表面において，十分に速い速度で Red が Ox に酸化される(電子移動反応が起こる)電位である E_5 に電極電位をステップすると，電極表面の近傍に存在していた Red は電極表面に衝突した際に，電極に電子を渡すとともに自身は Ox に酸化される（式 11.4）．電極電位を E_5 にステップするときわめて大きなスパイク状の酸化電流が観測され，その後，徐々に減少する(図 11.9(b))．

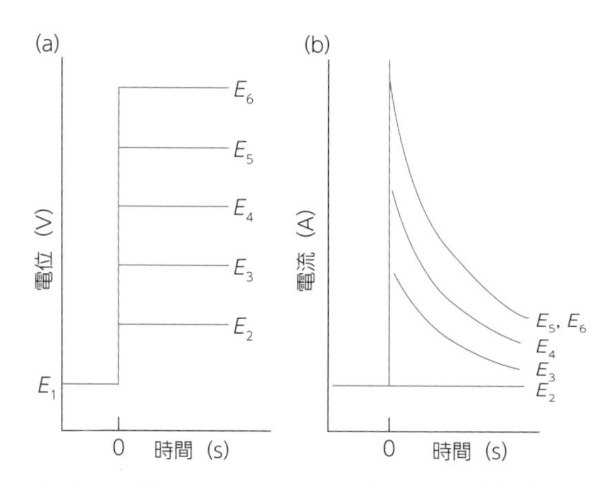

図 11.9　ポテンシャルステップ法において (a) 印加する電位および (b) 測定される電流の時間変化

図 11.10 に，電極表面からの距離に対する Red および Ox の相対濃度を示す．時間 t がゼロ以前の場合，すなわち電極電位が初期電位 E_1 である場合，電極表面で酸化反応は進行しない．よって，Red 濃度(C_{Red})は電極表面からの距離に依存せずバルク濃度と等しくなる．また，Ox の濃度(C_{Ox})はすべての領域でゼロである．時間 t がゼロにおいて電極電位を E_5 にステップすると，式(11.4)に従って電極表面の Red は Ox に酸化される．この酸化反応により，電極表面における Red の濃度はゼロになる．よって，電位を E_5 にステップした直後は，電極近傍に存在する Red が電極で瞬間的に酸化されるため大きな酸化電流が流れる．式（11.4）に従って，Red が電極で反応して Ox に酸化されると，電極表面での Red 濃度はゼロになる．このとき，電極表面からわずかに離れたところでは，Red 濃度がバルク濃度と同濃度で存在するため，電極近傍では極め

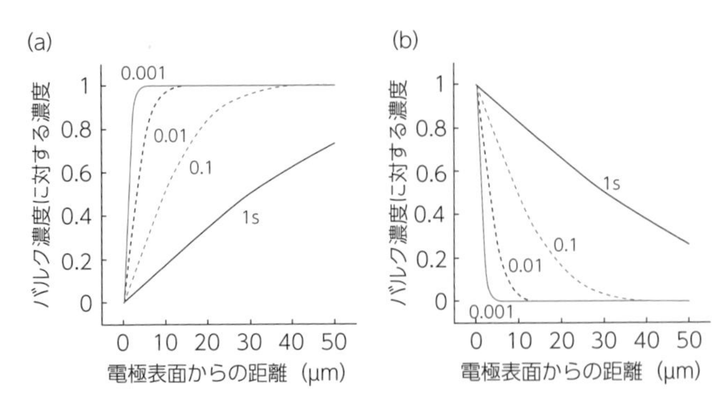

図 11.10　電極表面からの距離に対する（a）Red および（b）Ox の相対濃度

て急峻な Red の濃度勾配が形成される．このように形成された電極表面近傍での濃度勾配は，時間経過とともに徐々に沖合へと広がる．これは，電極から離れた位置に存在する Red が，電極表面での Red 濃度がゼロになったことにより順に電極表面へと移動（拡散）するためである．酸化電流は，Red の濃度勾配に比例する．よって，濃度勾配が時間経過とともに緩やかになることにより（図 11.10(a)の傾き），酸化電流は時間経過とともに減少する(図 11.9(b))．

次に，電位ステップ後に電極反応で生成する Ox の濃度分布について考える．式(11.4)の反応により電極表面で消費される Red の消費速度(mol s^{-1}) と電極表面で生成される Ox の生成速度(mol s^{-1}) は等しい．最初の溶液中に Ox は含まれていないので，この反応で生成した Ox は電極表面からバルクに向かって拡散する．よって，Ox 濃度は電極からの距離が遠ざかるにつれて急激に減少する．さらに，拡散律速であるので時間経過とともに濃度勾配は徐々に緩やかになる．よって，電極表面からの距離に対する Red および Ox の濃度分布は対称となる（図 11.10(b)）．ただし，厳密には Ox と Red の拡散係数が等しい場合に限る．

ここでネルンストの式を考え，電位ステップにより反応が進行し電流が流れることを理解しよう．ネルンストの式は，電極電位と電極表面での電気化学活性種の酸化体と還元体の濃度比を関連付ける式であり，次のように表される．

$$E = E^{\circ\prime} - \frac{RT}{nF}\ln\frac{C_{\mathrm{Red}}}{C_{\mathrm{Ox}}} \tag{11.14}$$

ここで，$E^{\circ\prime}$ は式量電位 (V) を表す．この式は，式 (11.7) のネルンストの式の活量を濃度に置き換えて表している．よって，式量電位 ($E^{\circ\prime}$) は，活量係数を標準電極電位 (E°) に加えたものである．また，CV から E_{pa} と E_{pc} の中点電位を測定し，酸化体および還元体の拡散係数を知っていれば，式 (11.12) から式量電位を決定できる．ネルンストの式において，自然対数を常用対数に変換すると，RT/nF の値は $2.303RT/nF$ となる．さらに，温度が 25 ℃で，反応電子数 n が 1 の場合，この値は 0.059 となり，ネルンストの式は

$$E = E^{\circ\prime} - 0.059\log\frac{C_{Red}}{C_{Ox}} \tag{11.15}$$

と書き表せる．酸化還元種として Red だけを含む溶液中でのアンペロメトリーにおいて，初期電位を式量電位 $E^{\circ\prime}$ よりも−0.24 V 負に設定（$E - E^{\circ\prime} = -0.24$）した場合，Ox 濃度に対する Red 濃度（$C_{Red}/C_{Ox}$）は 10,000 とならなければならず，Ox の電極表面濃度をほぼゼロになるように指定していることになる．よって，式(11.4)の反応は進行しない．ここで，電極電位を式量電位 $E^{\circ\prime}$ よりも 0.24 V 正にステップ($E - E^{\circ\prime} = 0.24$ V)すると，C_{Red}/C_{Ox} の値は 0.0001 とならなければならない，すなわち Red の表面濃度はほぼゼロにならなければならないので，式（11.4）の反応が進行し Red が Ox へと酸化されて酸化電流が流れる．この酸化電流の経時変化 $I(t)$ は

$$I(\mathrm{t}) = nFAD_{Red}^{1/2}\,C_{Red}^{*}\pi^{-1/2}t^{-1/2}$$

と表せる．ここで，A，D_{Red}，C_{Red}* は，それぞれ電極面積，Red の拡散係数，Red のバルク濃度である．これは，コットレルの式と呼ばれ，分子の拡散を表すフィックの第二法則（拡散方程式）を解き，電極表面での濃度勾配（$\mathrm{d}C_{Red}/\mathrm{d}t$）を時間 t の関数で表すと導くことができる．この式から，電流は時間 t の平方根に比例して減少することがわかる．よって，測定された電流を $t^{-1/2}$ を横軸としてプロットすると直線関係が得られ，その傾きは $nFAD_{Red}{}^{1/2}C_{Red}{}^{*}\pi^{-1/2}$ となる．電極面積 A，溶液中の酸化還元種の拡散係数 D_{Red}，C_{Red}* のうち二つがわかっていると残りの一つを決定できる．

11.5.2 ノーマルパルスボルタンメトリー

ノーマルパルスボルタンメトリー（NPV）では，式(11.4)の酸化反応が進行しない電位 E_1 から異なる大きさの電位に，順にステップし，得られた電流を電位に対してプロットする．すなわち，異なる電位にステップするアンペロメトリーを行い，得られたそれぞれのアンペログラムのある時間における電流を，それぞれの電位に対してプロットすることと同等である．

初期電位を電解酸化反応が進行しない電位 E_1 とし，E_1 よりもわずかに大きい電位である E_2 に電位をステップする．この電位 E_2 が式（11.4）の酸化反応を起こさない電位であるとすると，電解酸化電流はほとんど流れない．たとえば，初期電位 E_1 を $E^{\circ\prime}-0.24$ V とし，そこから 0.06 V 正の電位（$E_2 = E^{\circ\prime}-0.18$ V）にステップしたとする．この際，初期電位 E_1 を印加しているとき，電極表面での C_{Red}/C_{Ox} の値は 10,000 となっている．電位を E_2 にステップすると，C_{Red}/C_{Ox} の値は 1.000 とならなければならない．よってこの場合，電極表面に存在する Red の約 0.1% が反応するだけであり（$C_{Red} : C_{Ox}$ = 10,000：1 が 9.991：10 となれば，C_{Red}/C_{Ox} の値は約 1.000 となる），電流はほとんど観測されない．電位を十分に正の値である E_5 にステップした場合，電極表面における Red 濃度はゼロになり，電流は Red の拡散によって律せられる．よって，コットレルの式に従った電流が観測される（拡散律速に到達した拡散電流）．E_5 よりも大きな電位である E_6 にステップした場合，観測される電流応答は E_5 と同じになる．拡散律速に到達すると，それ以上の大きな電位を印加しても，電位は電流応答に影響を与えない．

電位を E_3 および E_4 にステップした場合，Red の酸化反応は起こるが，Red の表面濃度はゼロにならない．この場合においても，電極表面の一部の Red が酸化され Red

の表面濃度が減少するため，バルクから電極表面へのRedの拡散による移動が起こる．しかし，この場合のRedのバルク濃度と表面濃度の差は，拡散律速の場合(電位をE_5にステップした場合)と比較して小さい．よって，Redの単位時間あたりの電極表面への到達分子数(フラックス，表面におけるRedの濃度勾配に依存）は少なくなる．たとえば，電位E_3が式量電位より0.03 V負の場合，C_{Red}/C_{Ox}の値は3.2となり，電極表面近傍に存在していたM_{Red}の約1/4がOxへと酸化されることになる．

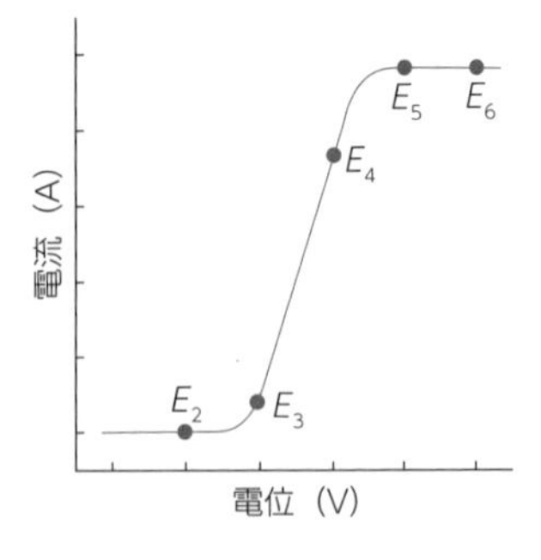

図 11.11　アンペログラムの電流をある時間τで取り出した際の電流－電位曲線

このアンペログラムにおいて，時間τでの電流を取り出し，ステップした電位に対してプロットする．（図11.11）これは対流条件下で得られるボルタモグラムとよく似ている．対流条件下のCVでは，溶液の撹拌や電極の回転により強制的に反応分子を電極表面へと供給している状態で電位を掃引する方法である，これにより，電極近傍に形成される拡散層の厚みを薄く一定に保持することが可能になる．

溶液が静止している系では，電位の掃引により電極表面での反応分子濃度がゼロに達すると拡散律速となり，拡散層は厚く成長する．すなわち，バルク濃度の領域とバルク濃度以下の領域の界面位置が電極表面から遠ざかって行く．一方，対流条件下では，反応分子が対流により強制的に電極近傍に供給されるため，拡散層の広がりが抑制されて拡散層の厚みを薄く一定に制限できる．ちなみに，CVにおける電位掃引速度を考慮して，各アンペログラムにおける電流を時間に対して斜め右に取り出してプロットするとピークをもつ拡散限界に基づくサイクリックボルタモグラムを得ることができる．

この方法を用いてボルタモグラムを得るためには，何度もアンペロメトリーを繰り返さなければならない．しかも，アンペロメトリーによる電解酸化反応後の電極表面近傍にはバルクには存在しない酸化体が高濃度で生成している．よって，繰り返し実験を行う前に，溶液を撹拌して電極表面のC_{Red}/C_{Ox}を初期状態に戻す必要がある．

そこでNPVでは，ある時間で電位をE_1からE_2にステップした後，時間τにおいて電位をE_1に戻す．電位がE_2に保持されている間に酸化反応が進行してOxが生成しても，電位をE_1に戻すことにより，生成されたOxは電極で再還元されてRedに戻る．すなわち，式(11.4)の逆反応である式(11.3)が進行する．生成されたOxがほとんどすべて電極で還元されると電流はゼロに戻る．

このようにして，電極近傍のC_{Red}/C_{Ox}を初期状態に戻した後に，次の電位ステップを行う．この際には，前の電位よりも少し大きい電位にステップして電流を計測し，また，元に戻す．このようにして得られるNPV曲線は，CV曲線と異なり，S字(シグモイド)型である，また，電流のサンプリング時間を短くすると得られる電流が大きくなる．アンペロメトリーにおいて，電位ステップ後の電流が急激に減衰するためである．NPV曲線で得られる定常電流(電位をE_5以上にステップした際に得られる一定の電流)は，アンペロメトリーにおいて電位を拡散律速に達する電位にステップした場合に得られる電流に等しい．よって，定常電流は，コットレルの式で表すことができる．

CVでは電位を時間変化させているため，電極表面での電気二重層の充電と電解反応が混在しており区別できない．一方，電位ステップ法を応用したNPVでは，電位ステップ直後に電気二重層の充電は終了するため，その後の電解反応によるファラデー電流だけを計測できる．よって，検出感度が高く微量分析に適している．

11.6 おわりに

本章では，溶液中に存在する酸化還元種が電極表面において電子を供与する酸化反応および電子を受容する還元反応が起こる際に流れる電流から酸化還元種を検出する電気分析化学について解説した．11.2節では，電気分析化学の代表的な測定装置であるポテンショスタットと3電極系の測定原理について述べた．11.3節では，電気化学測定にて使用される3電極の配置から実際の測定方法について記載した．そして，11.4節および11.5節では，それぞれ電気化学測定の代表例であるサイクリックボルタンメトリーと電位ステップ法について具体例をあげて紹介した．本章を通読されることにより，電気化学測定を開始できるものと期待している．

本章により，電気化学測定が定性分析と定量分析を同時に可能な手法であることが理解できただろう．酸化還元種の酸化還元電位は，酸化還元種の種類によって異なる．よって，酸化反応および還元反応が起こる電位を調べることにより，溶液中に含まれる酸化還元種の種類を決定する定性分析が可能である．また，酸化(または還元)反応を引き起こす際の酸化(または還元)電流の大きさにより，酸化還元種の濃度を決定する定量分析が可能である．

特に，サイクリックボルタンメトリーは，酸化還元電流ピークの出現電位とピーク電流の大きさから，数秒の測定で定性分析と定量分析が可能なきわめて有用な手法である．しかし，ほぼ同電位で酸化（または還元）される分子を選択的に検出することは難しい．たとえば，神経伝達物質であるドーパミンおよびアドレナリンは，ほぼ同電位で酸化されるため片方のみを選択的に検出することが難しい．さらに，直接，電極で酸化還元される分子の数は限られている．そこで電気化学計測は，化学反応，生物化学反応および光化学反応により電気化学活性種が生成される系と組み合わせた化学センサーおよびバイオセンサーへと応用展開されている．本章の内容がわかれば，これらの応用についても容易に理解できるだろう．

【参考文献】

1) A. J. Bard, L.R. Faulkner, "Electrochemical Methods," John Wiley & Sons (1980).
2) 藤嶋昭他，『電気化学測定法(上)(下)』，技報堂出版 (1984).
3) 喜多英明，魚崎浩平，『電気化学の基礎』，技報堂出版(1983).
4) 電気化学協会編，『電気化学測定マニュアル』，丸善 (2002).
5) 大堺利行他，『ベーシック電気化学』，化学同人(2000).
6) 城間純著，桑畑進・松本一監修，『電気化学インピーダンス』，化学同人(2019).

索　引

【A～Z】

【あ】

【か】

【さ】

【た】

【な】

【は】

【ま】

【や・ら】

■ 編者略歴

床波　志保（博士（工学））
最終学歴：大阪府立大学大学院工学研究科博士後期課程修了
現在：大阪公立大学大学院工学研究科　准教授
専門分野：バイオ分析化学
研究テーマ：光化学を用いたバイオ関連物質の迅速検出法の開発
　　　　　　ナノ・マイクロ空間を利用したバイオ分析

前田　耕治（理学博士）
最終学歴：京都大学大学院理学研究科単位取得退学
現在：京都工芸繊維大学大学院工芸科学研究科　教授
専門分野：分析化学・電気化学
研究テーマ：液液，液膜界面を用いた分離分析法の開発
　　　　　　生体膜でのエネルギー変換反応のモデル研究

安川　智之（博士（工学））
最終学歴：東北大学大学院工学研究科博士後期課程修了
現在：兵庫県立大学大学院物質理学研究科　教授
専門分野：電気分析化学・粒子操作
研究テーマ：マイクロ・ナノ電気化学による単一細胞解析
　　　　　　粒子操作法の計測への応用展開

機器分析ハンドブック 2　高分子・分離分析編

2020年10月31日　第1刷　発行
2022年 9 月10日　第2刷　発行

編　者　床波志保
　　　　前田耕治
　　　　安川智之

発行者　曽根良介

発行所　(株) 化学同人

〒600-8074 京都市下京区仏光寺通柳馬場西入ル
編集部 TEL 075-352-3711　FAX 075-352-0371
営業部 TEL 075-352-3373　FAX 075-351-8301
振替 01010-7-5702
e-mail webmaster@kagakudojin.co.jp
URL https://www.kagakudojin.co.jp

印刷・製本　西濃印刷 (株)

ISBN978-4-7598-2022-5